BIBLIOTHÈQUE SCIENTIFIQUE CONTEMPORAINE

LES Facultés Mentales DES ANIMAUX

PAR

LE Dr FOVEAU DE COURMELLES
Lauréat de l'Académie de Médecine,
Licencié ès sciences physiques, ès sciences naturelles,
en droit, etc.

Avec 31 figures intercalées dans le texte.

PARIS
LIBRAIRIE J.-B. BAILLIÈRE ET FILS
RUE HAUTEFEUILLE, 19, PRÈS DU BOULEVARD SAINT-GERMAIN
1890

BIBLIOTHÈQUE SCIENTIFIQUE CONTEMPORAINE

LES
Facultés Mentales
DES ANIMAUX

CORBEIL. — Imprimerie CRÉTÉ.

LES
Facultés Mentales
DES ANIMAUX

PAR

LE Dr FOVEAU DE COURMELLES
Lauréat de l'Académie de Médecine,
Licencié ès sciences physiques, ès sciences naturelles,
en droit, etc.

Avec 31 figures intercalées dans le texte.

PARIS
LIBRAIRIE J.-B. BAILLIÈRE ET FILS
RUE HAUTEFEUILLE, 19, PRÈS DU BOULEVARD SAINT-GERMAIN

1890

PRÉFACE

Étudier les *facultés mentales des animaux* est une tâche hardie et difficultueuse.

On ne peut évidemment pas inventer des traits d'intelligence, sinon ce serait tomber dans le domaine de la fantaisie pure, indigne de la science. D'un autre côté on ne peut citer des faits sans tomber dans les sentiers battus.

Le moyen terme était donc de prendre les phénomènes connus et d'en faire un groupement spécial qui permît de les comparer avec les facultés mentales de l'homme. On n'en est plus aujourd'hui au sot orgueil du *règne hominal*, et le plus grand des primates ne croit pas déchoir en étudiant, — au point de vue moral, affectif et intellectuel, — tous les êtres vivants.

L'homme est pourvu de facultés spéciales relevant de l'intelligence, de l'âme selon l'expression consacrée. Il pense, il raisonne, il veut, il a peur, il protège, il se défend, il attaque, il aime le luxe, le bien-être, l'oisiveté et dirige ses forces dans ces sens divers.

Nous verrons au cours de cet ouvrage que les animaux ont à des degrés variables ces sentiments et qu'ils éprouvent avec des nuances délicates ces sensations. Nous ferons ainsi une sorte d'étude de l'*évolution intellectuelle* des êtres vivants; Darwin l'a fait dans l'ordre physique; nous basant sur de nombreux devanciers et en particulier sur Romanes que nous citerons en temps et lieu, nous le ferons dans l'ordre psychique.

Nous pourrions dire, pour rassurer les âmes timorées, que la théorie du transformisme mène aussi bien au matérialisme qu'au spiritualisme. L'âme des bêtes, même admise, ne contrarie aucune religion, aucune loi, aucune sanction. Le catholicisme n'a donc que faire de raisons spécieuses pour détruire la science, il restera toujours — c'est au moins notre avis — un domaine inconnu et incognoscible pour tous, même pour elle, c'est celui de notre matérialité ou de notre spiritualité.

Que chacun se rassure donc et croie ce qu'il veut; mais là où il faut s'incliner, c'est devant la brutalité mathématique des faits et ceux-ci conduisent forcément à reconnaître chez les animaux des facultés identiques à celles de l'homme, à des degrés moindres il est vrai — par le nombre, la qualité ou l'acuité — mais facultés identiques quand même!

Le vent est aux études psychologiques. On invente des méthodes de dissection morale, on porte le bistouri de la pensée dans les régions les plus profondes de notre être intellectuel, et les investigations dans ce sens doivent se faire parallèlement chez l'homme et les animaux. Comparer le développement des organes, la perfection morale qui y préside ou qui en résulte, aller du simple au composé, en étudiant en quelque sorte isolément telle faculté qui semble unique sur un animal, peut mener à des vues nettes et précises d'ensemble. L'homme est complexe au physique comme au moral, et sa psychologie est difficile à élucider; au point de vue matériel, l'étude de sa structure et de sa physiologie a été aidée puissamment par la connaissance de celles des animaux; au point de vue intellectuel, il en sera de même.

Aussi rencontre-t-on aujourd'hui des psychologues physiologistes, des physiologistes philosophes, voire des mathématiciens psychologues, ... comme Taine, Ch. Richet, Ribot, Crookes, Flammarion, Gibier...

Puissions-nous — et c'est là le seul but de cet ouvrage — avoir quelque peu aidé à suivre cette voie féconde!

Dr Foveau de Courmelles.

Paris, 15 juin 1890.

LES

FACULTÉS MENTALES

DES ANIMAUX

INTRODUCTION

L'âme, l'intelligence, l'instinct et l'automatisme, définitions sommaires. — Le conscient et l'inconscient. — Saint Thomas, Bayle, Leibnitz et l'âme des bêtes. — L'antiquité et les sauvages actuels. — Descartes, Malebranche, La Fontaine au siècle de Louis XIV. — Les automates et Vaucanson. — Buffon, Réaumur, Condillac au XVIIIe siècle. — Georges Leroy, Lamarck, Cuvier, Flourens au commencement du XIXe siècle. — Darwin, Romanes, Perrier, Fabre, H. Milne-Edwards, U. Van Ende et les psychologues contemporains. — Instinct et sélection en présence. — Beautés de l'âme. — Toussenel et la passion, seul mobile. — Les deux périodes de la science : enfantement et fable, maturité et vérité. — Les croyances erronées d'autrefois. — Les qualités d'un bon observateur et les procédés d'expérimentation par Houzeau.

L'*âme* est une chose abstraite et non définie. Selon les convictions elle signifie tout — ce que nous avons de plus sacré, de plus idéal — ou rien, c'est le néant, l'abstraction, la pensée vague et indéfinie d'un objet discuté, non seulement dans son essence, mais dans son existence même.

L'*intelligence* est une manifestation des facultés attribuées à l'âme consciente, à la non-matière; c'est quelque chose de supérieur, mais aussi d'abstrait. Elle se décompose en facultés diverses qui la résument.

L'*instinct* est une sorte de loi fatale présidant à tous

les actes des animaux, de telle sorte que ceux-ci ne peuvent jamais vouloir, ils sont *automatiques.*

Nous n'insistons pas sur ces définitions sur lesquelles nous reviendrons, mais qui déjà peuvent nous servir à comprendre les diverses théories émises par les naturalistes sur l'intelligence des animaux.

Il est certain que les êtres vivants font des actes non voulus et inconscients et ces actes sont accomplis grâce à une sorte d'éducation antérieure. Nous arrivons à marcher, à tourner les pages d'un livre qui ne nous captive pas ou nous captive trop, à jouer du piano... automatiquement. Il y a en nous deux êtres, le *Moi I*, la conscience qui dirige les actions voulues; le *Moi II*, l'inconscience, qui préside aux actes fréquemment répétés. Il en est de même, — nous le démontrerons, — chez les animaux; et, dans cette notion de dualité — trop laissée dans l'ombre jusque dans ces derniers temps — il y a des éléments d'explication qui, faute d'être utilisés, ont amené de grands esprits à émettre les théories plus ou moins bizarres que nous allons maintenant exposer.

Saint Thomas, Bayle, Leibnitz et l'âme des bêtes.

Ce n'est que depuis peu de siècles que la noncroyance aux facultés intellectuelles des animaux s'est imposée et ceci est tellement vrai que jamais les conciles et les Pères de l'Église n'ont songé à discuter l'âme des bêtes. L'existence de celle-ci était admise.

Les sectateurs d'Aristote soutenaient que les bêtes ont une âme douée de sentiment, de mémoire, de passions, mais non pas de raison. Il est bon de considérer aussi l'opinion émise sur ce sujet par le prince de la théologie catholique.

D'après Platon, l'acte d'entendre aussi bien que celui de sentir ne convient qu'à l'âme seule; saint Thomas réfute cette théorie à cause du grave inconvénient qui en résulte, à savoir celui d'admettre les âmes des brutes subsistant indépendamment du corps ainsi qu'il en est de l'âme humaine. Saint Thomas établit ensuite avec Aristote que l'intelligence seule n'a pas besoin d'organe corporel pour agir et il en arrive ainsi à conclure que la sensation est une faculté *organique* puisqu'elle n'est point propre à l'âme seulement, mais au composé. Conformément à cette conclusion il enseigne que les facultés sensitives ne résident que dans le composé, et que, par suite, lorsque celui-ci disparaît, elles disparaissent aussi, restant dans l'âme isolée non pas formellement, mais en germe. L'âme des brutes, d'après le même auteur, n'a pas d'opération par elle-même parce qu'elle n'est pas un être *par soi;* elle n'est pas indépendante du corps dans sa subsistance, et saint Thomas en conclut que l'âme des bêtes n'est pas immortelle de sa nature.

Avant de quitter cette question de l'âme des bêtes, et bien que nous devancions l'ordre chronologique, — terminons son étude en citant les opinions de Bayle et de Leibnitz.

Leibnitz est d'avis que les animaux sont organisés dans la semence, que la matière toute seule ne peut pas constituer de véritable unité, et que par suite tout animal est uni à une forme qui est un être simple, indivisible, véritablement unique. Il suppose que cette forme ne quitte jamais son sujet, d'où il résulte qu'il n'y a ni mort ni génération dans la nature, mais il a soin de faire une exception pour l'âme de l'homme.

D'après Bayle, l'hypothèse de Leibnitz porte à croire : 1° que Dieu au commencement du monde a créé les formes de tous les corps, et par conséquent toutes les âmes des bêtes : 2° que ces âmes subsistent toujours depuis ce temps-là, unies inséparablement au premier corps organisé dans lequel Dieu les a logées. Voici d'ailleurs une partie de ce discours de Leibnitz :

C'est ici où les *transformations* de MM. Swammerdam, Malpighi, et Leuwenhœck... m'ont fait admettre plus aisément que l'animal, et toute autre substance organisée, ne commence point lorsque nous le croyons, et que sa génération apparente n'est qu'un développement et une espèce d'augmentation..... Mais il restait encore la plus grande question, de ce que ces âmes ou ces formes deviennent par la mort de l'animal, ou par la destruction de l'individu de la substance organisée. Et c'est ce qui embarrasse le plus, d'autant qu'il paraît peu raisonnable que les âmes restent inutilement dans un chaos de matière confuse. Cela m'a fait juger enfin qu'il n'y avoit qu'un seul party raisonnable à prendre ; et c'est celui de la conservation non seulement de l'âme, mais encore de l'animal mesme, et de sa machine organique ; quoique la destruction des parties grossières l'ait réduit à une petitesse qui n'échappe pas moins à nos sens, que celle où il estoit avant que de naître. Aussi n'y a-t-il personne qui puisse bien marquer le véritable temps de la mort, laquelle peut passer longtemps pour une simple suspension des actions notables, et dans le fond n'est jamais autre chose dans les simples animaux : témoin les *ressuscitations* des mouches noyées, et puis ensevelies sous de la craye pulvérisée, et plusieurs exemples semblables, qui font assez connaître qu'il y auroit bien d'autres ressuscitations, et de bien plus loin, si les ommes estoient en état de remettre la machine.....

Il est donc naturel que l'animal ayant toujours esté vivant et organisé, il le demeure aussi toujours. Et puis qu'ainsi il n'y a point de première naissance, ni de génération entièrement nouvelle de l'animal, il s'ensuit qu'il n'y en aura point d'extinction finale, ni de mort entière prise à la rigueur métaphysique ; et que par conséquent, au lieu de la transmigration des âmes, il n'y a qu'une tranformation d'un mesme animal, selon que les organes sont pliez différemment, et plus ou moins développez.

Bayle, par exemple, ne peut admettre la pensée de Leibnitz quand ce dernier veut que l'âme d'un chien agisse indépendamment des corps.

Que tout lui naisse de son propre fonds, par une parfaite *spontanéité* à l'égard d'elle-même, et pourtant avec une parfaite conformité aux choses de dehors,.... que ses perceptions internes lui arrivent par sa propre constitution originale, c'est-à-dire représentative qui lui a été donnée dès sa création et qui fait son caractère individuel.

Bayle préférait à ce système celui des causes occasionnelles parce qu'il ne pouvait comprendre l'enchaînement d'actions internes et spontanées, « qui ferait que l'âme d'un chien sentirait de la douleur immédiatement après avoir senti de la joie, quand même elle serait seule dans l'univers. » Le système des causes occasionnelles était au contraire repoussé par Leibnitz comme faisant intervenir l'action de Dieu par miracle dans la dépendance réciproque du corps et de l'âme. A quoi Bayle répondait que Dieu, n'y intervenant que suivant des lois générales, n'agissait point là extraordinairement.

Grâce à la polémique de ces deux savants, la philosophie eut un nouveau système. On n'avait jusqu'alors que deux hypothèses, celle de l'Ecole, et celle des Cartésiens, l'une était une *voie d'influence* du corps sur l'âme et de l'âme sur le corps, l'autre était une *voie d'assistance*, ou de causalité occasionnelle. La troisième hypothèse dont on fut redevable à Leibnitz a été appelée *voie d'harmonie préétablie*.

Il ne se peut rien imaginer qui donne une si haute idée de l'intelligence et de la puissance de Leibnitz, disait Bayle, mais tout en admirant cette doctrine, le philosophe ne put se résoudre à l'accepter. Voici les paroles de Leibnitz qui sont pour ainsi dire le dénouement et la clef de son système :

La loi du changement de la substance de l'animal le porte de la joye à la douleur, dans le moment qu'il se fait une solution de continu dans son corps, parce que la loi de la substance indivisible de cet animal est de représenter ce qui se fait dans son corps de la manière que nous l'expérimentons, et même de représenter en quelque façon, et par rapport à ce corps, tout ce qui se fait dans le monde (1).

L'antiquité et les sauvages actuels.

L'antiquité païenne — qui partageait et au-delà la croyance à l'âme des bêtes, — avait élevé les animaux au rang de dieux : le chat, le bœuf après, et bien d'autres avaient leur culte, leurs cérémonies et leurs adorateurs. La promenade égyptienne d'un bœuf à certaines époques de l'année s'est d'ailleurs conservée jusqu'à nous et l'enguirlandement du Bœuf gras n'est qu'un reste ou une rénovation, — si l'on veut, — de cet antique usage.

Les peuplades sauvages ou à demi civilisées ont, jusqu'au moyen âge, traité les animaux avec plus d'égards que de nos jours. Ils leur attribuaient parfois une intelligence supérieure à la nôtre. Il en est encore ainsi chez certains peuples peu civilisés. Leurs méfaits même ont préoccupé les esprits et il s'est trouvé des tribunaux pour condamner des chenilles, comme des êtres responsables ! Bizarrerie singulière des coutumes, des animaux sont considérés comme libres, et des

(1) Mémoire inséré dans l'*Hist. des ouvrages des savants*, juillet 1698, pag. 332.

femmes en période physiologique déclarées irresponsables !

La métempsycose ou la transmigration des âmes humaines dans le corps des animaux est un indice de ces croyances antiques de l'intellectualité animale. L'Inde, l'Egypte, la Grèce avec Pythagore et Platon,... professèrent cette doctrine. Les Brahmes, à l'heure actuelle, s'abstiennent de viande pour cette raison.

Descartes, Malebranche, La Fontaine

Plus près de nous, nous trouvons avec le grand siècle, — celui de Louis XIV, — une série d'opinions plus ou moins métaphysiques sur l'intelligence des bêtes.

Descartes trouva son époque lassée de ramasser les débris de la vieille scholastique et de son maître Aristote, il voulut faire du nouveau et fut enchanté de trouver l'*automatisme des bêtes*. Dans son *Discours sur la méthode*, le premier ouvrage où il en parle, il en donne deux raisons :

1° Jamais les bêtes ne savent user de paroles, ni de signes, comme nous faisons pour déclarer aux autres nos pensées.

2° Bien que les bêtes fassent plusieurs choses

aussi bien et peut-être mieux qu'aucun de nous, elles manquent infailliblement en quelques autres, par lesquelles on découvre qu'elles n'agissent pas par connaissance, mais seulement par la disposition de leurs organes.

C'est une chose bien remarquable, dit-il, qu'il n'y a point d'hommes si hébétés et si stupides, sans en excepter même les insensés, qui ne soient capables d'arranger ensemble diverses paroles et d'en composer un discours par lequel ils fassent entendre leurs pensées; et que, au contraire, il n'y a point d'autre animal, tant parfait et tant heureusement né qu'il puisse être, qui fasse le semblable... ;

et ceci ne témoigne pas seulement, continue-t-il, que les bêtes ont moins de raison que les hommes, mais qu'elles n'en ont point du tout..... C'est aussi une chose fort remarquable que, bien qu'il y ait plusieurs animaux qui témoignent plus d'industrie que nous en quelques-unes de leurs actions, on voit toutefois que les mêmes n'en témoignent point du tout en beaucoup d'autres : de façon que ce qu'ils font mieux que nous ne prouve pas qu'ils ont de l'esprit, car, à ce compte, ils en auraient plus qu'aucun de nous, et feraient mieux en tout autre chose ; mais plutôt qu'ils n'en ont point, et que c'est la nature qui agit en eux, selon la disposition de leurs organes : ainsi qu'on voit qu'une horloge, qui n'est composée que de roues et de ressorts, peut compter les heures et mesurer le temps plus justement que nous avec notre prudence.

Pour Descartes, la parole est la seule expression intellectuelle, et encore est-ce la parole telle que nous l'entendons. En outre il confond l'instinct, sorte d'automatisme, d'inconscient, avec l'intelligence. Il va plus loin.

Il suppose un homme n'ayant vu que des hommes et fabriquant de parfaits automates, hommes dépourvus de parole et du pouvoir de nous imiter. Si cet homme venait ensuite à voir des animaux, il n'y aurait pour lui pas d'erreur possible, il ne verrait en eux que des automates.

Il faut pourtant remarquer, dit encore Descartes, que je parle de la pensée, non de la vie ou du sentiment; car je n'ôte la vie à aucun animal... je ne leur refuse pas même le sentiment autant qu'il dépend des organes du corps. Ainsi mon opinion n'est pas si cruelle aux animaux...

Les automates de Descartes *vivent et sentent*, ils ne peuvent donc pas être de *purs automates*.

Malebranche va plus loin encore, il dit en parlant d'une chienne qu'il bat : « *Cela* ne sent point. »

La Fontaine bien qu'admirant Descartes, « ce mortel

dont on eut fait un Dieu chez les païens », proteste énergiquement et spirituellement contre sa manière de voir. Dans sa charmante fable : *Les deux Rats, le Renard et l'Œuf*, il parle « de certaine philosophie subtile, engageante et hardie, » appelée nouvelle. La bête est une machine où tout se fait sans choix et par ressorts : nul sentiment, point d'âme, en elle tout est corps. Et la raillerie de notre inimitable fabuliste de continuer sur le ton d'un doux persifflage.

La bête est une montre où mainte roue y tient lieu d'esprit, fait mouvoir les autres et produit la sonnerie ; de même que se produirait l'impression chez les animaux, c'est-à-dire par nécessité, sans passion, sans volonté. L'animal est agité de « mouvements que le vulgaire appelle tristesse, joie, amour, plaisir, douleur cruelle ou quelque autre de ces états ». Mais ce n'est point cela, c'est une montre !

Après cet exposé, La Fontaine avec sa finesse d'esprit et sa sagacité d'observateur qui ferait aujourd'hui de lui un grand naturaliste, réfute l'automatisme des bêtes. Il narre le fait du vieux cerf poursuivi qui en fait sortir un jeune et se dérobe aux poursuites des chasseurs auxquels sa vieillesse l'empêcherait de résister ; de la perdrix qui, pour éloigner le danger de son nid, feint la blessée, attire les chiens sur une fausse piste et s'éloigne ; des deux rats trouvant un œuf, mais voyant venir un renard, ont l'idée, l'un de prendre l'œuf entre ses pattes, l'autre de traîner son camarade.

Ces faits peuvent ne pas être authentiques, mais en tenant compte de l'époque où ils ont été racontés, ils prouvent une grande indépendance d'esprit et une avance considérable sur son siècle. Le nôtre ne pourrait les renier.

Le fabuliste n'était pas seul de son époque à rejeter cette partie de la doctrine de Descartes. Le Père Daniel écrivait :

Le point essentiel du cartésianisme, et comme la pierre de touche dont vous vous servez, vous autres chefs de parti, pour reconnaître les fidèles disciples de votre grand maître, c'est la doctrine des automates, qui fait de pures machines de tous les animaux, en leur ôtant tout sentiment et toute connaissance. *Quiconque a assez d'entêtement pour ne trouver nulle difficulté à ce paradoxe* (ce n'est point souligné dans le texte) a aussitôt votre agrément pour se faire partout honneur du nom de cartésien. Ce seul point renferme ou suppose tous les principes et tous les fondements de la secte... Avec cela il est impossible de n'être pas cartésien, et sans cela il est impossible de l'être.

Le Père Pardies, Boullier, le Père Boujeaut,... combattent avec chaleur l'automatisme des bêtes. Le dernier veut qu'elles ne *soient que des diables.* C'est là, dit Flourens, « un badinage ingénieux pour expliquer comment elles pensent, connaissent et sentent. C'est le contre-pied le plus formel et la critique la plus fine de l'opinion de Descartes. » Il n'est pas jusqu'à Fénelon, le doux cygne de Cambrai, qui ne fasse des remarques très fines sur le système des *bêtes-machines* de Descartes dans son dialogue : *Aristote et Descartes.*

Somme toute, au XVIIe siècle, tous les avis sont unanimes pour reconnaître aux bêtes le sentiment; là où la divergence d'opinions se fait, c'est sur leur intelligence.

Vaucanson et les automates. — Buffon, Réaumur, Condillac.

Au siècle suivant, on a avec Buffon, non plus le *pur automatisme,* mais l'*automatisme mixte,* et cependant c'était l'époque où florissaient les automates de Vaucanson : le joueur de flûte, le joueur de tambourin et de galoubet, les deux canards... Ces derniers imitaient les mouvements des canards vivants, trituraient, avalaient et digéraient du grain. Robert Houdin a démontré plus tard que tout était préparé et relevait du domaine, non de la physiologie, mais de la prestidigitation. Il en est de même de nombreux automates antérieurs à cette époque et qui avaient aidé à formuler la théorie de Descartes, comme sa Francine; comme la mouche d'airain d'un évêque de Naples qui, dressée comme un chien de berger, empêcha huit ans les mouches d'entrer dans la ville et les viandes de s'y corrompre (Gaston Boissier); comme l'aigle métallique qui vola au devant de l'empereur Maximilien à Nuremberg, le 7 juin 1470; comme la mouche de fer de Jean Müller, dit Regiomontanus (Kircher, Porta,...); comme la colombe de bois qui volait, du mécanicien grec de Tarente, Archytas (Favorinus, Aulu Gelle,...). Si nous remontons brusquement à notre époque, nous avons les ombres chinoises, les marionnettes, les maquettes animées d'aujourd'hui (Caran d'Ache, Willette, G. Bertrand, Chat noir...).

Voici comment s'exprime Buffon, qui ne prononce même plus le mot d'automatisme, lequel, — appliqué aux animaux, — semble avoir vécu :

Si je me suis bien expliqué, on doit avoir vu que, bien loin de tout ôter aux animaux, je leur accorde tout, à l'exception de la pensée et de la réflexion; ils ont le sentiment, ils l'ont même à un plus haut degré que nous ne l'avons; ils ont aussi la conscience de leur existence actuelle, mais ils n'ont pas celle de leur existence passée; ils ont des sensations, mais il leur manque la faculté de les comparer, c'est-à-dire la puissance qui produit les idées;

car les idées ne sont que des sensations comparées, ou, pour mieux dire, des associations de sensations.

Vie, sentiment, conscience de leur existence actuelle, telles sont les trois notions que reconnaît aux animaux l'intendant du Jardin du Roi, comte de Montbard. Il leur refuse la pensée, la réflexion, la mémoire ou conscience de l'existence passée, la faculté de comparer des sensations ou d'avoir des idées.

L'âme, ajoute Buffon, ce principe spirituel, ce principe de toute connaissance, est toujours en opposition avec cet autre principe animal et purement matériel : le premier est une lumière qu'accompagnent le calme et la sérénité, une source salutaire dont émanent la science, la raison, la sagesse ; l'autre est une fausse lueur qui ne brille que par la tempête et dans l'obscurité, un torrent impétueux qui roule et entraîne à sa suite la passion et les erreurs..., c'est parce que la nature de l'homme est composée de deux principes opposés, qu'il a tant de peine à se concilier avec lui-même ; c'est de là que viennent son inconstance, son irrésolution, ses ennuis. Les animaux, au contraire, dont la nature est simple et purement matérielle, ne ressentent ni combats intérieurs, ni opposition, ni trouble ; ils n'ont ni nos regrets, ni nos remords, ni nos espérances, ni nos craintes.

Ces sentiments ont toujours été considérés comme l'apanage de l'âme et Buffon qui veut, qui tient à ne pas en reconnaître aux animaux, ne peut leur reconnaître tout ou partie des qualités qui la caractérisent. Mais comme les faits ne lui donnent pas toujours raison, il cherche dans l'homme les passions relevant du physique — il les donne aux animaux — et celles qui relèvent du moral — il les leur refuse. Voyons d'ailleurs ses nombreuses contradictions :

Tout semble prouver, dit-il, qu'on ne peut refuser aux

animaux la mémoire, et une mémoire active, étendue, et peut-être plus fidèle que la nôtre.

Et plus loin :

Un naturel ardent, colère, même féroce et sanguinaire, rend le chien sauvage redoutable à tous les animaux, et cède, dans le chien domestique, aux sentiments les plus doux, au plaisir de s'attacher et au désir de plaire; il vient, en rampant, mettre aux pieds de son maître son courage, sa force, ses talents; il *attend ses ordres* pour en faire usage; il le *consulte*, il l'*interroge*, il le *supplie; il entend* les signes de sa volonté; sans avoir, comme l'homme, LA LUMIÈRE DE LA PENSÉE, il a toute la chaleur du sentiment; il a de plus que lui la fidélité, la constance dans ses affections; nulle ambition, nul intérêt, nul désir de vengeance, nulle crainte que celle de déplaire; il est tout zèle, toute ardeur et toute obéissance; plus sensible au *souvenir* des bienfaits qu'à celui des outrages, il ne se rebute pas par les mauvais traitements; il les subit, les *oublie*, ou ne *s'en souvient* que pour s'attacher davantage; loin de s'irriter ou de fuir, il s'expose de lui-même à de nouvelles épreuves; il lèche cette main, instrument de douleur qui vient de le frapper; il ne lui oppose que la plainte, et la désarme enfin par la patience et la soumission.

Buffon semble, dit Flourens, être à la fois historien, — c'est-à-dire plus près des faits — et philosophe, c'est-à-dire plus près du système — et cette dualité explique ses contradictions si évidentes et si nombreuses.

Les apparences de raison chez les animaux nous trompent et il explique tout avec sa théorie des ébranlements mécaniques :

Si le nombre des ébranlements propres à faire naitre l'appétit surpasse, dit-il, celui des ébranlements propres à faire naître la répugnance, l'animal sera nécessairement déterminé à faire un mouvement pour satisfaire cet appétit; et si le nombre ou la force des ébranlements d'appétit sont égaux au nombre ou à la force des ébranlements de répugnance, l'animal ne sera pas déterminé, il demeurera en équilibre entre ces deux puissances égales, et il ne fera aucun mouvement, ni pour atteindre ni pour éviter.

Ce serait le fameux cas, — resté classique en philosophie, — de l'âne de Buridan qui, placé à égale distance de deux égales mesures d'avoine, meurt plutôt que de se déterminer!

Buffon voyait l'ensemble de la nature; à la même époque Réaumur en étudiait les détails. C'étaient deux génies opposés, mais tous deux louant l'Être suprême, la sagesse divine. A ce propos Buffon raille Réaumur qui veut trouver Dieu « attentif à conduire une république de mouches, et fort occupé de la manière dont se doit plier l'aile d'un scarabée. »

Au sujet des insectes, Réaumur accorde aux abeilles la *prévoyance*, les *affections*; aux autres articulés un *certain degré d'intelligence*. Ses contemporains renchérissent et déclarent presque les insectes, les animaux les plus intelligents de la création.

Buffon a beau jeu à railler ce système :

Les animaux, dit-il, qui ressemblent le plus à l'homme par leur figure et par leur organisation seront, malgré les apologistes des insectes, maintenus dans la possession où ils étaient d'être supérieurs à tous les autres pour les qualités intérieures...,en sorte que le singe,le chien,l'éléphant, et les autres quadrupèdes, seront au premier rang; les cétacés seront au second rang; les oiseaux au troisième, parce que, à tout prendre, ils diffèrent de l'homme plus que les cétacés et les quadrupèdes; et, s'il n'y avait pas des êtres qui, comme les huitres ou les polypes, semblent en différer autant qu'il est possible, les insectes seraient avec raison les bêtes du dernier rang.

Helvétius — ressuscitant ainsi la vieille opinion d'Anaxagore — prétend que l'homme ne doit qu'à ses mains sa supériorité sur les bêtes. C'est là une erreur complète car l'homme ne sait que par l'éducation et l'usage se servir de ses mains. Il peut avec les mêmes moyens utiliser ses membres inférieurs. Ainsi les Hindous se servent de leurs orteils (Ward); les paysans des landes d'Aquitaine grimpent aux arbres pieds nus (Bory de Saint-Vincent) et on a connu des peintres — Duvernet et Félu — montrant un réel talent dû à leurs pieds (Houzeau).

On ne sait encore différencier l'instinct de l'intelligence, et Condillac qui écrit son *Traité des animaux* contre Buffon ne fit pas cette distinction. Cependant il affirme que les bêtes sentent de la même façon que l'homme, qu'elles ont de la mémoire et des idées :

Si les bêtes inventent moins que nous, si elles perfectionnent moins, ce n'est pas qu'elles manquent tout à fait d'intelligence, c'est que leur intelligence est plus bornée.

Georges Leroy, Lamarck, Cuvier, Flourens.

Nous arrivons ainsi au commencement du XIXe siècle et les travaux vont se multiplier de plus en plus.

G. Leroy — un oublié — fait dériver l'intelligence de l'instinct, c'est une sorte d'instinct perfectionné « par l'action répétée de la sensation et de l'exercice de la mémoire ». Il fait découler l'industrie de l'instinct de faiblesse, la sociabilité de la crainte, l'instinct de prévoyance de la faim antérieure, les voyages des oiseaux d'une instruction perpétuée de race en race (1).

Il accorde au loup la faculté d'abstraction :

Dès que le loup paraît, il est poursuivi; l'attroupement et l'émeute lui annoncent combien il est craint, et tout ce

(1) Leroy, *Lettres philosophiques sur l'intelligence et la perfectibilité des animaux*.

que lui-même il doit craindre. Aussi toutes les fois que l'odeur de l'homme vient frapper son nez, elle réveille en lui les idées du danger. La proie la plus séduisante lui est inutilement présentée tant qu'elle a cet accessoire effrayant; et même, lorsqu'elle ne l'a plus, elle lui reste longtemps suspecte. Le loup ne peut avoir qu'une idée abstraite du péril, puisqu'il n'a pas la connaissance particulière des pièges qu'on lui tend.

G. Leroy étudie le développement et la génération de leurs facultés. Il voit la sensation, la mémoire, l'expérience, l'attention, et l'habitude de la réflexion étendre leur intelligence.

Il conclut que :

Les animaux réunissent, quoique à un degré très inférieur à nous, tous les caractères de l'intelligence; qu'ils sentent, puisqu'ils ont les signes évidents de la douleur et du plaisir; qu'ils se ressouviennent, puisqu'ils évitent ce qui leur a nui et recherchent ce qui leur a plu; qu'ils comprennent et jugent, puisqu'ils hésitent et choisissent; qu'ils réfléchissent sur leurs actes, puisque l'expérience les instruit et que des expériences répétées rectifient leurs premiers jugements.

Erasme Darwin s'efforce de montrer l'identité fondamentale des phénomènes psychiques chez tous les êtres vivants.

Lamarck (1) a étudié presque l'évolution mentale des animaux jusqu'à l'homme. Il les divise en apathiques, sensibles, ou sensibles et intelligents. Cependant pour lui leurs facultés sont :

Des phénomènes purement physiques; ces phénomènes sont les résultats des fonctions qu'exécutent les organes ou les appareils d'organes qui peuvent les produire; il n'y a rien de métaphysique, rien qui soit étranger à la matière

(1) Lamarck, *Philosophie zoologique* et introduction de son *Histoire naturelle des animaux sans vertèbres*. 2e édition. Paris, 1835-45.

dans chacun d'eux; il ne s'agit à leur égard, que de la relation entre différentes parties du corps animal et entre différentes substances qui se meuvent, agissent, réagissent et acquièrent alors le pouvoir de produire les phénomènes observés. L'homme a en plus « ce qu'il peut tenir d'une source supérieure. »

Dupont de Nemours nie l'instinct. Les actions qui lui sont attribuées sont « de toutes les actions, celles où la perception est la plus vive, la logique la plus rigoureuse, la prévoyance la plus ingénieuse et la plus sûre ». Il veut que nous apprenions tous à *marcher*, à *téter*, à *voir*. Cette opinion est tout au moins originale!

Frédéric Cuvier est moins disciple, bien qu'atténué, de Buffon que ne l'est Lamarck. Il lui reproche de méconnaître l'intelligence des animaux et l'instinct qui leur est accordé « comme supplément de l'intelligence et pour concourir avec elle, et avec la force et la fécondité, au juste degré de conservation de chaque espèce ».

Et, ajoute Cuvier :

L'instinct fait produire aux animaux certaines actions nécessaires à la conservation de l'espèce, mais souvent tout à fait étrangères aux besoins apparents des individus, souvent aussi très compliquées et qui, pour être attribuées à l'intelligence, supposeraient une prévoyance et des connaissances infiniment supérieures à celles qu'on peut admettre dans les espèces qui les exécutent. Ces actions, produites par l'instinct, ne sont point non plus l'effet de l'imition, car les individus qui les pratiquent ne les ont souvent jamais vu faire à d'autres; elle ne sont point en proportion avec l'intelligence ordinaire, mais deviennent plus singulières, plus savantes, plus désintéressées, à mesure que les animaux appartiennent à des classes moins élevées et, dans tout le reste, plus stupides. Elles sont si bien la propriété de l'espèce, que tous les individus les exercent de la même manière sans rien perfectionner... On ne peut se faire une idée claire de l'instinct, qu'en admettant que les animaux ont dans leur *sensorium* des images ou sensations innées et constantes qui les déterminent à agir comme les sensations ordinaires déterminent à agir communément. C'est une sorte de rêve, de vision qui les poursuit toujours ; et, dans tout ce qui a rapport à leur instinct, on peut les considérer comme des espèces de somnambules.

Cuvier marque les limites de l'intelligence dans les divers groupes de mammifères; ce sont, dans l'ordre ascendant, les rongeurs, les ruminants, les pachydermes avec le cheval et l'éléphant, les carnassiers avec le chien, les quadrumanes avec l'orang-outang et le chimpanzé. Cette *intelligence graduée,* — dit Flourens, — est parallèle au développement du cerveau.

Isidore Geoffroy Saint-Hilaire, disciple de Buffon, n'osant plus nier l'intelligence des animaux, créa le règne hominal pour bien marquer l'énorme distance qui sépare l'homme de la bête! M. de Quatrefages le suit dans cette voie en disant non pas : « l'homme seul est intelligent », mais : « l'homme seul est religieux et moral ».

Flourens, disciple de Cuvier, établit nettement comme son maître, la différenciation bien tranchée entre l'intelligence et l'instinct. Celui-ci est une force propre et d'une nature très particulière...

Une force purement organique « qui, dans la plupart des animaux, et pour la plupart de leurs actions, remplace l'intelligence... » L'action instinctive est l'action que l'animal fait sans aucune vue, mais qui pour être faite par l'homme, demanderait les vues les plus compliquées et les plus savantes.

Tout en admirant Descartes et trouvant ses arguments d'une sagacité profonde, notamment lorsqu'il dit que les *choses que font les animaux mieux que nous* prouvent plutôt contre leur intelligence qu'en sa faveur, il montre que l'erreur des cartésianistes a tenu à la confusion de l'intelligence et de l'instinct. Il trouve avec Georges Cuvier le système de Buffon avec ses *ébranlements d'appétit et de répugnance* plus complexe, plus inintelligible que celui de Descartes; en effet Buffon admet comme *réalités* tous les faits qui tiennent au *sentiment*, et rejette comme *apparences* tous ceux qui se rapportent à l'*intelligence*.

Darwin, Romanes, Perrier, Fabre, H. Milne-Edwards, U. Van Ende et les psychologues contemporains.

La différence entre l'instinct et l'intelligence se fait donc peu à peu plus large, plus profonde, plus complète. Elle devient un fossé et bientôt un abîme. En effet, dès 1853, A. L. A. Fée (1), professeur d'histoire naturelle à la Faculté de médecine de Strasbourg, accuse nettement cette tendance à la distinction absolue. L'homme *observe* et crée les sciences physiques; il *médite* et crée la métaphysique. Il tient aux animaux par le corps, à la divinité par l'âme. L'instinct est d'essence divine et s'ajoute à l'intelligence, il est fatal, impérieux et inhérent à la vie.

Le savant observateur d'Avignon, M. J. H. Fabre, un naturaliste des plus sagaces, lui, émet les mêmes opinions :

Rabaisser l'homme, exalter la bête, pour établir un point de contact, puis un point de fusion, telle a été, telle est encore la marche générale dans les hautes théories en vogue de nos jours... L'instinct sait tout, *dans les voies invariables qui lui ont été tracées;* il ignore tout en dehors de ces voies. Inspirations sublimes de la science, et consé-

(1) Fée, *Études philosophiques sur l'instinct et l'intelligence des animaux.*

quences étonnantes de stupidité, sont à la fois son partage, suivant que l'animal agit dans des conditions normales ou dans des conditions accidentelles.

Les insectes, — qu'il a surtout étudiés, — ont conduit M. Fabre à admettre que leurs mœurs étaient fatales et éternelles, étant donné leur structure. Il voit « cette *intelligence* rayonner derrière le mystère des choses ».

Il expose dans ses *Souvenirs entomologiques*, d'admirables observations sur l'élevage artificiel des larves d'hyménoptères carnassiers, puis il écrit :

Aussi n'aurais-je pas entrepris ces recherches, encore moins en aurais-je parlé non sans complaisance si je n'avais entrevu dans les résultats une certaine portée philosophique. Le transformisme me paraissait en cause. Certes, c'est grandiose entreprise, adéquate aux immenses ambitions de l'homme que de vouloir couler l'univers dans le moule d'une formule et de permettre toute réalité à la norme de la raison. Le géomètre procède ainsi. Il définit le cône, conception idéale; puis il le coupe par un plan. La section conique est soumise à l'algèbre, appareil d'obstétrique accouchant l'équation; et voici que sollicités dans un sens puis dans l'autre, les flancs de la formule mettent au jour l'ellipse, l'hyperbole, la parabole, leurs foyers, leurs rayons vecteurs, leurs tangentes, leurs normales, leurs axes conjugués et le reste. C'est magnifique..., c'est superbe,... on croit assister à une création... Oui, il serait beau de mettre le monde en équation, de se donner pour principe une cellule gonflée de glaire, et de transformation en transformation, de retrouver la vie sous ses mille aspects comme la géométrie retrouve l'ellipse et les autres courbes en discutant son cône sectionné... Hélas! combien ne faut-il pas rabattre de nos prétentions! La réalité est pour nous insaisissable. — Il y a ici de formidables inconnues — écartons-les pour bien asseoir la théorie. — Soit, mais alors ma confiance est ébranlée en cette histoire naturelle qui répudie la nature et donne à des vues idéales le pas sur la réalité des faits... Je fais le tour du transformisme, et ce qui m'est affirmé majestueuse coupole d'un monument capable de défier les âges, ne m'apparaissant que vessie, irrévérencieux, j'y plonge mon épingle.

A propos des parasites que le transformisme explique par la paresse de certaines mères à placer et à soigner leurs descendants dans des conditions favorables, M. Fabre s'écrie :

Tenez, je n'aime pas cette paresse favorable, dit-on, à la prospérité de l'animal. J'avais toujours cru et je m'obstine à croire, que l'activité seule fortifie le présent et assure l'avenir aussi bien de l'animal que de l'homme; agir, c'est vivre; travailler, c'est progresser. L'énergie d'une race se mesure à la somme de son action. Non, je n'aime pas du tout cette paresse scientifiquement préconisée, Nous avons bien assez comme cela de brutalités zoologiques : l'homme, fils du macaque; le devoir, préjugé d'imbéciles; la conscience, leurre de naïfs; le génie, névrose; l'amour de la patrie, chauvinisme; l'âme, résultante d'énergies cellulaires; Dieu, mythe puéril. Entonnons le chant de guerre, et dégaînons le scalp; nous ne sommes ici que pour nous entre-dévorer; l'idéal est le coffre à dollars du marchand de porc salé de Chicago. Assez, bien assez comme cela ! Que le transformisme ne vienne pas maintenant battre en brèche la sainte loi du travail. Je ne le rendrai pas responsable de nos ruines morales; il n'a pas l'épaule assez robuste pour un pareil effondrement; mais enfin, il y a contribué de son mieux.

Cette indignation est certainement justifiée par les conséquences morales qui en découlent, mais elle ne suffit pas toujours devant les faits. Et le vieux proverbe qui dit : « La nécessité est la mère de l'industrie » est certainement un adage précurseur du transformisme. Celui-ci n'est d'ailleurs qu'une théorie scientifique, rendant compte des phénomènes et permettant de les grouper, c'est un moyen mnémotechnique commode, auquel il ne faut pas, selon nous, attacher l'énorme importance qu'on lui a donnée. « On peut, dit M. Edm.

Perrier, du Muséum, repousser absolument cette doctrine. Elle n'est pas encore arrivée, nous nous empressons de le reconnaître, à un tel point de perfection qu'elle puisse satisfaire tous les esprits. »

Wallace cherche à démontrer qu'il existe chez l'homme des instincts comme chez les animaux.

Espinas étudie leurs manifestations psychiques et leurs sociétés.

Herbert Spencer, dit M. Perrier (1), peut être considéré comme le chef d'une école philosophique qui veut éclairer par la psychologie des animaux celle de l'homme et fonder ainsi la psychologie comparée ou mieux la psychologie générale.

M. Herbert Spencert — dit Charles Darwin, — soutient que les premières lueurs de l'intelligence se sont développées par la multiplication et la coordination d'actions réflexes ; or, bien que la plupart des instincts les plus simples se confondent avec les actions réflexes, au point qu'il est presque impossible de les distinguer les uns des autres, la succion, par exemple, chez les jeunes animaux, les instincts, plus complexes *paraissent s'être formés cependant, indépendamment de l'intelligence*. Je suis toutefois très éloigné de vouloir nier que des actions instinctives puissent perdre leur caractère fixe et naturel, et être remplacées par d'autres accomplies par la libre volonté. D'autre part, certains actes d'intelligence — tels, par exemple, que celui des oiseaux des îles de l'Océan qui apprennent à éviter l'homme — peuvent, après avoir été pratiquées pendant plusieurs générations, se transformer en instincts héréditaires. On peut dire alors que ces actes ont un caractère d'infériorité, car ce n'est plus la raison de l'expérience qui les fait accomplir. Mais la plupart des instints plus complexes paraissent avoir été acquis d'une manière toute différente, par la sélection naturelle des variations d'actes instinctifs plus simples. Ces variations paraissent résulter des mêmes causes inconnues qui, occa-

(1) Ed. Perrier, *Préface à l'Intelligence des animaux de* Romanes.

sionnant de légères variations ou des différences individuelles sur les autres parties du corps, agissent de même sur l'organisation cérébrale, et déterminent des changements que, dans notre ignorance, nous considérons comme spontanés. Je ne crois pas que nous puissions arriver à une autre conclusion sur l'origine des instincts les plus complexes, lorsque nous songeons à ceux des fourmis ou des ouvrières stériles, instincts d'autant plus remarquables que les individus qui les possèdent ne laissent point de descendants pour hériter des effets de l'expérience et des habitudes modifiées.

Herbert Spencer, oubliant que l'abeille construit sans expérience individuelle et ancestrale, a en effet écrit :

Les actes automatiques d'une abeille construisant une de ses cellules de cire répondent à des conditions extérieures si constamment constatées et expérimentées, qu'elles sont, pour ainsi dire, rappelées organiquement. »

Charles Darwin (1) a réfuté en maints passages de ses livres cette théorie. Il s'est occupé souvent des instincts pour y jeter quelque lumière, il a écrit :

Si nous supposons qu'un acte habituel puisse se transmettre héréditairement — et l'on peut démontrer que ceci arrive parfois — la ressemblance entre ce qui était originellement une habitude d'un instinct devient si étroite, qu'on ne peut plus faire la distinction. Si Mozart, au lieu de jouer du piano à l'âge de trois ans, après très peu d'exercice, avait joué sans exercice préalable, on pourrait dire véritablement qu'il aurait agi instinctivement. Mais ce serait une erreur sérieuse que de supposer que la majorité des instincts ont été acquis par l'habitude, au cours d'une génération, puis transmis héréditairement aux générations suivantes. On peut démontrer clairement que les plus étonnants instincts que nous connaissions, notamment ceux de l'abeille et de beaucoup de fourmis, ne peuvent pas avoir été acquis par l'habitude.

(1) Ch. Darwin, *L'Origine des espèces*.

On admettra généralement que les instincts sont aussi importants que des organes anatomiques pour le bien de chaque espèce, étant données les conditions actuelles d'existence. Dans des conditions autres et modifiées, il est au moins possible qu'une légère modification de l'instinct pût être avantageuse à une espèce; et si l'on peut montrer que les instincts varient tant soit peu, je ne vois pas de difficultés à ce que la sélection naturelle conserve et accumule sans cesse des variations de l'instinct à un degré avantageux quelconque. C'est ainsi, je crois, que les instincts plus complexes et plus étonnants ont pris naissance. De même que des modifications des organes physiques sont créées et accentuées par l'usage ou l'habitude, et sont diminuées ou perdues par l'absence d'exercice, de même, je crois, pour les instincts. Mais je pense que les effets de l'habitude sont, dans beaucoup de cas, d'importance subordonnée et secondaire par rapport aux effets de la sélection naturelle de ce qu'on peut appeler les variations spontanées des instincts : c'est-à-dire les variations provoquées par les mêmes causes inconnues qui produisent une légère déviation des organes physiques.

Le père de la théorie de l'évolution se montre plus clair et plus catégorique encore dans le passage suivant (1) :

Bien que, ainsi que j'ai essayé de le démontrer, il y ait un parallélisme frappant et étroit entre les habitudes et les instincts, et bien que les actes et états d'esprits habituels deviennent héréditaires, et qu'ils puissent, autant que j'en puis juger, être, de la façon la plus appropriée, appelés instinctifs, pourtant ce serait, à mon avis une grande erreur que de considérer la majorité des instincts comme acquis par l'habitude et devenus héréditaires. Je crois que la plupart des instincts sont le résultat accumulé, par la sélection naturelle, de modifications légères et avantageuses d'autres instincts : lesquelles modifications sont, à mon avis, dues aux mêmes causes qui produisent des variations dans les organes physiques. En fait — et je suppose qu'on en doutera à peine — quand un acte instinctif

(1) Darwin, *La Descendance de l'homme.*

est transmis héréditairement, avec une légère modification, cela doit être dû à quelque légère modification de l'organisation du cerveau (1).

Mais, dans le cas des nombreux instincts qui, à ce que je crois, ne sont pas nés par voie d'hérédité, je ne doute pas qu'ils n'aient été fortifiés et perfectionnés par l'habitude; de la même manière que nous pouvons choisir des organismes propres à la réalité, mais aussi, accroître cette aptitude par un dressage et par un entraînement de chaque génération successive.

Henri Milne-Edwards s'engage dans cette large voie tracée par le maître de la théorie de l'évolution. Il a écrit de remarquables pages de zoo-psychologie à plus de quatre-vingts ans. Il fait dériver celle-ci de la physiologie. Il distingue les impressions simples de celles perçues par le *moi, la conscience, l'âme*, faisant remarquer cependant qu'il ne désigne pas ainsi « le principe immatériel et immortel, que presque tous les hommes *croient instinctivement* exister en eux, mais pour exprimer l'ensemble des facultés intellectuelles et morales. » La perception consciente n'est pas localisée au cerveau, elle est diffusée même pour l'homme dans tout son système nerveux, et cela est plus vrai encore pour les animaux.

La science ne montre pas entre les opérations de l'entendement chez l'homme et chez certaines bêtes des différences assez radicales pour me permettre d'affirmer que l'âme de ces dernières est d'une nature différente de celle de l'âme humaine.

L'instinct, l'inconscient complète l'intelligence, l'être conscient. C'est « une disposition mentale qui rend divers animaux aptes à accomplir certains actes sans avoir appris à les faire, sans que l'entendement puisse

(1) Sir B. Brodie, *Psychological Enquiries*, 1854, p. 199.

les guider dans les opérations, sans qu'ils en aient les données indispensables. » Les instincts impérieux et en apparence inhérents à tel animal déterminé ne sont, d'après Darwin et Milne-Edwards, que le résultat d'habitudes profondément enracinées et héréditairement transmises.

L'imitation, de simples *tics* peuvent, dit Milne-Edwards, créer des instincts n'ayant aucune utilité (1).

Et cependant toutes les raisons précédentes — notre physiologiste le reconnaît — sont insuffisantes pour expliquer les soins donnés par certains insectes à une progéniture qu'ils ne reconnaîtront pas. « Tout cela, dit-il, est pour nous mystère, et à cet égard il est plus sage d'avouer notre ignorance que de la dissimuler en nous payant de mots. »

M. Fabre, le patient observateur d'Avignon, aurait, — paraît-il, — influencé par ses sagaces remarques sur les insectes, l'opinion du savant professeur du Muséum. Et cependant celui-ci ne croit pas à la fixité des instincts. On voit combien loin nous sommes de la fixité des espèces de Cuvier !

Les actes instinctifs et les actes rationnels ne diffèrent pas autant qu'on le voit d'ordinaire.

L'instinct, c'est-à-dire l'impulsion mentale qui, sans l'intervention de l'entendement et sans prévision du résultat qui sera obtenu, détermine, combine et règle cette action comme si ses effets étaient prévus, peut être inné ou acquis par l'individu qui le possède, il peut même être transmis de cet individu à ses descendants comme une sorte d'habitude invétérée devenue héréditaire.

L'instinct varie avec les conditions biologiques. H. Milne-Edwards compare ensuite les différences

(1) Milne-Edwards, *Leçons sur la physiologie et l'anatomie comparée de l'homme et des animaux.*

architecturales des constructions de l'hirondelle de fenêtre et de l'hirondelle de cheminée :

Il est également à noter, écrivait-il en 1879 — qu'un instinct fort semblable à celui qui existait probablement chez toutes ces hirondelles à l'époque préhistorique, se retrouve aussi chez une troisième représentante du même type générique, notre hirondelle de rivage, qui établit son nid dans les trous pratiqués dans les flancs des berges escarpées. Or, cet oiseau est fort ancien, car ses ossements ont été trouvés à l'état fossile, tandis que nous n'avons aucune preuve de l'existence des autres espèces de la même famille dans ces temps reculés : Peut-on en conclure que l'hirondelle de rivage de l'époque préhistorique est l'ancêtre commune des trois espèces ou races actuelles, et dont la conformation, ainsi que l'instinct architectural, se seraient modifiés avec le temps? Cela ne me paraît pas improbable, mais dans l'état actuel de nos connaissances, on ne peut former à ce sujet que des conjectures très vagues.

M. Fabre croit à la fixité des espèces et des instincts. Il est conséquent avec lui-même, car admettre ces variations c'est admettre le transformisme qu'il rejette.

M. Edm. Perrier, — professeur du Muséum d'Histoire naturelle que nous avons déjà cité plusieurs fois, — admet comme incontestable la variation des instincts des bêtes et leur intelligence (1).

Il montre la différence entre l'instinct et l'intelligence, la proportion des deux variables en raison inverse :

L'activité psychique de l'animal n'a rien de personnel; elle se transmet sans changer de forme, de génération en génération : l'instinct est donc au plus haut point héréditaire, et se modifie si lentement, qu'il nous paraît immuable. Mais dès que la conscience se développe, l'intelligence proprement dite apparaît; elle croît en même temps

(1) Edm. Perrier, *Préface* au livre de Romanes, et *Précis d'anatomie et physiologie animales.*

que la conscience; une activité psychique personnelle se combine à tous les degrés à l'activité héréditaire; l'intelligence se superpose à l'instinct, le modifie, le transforme de mille manières: le canevas primitif se couvre de broderies, d'autant plus variées que le nombre des rapports dont l'animal a clairement conscience devient plus considérable. Enfin le fonds héréditaire se trouve finalement masqué par les combinaisons psychiques personnelles qui deviennent de plus en plus nombreuses; la mobilité et la variété de ces combinaisons marquent pour ainsi dire, le degré de l'intelligence; il semble comme le pensaient Frédéric Cuvier et Flourens, que plus l'intelligence augmente, plus l'instinct diminue, et qu'il y ait un rapport inverse entre ces deux facultés.

En même temps que l'intelligence s'accroît, les conditions de l'hérédité sont profondément modifiées: ce n'est plus l'aptitude inconsciente à former une combinaison d'actes déterminés qui est transmise, c'est l'aptitude à agir différemment suivant les circonstances, et il devient d'autant plus difficile de définir le côté héréditaire de l'intelligence que, plus elle s'accroît, plus sont nombreuses et variées les combinaisons possibles à chaque individu.

C'est à ce point de vue de l'identité fondamentale de l'instinct et de l'intelligence, de la possibilité de leur alliance à tous les degrés, qu'il faut se placer lorsqu'on veut apprécier les faits si étonnants que présente l'histoire des animaux sociaux.

G.-J. Romanes, — secrétaire de la Société linnéenne de Londres pour la zoologie, ami et disciple de Darwin, — a publié dès 1882 à Londres l'*Intelligence animale*, paru en 1889 à Paris (1), et en 1884 l'*Évolution mentale des animaux* (2) suivi bientôt de l'*Évolution mentale de l'homme.*

L'analyse de l'âme peut-être, dit-il, ou subjective ou objective : subjective, elle s'en tient à une seule âme, la

(1) Romanes, *L'Intelligence des animaux*, Paris, 1889. 2 vol.

(2) Romanes, *L'évolution mentale des animaux*, traduction H. de Varigny.

nôtre, dont les mouvements du moins ceux qui se rapportent à notre examen, se révèlent directement à nous; objective, elle opère sur des âmes qui nous sont étrangères et dont les mouvements ne nous sont connus qu'indirectement, par l'entremise des manifestations de l'organisme. Il en résulte que l'analyse objective est la seule qui convienne à l'étude de l'intelligence chez les animaux....

Il montre les réflexes, actes d'abord voulus et raisonnés qui deviennent instinctifs et même indépendants du cerveau. En effet, même si celui-ci est lésé, ils continuent de se produire dans les conditions où ils le doivent faire.

L'organisme multiplie ses adaptations, pourvoie à des innovations ou à des modifications de son mécanisme du vivant de l'individu. En effet, — nous l'avons entendu exposer au docteur Luys, membre de l'Académie de médecine, et dont nous avons été l'élève — on trouve dans le cerveau humain des circonvolutions supplémentaires chez des gens qui avaient été poètes, écrivains... distingués. Ces circonvolutions sont rudimentaires chez les autres hommes et indiquent des perfectionnements possibles. Pourquoi n'en serait-il pas de même chez l'animal?

L'animal expérimente et s'instruit. C'est là, dit Romanes, une preuve (la meilleure dont nous disposions) de mémoire consciente, source d'adaptations voulues. Cette épreuve indirecte, où l'induction joue le premier rôle, n'est pas faite pour satisfaire les sceptiques. Mais, je le répète, il n'y en a pas de meilleure; et puis, en pareille matière, le scepticisme implique forcément la négation de l'intelligence chez les animaux d'ordre inférieur ou supérieur et même chez l'homme, à une exception près : celle du sceptique. Car nul ne saurait trouver d'objection à l'emploi du critérium dans le domaine du règne animal, qui ne s'applique également à toute évidence intellectuelle en dehors de sa propre individualité... La théorie de l'automatisme animal généralement attribuée à Descartes (qui sait quelle y fut réellement sa part!) ne sera donc jamais admise par le bon sens; on aura beau la présenter comme une simple spéculation philosophique, et raisonner de la manière la plus ingénieuse, on ne fera jamais qu'elle puisse être applicable aux animaux sans l'être au genre humain. — L'expression de la peur ou de l'affection implique une série de mouvements nervo-musculaires tout aussi distincte, tout aussi complexe chez le chien que chez l'homme; si donc l'existence corrélative de mouvements intellectuels paraît insuffisamment démontrée chez l'un, elle ne peut l'être davantage chez l'autre...

Les manifestations externes sont admises par Romanes comme le critérium des opérations mentales des animaux.

L'analogie intellectuelle entre l'homme et les animaux élevés en organisation est frappante, mais elle le devient beaucoup moins pour les autres au fur et à mesure qu'on descend l'échelle des êtres. « Les données de la psychologie humaine fournissent le modèle le plus convenable pour établir des probabilités psychologiques chez l'insecte. » Romanes en revient, on le voit, à l'admiration de Réaumur et mériterait les railleries d'un nouveau Buffon. L'avouerai-je, je trouve ici un grand argument contre le transformisme :

Ou bien l'évolution physique suit ou précède l'évolution psychique et les insectes sont — l'évolution étant admise — nos plus proches parents *intellectuellement parlant* — en effet, n'est-ce pas chez eux que nous trouverons le plus d'intelligence ou d'apparente intelligence; — ou bien l'organisation matérielle n'a aucun rapport avec la vie morale et pensante — et cette hypothèse contrarie les notions connues sur le cerveau de l'homme et des mammifères; — ou bien la classification des êtres si laborieusement édifiée par les transformistes est on ne peut plus défectueuse — les êtres les plus rapprochés de l'homme par les facultés mentales en sont presque les plus éloignés par leur conformation et leur structure.

Que deviennent avec ces multiples hypothèses les classifications, les rapports du physique et du moral, les relations intimes entre les organisations matérielles et pensantes ? Que devient encore la théorie matérialiste de sécrétion de la pensée par la cellule cérébrale analogue à celle du sucre par le foie ? les insectes devant — j'insiste sur ce point — être identiques à nous de toutes façons. Le sont-ils ? Je laisse aux évolutionnistes le soin de répondre.

Continuons — après cette digression amenée par les idées de Romanes — l'analyse de ses définitions, d'ailleurs si utiles pour bien s'entendre.

L'action instinctive et l'action réflexe n'offre pas de ligne de démarcation bien tranchée. C'est aussi l'avis de Virchow. L'immixtion et le développement de la conscience convertit graduellement l'action réflexe en instinct et l'instinct en raison.

Donc, puisque l'aurore de la conscience ou de l'élément intellectuel est si vague, son lever si lent dans le règne animal comme chez l'enfant qui grandit, il faut bien s'attendre au point du jour à ne pas distinguer ou à ne distinguer que confusément ce qui est intellectuel de ce qui ne l'est pas. Ainsi l'enfant nouveau-né ne ferme pas les yeux devant un objet dangereux, mais peu à peu l'expérience lui apprendra à le faire.

Romanes tient compte de l'intelligence héréditaire autant que de l'intelligence individuelle. La première aide au développement rapide de la seconde. L'enfant tète d'abord par action réflexe, puis, — conscient, —

il recherche la mamelle pour apaiser sa faim ou étancher sa soif.

La raison ou l'intelligence est difficile à différencier de l'instinct et même la définition en est difficile à donner. On l'a longtemps concentrée dans le langage. Là encore pas de démarcation bien nette, tellement le vieil adage de Linné reste éternellement vrai : « *Natura non facit saltus.* »

La raison, dit le Dr Johnson, est « la faculté qui permet à l'homme de passer d'une proposition à une autre par déduction, et des prémisses aux conséquences. » Ce serait plutôt, dit Romanes, la faculté de concevoir les analogies, les rapports, les relations reconnues équivalentes ; d'arriver de déduction en déduction aux probabilités ; de reconnaître des rapports nouveaux, de modifier ses actes avec les perceptions, d'induire des lois basées sur des ensembles de faits....

L'instinct tend par degrés imperceptibles vers la raison et l'on voit, dit Pope, ces deux éléments se *rapprocher sans cesse sans jamais s'approcher.*

L'instinct étant, d'après Hartmann (1), ce qui pousse à agir dans un but, sans avoir conscience de but, l'intelligence pourrait être, — il me semble — définie la recherche et la conscience du but.

C'est intentionnellement que j'ai insisté et suis revenu sur ces définitions que j'avais effleuré en commençant cette introduction. Elles ne sont pas encore aussi nettes qu'on pourrait le désirer à cause de l'absence d'éléments suffisants de différenciation entre elles, mais, telles qu'elles sont, elles permettent de cataloguer et d'étiqueter les faits et d'en induire des

(1) Hartmann, *Philosophie des êtres inconscients.*

lois. Elles étaient nécessaires, et leur abondante synonymie devait être indiquée, pour que les querelles de mots devinssent impossibles ou à peu près. N'arrive-t-il pas tous les jours dans la vie que des discussions surviennent entre des personnes d'accord sur le fond, mais d'avis divergents sur les mots ?

Il nous reste à parler encore d'un précurseur dans le classement des facultés animales que nous entreprenons. M. U. Van Ende (1) a, en effet, montré l'existence de diverses notions chez les animaux. Évolutionniste convaincu, il recherche surtout les conceptions de l'être, les facteurs mythogéniques et de progrès, les notions de l'animé et de l'inanimé. Romanes et lui nous fourniront pour notre tâche des matériaux abondants. Van Ende se différencie de ses prédécesseurs par l'importance extrême qu'il attribue à l'*imitation et à la théorie de l'animisme*, idée générale de la nature entière animée, vivante.

Instinct et sélection en présence. — Beautés de l'âme.

En résumé, on trouve dans les opinions scientifiques contemporaines deux camps bien tranchés.

1° Les évolutionnistes, avec l'idée de continue descendance du microbe à l'homme, représentés par Darwin et ses disciples, Romanes entre autres, en Angleterre ; Ernest Hœckel, d'Iéna, avec son règne de Protistes intermédiaires entre les animaux et les végétaux : Edm. Perrier, Yves Delage, A.-F. Marion, de Saporta, Edouard Heckel,... en France, pour ne citer que les plus marquants.

(1) U. Van Ende, *Histoire naturelle de la croyance*. 1 vol. in 8°.

2° Les anti-évolutionnistes, avec H. de Lacaze-Duthiers, Fabre,...

Les premiers rejettent l'âme ou ne s'en préoccupent pas, ou encore raillent les partisans de son existence. C'est ainsi que Beaunis, professeur de physiologie à la Faculté de médecine de Nancy (1), suppose l'âme accordée aux animaux et à l'homme et — admettant la théorie de l'évolution — il voit cette âme arrivant chez les animaux inférieurs à se diviser en fragments, à se multiplier chez les êtres que l'on coupe — comme le lombric, le polype de Tremblay — et qui forment ensuite autant d'individus. Aussi une âme qui se dédouble, qui se coupe au couteau, qui est une pour les colonies de Cœlentérés, lui semble tout au moins une idée drôle!

Il y a des choses et des faits au moins aussi drôles dans la science, des anomalies plus bizarres encore, inexpliquées et inexplicables.

Toussenel et la passion, seul mobile.

Voici cependant — et étrangement différente des deux autres — une troisième théorie qui n'a pas cours dans la science malgré — ou à cause de — son lyrisme. Elle est d'ailleurs des plus attrayantes. Plus d'âme, plus de lutte pour la vie, un seul mobile, la passion. Citons-la, par curiosité pure et aussi parce que sa définition pourra nous servir quelque peu dans la suite. Elle est de Toussenel (2).

Une seule loi régit l'univers : l'Amour. Amour est le

(1) Beaunis, *Nouveaux Éléments de physiologie humaine*. 3e Édition. Paris, 1888.

(2) Toussenel, *l'Esprit des Bêtes, zoologie passionnelle*. Introduction. 4 vol. in-8o, 1884.

moteur divin, irrésistible, qui attire la terre vers le soleil, l'amant vers sa maîtresse, la sève vers l'extrémité des rameaux, la molécule métallique soit-disant insensible vers la molécule de même nature. Que cette puissance s'appelle Amour, Attraction, Affinité moléculaire, le nom ne fait rien à la chose : elle est une; c'est le principe universel de mouvement et de vie ; c'est la force venant d'en haut et à laquelle cèdent avec entraînement tous les êtres créés... La passion pousse au bonheur. Le bonheur, c'est pour chaque être l'essor intégral et continu de toutes ses facultés, de toutes ses attractions naturelles. L'être créé est heureux, quand il est dans la voie de sa destinée. La liberté, qui est le moyen du bonheur, est l'obéissance à la loi d'attraction. Le satellite est intimement persuadé qu'il va suivre sa propre volonté lorsqu'il parcourt l'orbite que lui a assigné l'attraction. L'amant non plus ne fait *que ce qu'il veut*, quand il obéit aveuglément aux caprices de sa souveraine. C'est pour cela que le peuple des amoureux est le seul qui mérite le beau nom de peuple libre, étant le seul qui obéisse au gouvernement de son choix... Les poètes ont comparé l'aurore qui teint l'Orient de rose et dissipe la nuit au sourire radieux de la beauté qui chasse les soucis du cœur et promet un beau jour. Les poètes ont bien dit. En effet, comme l'amant qui se pare de ses plus beaux habits et lisse ses cheveux, et parfume son langage pour la visite d'amour, ainsi chaque matin la terre revêt ses plus riches atours pour courir au-devant des rayons de l'astre aimé, et déploie, pour lui plaire, un luxe extravagant. C'est le même feu d'amour qui fait miroiter à cette heure les diamants de la robe humide des prairies et qui allume les fournaises d'or du ciel, c'est le même besoin d'aimer qui réveille sous la feuillée les mélodieux ramages, et fait s'entr'ouvrir les corolles embaumées des fleurs pour boire les aromes de lumière et secouer dans les airs leurs cassolettes d'encens. Fleurs et moissons, parfums et chants joyeux éclosent au souffle d'amour. Ces allégresses sans fin, ces ineffables harmonies qui s'éveille du sein de la nature endormie au premier baiser du soleil, chantent le mot d'amour.

Ce lyrisme continue dans l'ouvrage où nous ne

trouverons pas des matériaux bien sérieux, des arguments bien probants en faveur de cette théorie — sinon vraie — du moins originale à coup sûr !

Les deux périodes de la science : enfantement et fable, maturité et vérité.

Il n'est pas besoin d'ailleurs, pour étudier les faits, de se lancer dans des considérations interminables, il suffit de les énoncer, de les vérifier, de les grouper et d'en induire des théories et des lois. Celles-ci — qui aident la mémoire et ne doivent avoir d'autre prétention — doivent être abandonnées dès qu'un seul fait les contrarie.

Telle la théorie de l'émission de la lumière de Newton fut abandonnée, après avoir vécu plusieurs siècles, dès qu'il fut constaté qu'elle conduisait à ce fait erroné : la vitesse de la lumière plus grande dans l'eau que dans l'air.

Tel sera peut-être un jour le sort de la théorie de Darwin !

En attendant, étudions, étudions encore, étudions toujours, mais avec sagacité et prudence. En effet, si l'on examine l'histoire de la science, on rencontre souvent, émises par les esprits les plus pondérés, les opinions les plus bizarres sur les faits les plus étranges. Aussi le principe d'autorité ne peut suffire à faire admettre un phénomène nouveau. Il faut à celui-ci bien des contrôles et bien des observations pour arriver à ce résultat.

La science se divise en deux périodes;

La première d'enfantement est surtout fabuleuse;

La seconde de maturité et où la vérité tend à dominer.

Les croyances erronées d'autrefois.

Si nous pénétrons dans sa vie intime — si nous pouvons nous exprimer de la sorte — nous rencontrons une série de croyances erronées sur l'homme et les animaux.

C'est ainsi que les Cyclopes, les Lestrigons, les Géants, les Pygmées eurent pendant de longs siècles une existence incontestée ; que les hommes à appendice caudiforme furent admis par Gemelli Carreri, Paul Venète, Aldrovandre, Struys, Harvey, Castelnau, du Couret... ; que les serpents ailés ne furent nullement discutés pas plus que les phénix et les dragons par Bélon, Ambroise Paré, Aldrovandre, Johnston...

Le fait de la belette concevant par l'oreille nous est transmis par Plutarque ; du rhinocéros abattant des arbres, par Gesner...

Certains animaux eurent des attributs merveilleux ; le rouge-gorge couvrait de mousse tous les cadavres humains qu'il rencontrait ; le martin-pêcheur muait après sa mort, à de régulières époques ; en outre cet oiseau faisait découvrir les trésors, éloigner la foudre... ; le loriot guérissait la jaunisse par son regard ; les larmes de cerf versées au moment de mourir, les crapauds placés sous l'oreiller..., avaient des propriétés curatives absolument remarquables.

La prudence est indispensable et l'imagination des auteurs doit disparaître, afin que les faits soient appréciés par la saine raison et passés au crible de l'appréciation scientifique. Ne voyons-nous pas tous les jours des historiens se contredire, des témoins de faits oculaires n'être pas d'accord devant les tribunaux, des faits *abracadabrants* considérés comme exacts par les hommes les plus respectables (lampes sépulcrales ne s'éteignant pas, transformations d'hommes en animaux et autres prodiges des magiciens)?

Les qualités d'un bon observateur et les procédés d'expérimentation par Houzeau.

Et, comme le dit excellemment J.-C. Houzeau (1), il ne suffit pas que l'observateur ait de la bonne foi, de la candeur, de la fidélité de mémoire, de l'autorité...; il faut qu'il soit compétent, scrupuleux, exercé, éclairé, dépourvu de la vanité du propriétaire — qui trouve toutes les qualités à ses animaux — qu'il ne tienne pas compte des préjugés populaires, qu'il n'ait ni système, ni théorie à défendre ou à faire accepter....

En fait d'opinions populaires, on en connaît de passablement absurdes, comme les croyances à la traite des vaches par les serpents — ce qui est impossible puisque le reptile une fois ses crocs entrés ne pourrait plus les sortir; — à la traite des chèvres par l'engoulevent — fait entaché d'une impossibilité identique, car on ne peut faire le vide avec un bec d'oiseau.

Il faut se bien garder des erreurs d'interprétation, des impostures, des opinions préconçues, des observations de témoins discutables souvent à cause de leur incompétence (bergers...). Il faut se baser sur quelques lois véritablement scientifiques et philosophiques.

Les analogies, la conformité des faits avec les lois naturelles, les rapports des effets aux causes sont de puissants adjuvants pour arriver à la connaissance.

Dégager de la fiction historique ou fabuleuse la part de vérité qui lui a servi de base, de linéament; ne

1) Houzeau, *Études sur les facultés mentales des animaux comparées à celles de l'homme, par un voyageur naturaliste.* 2 vol. in 8°, 1872.

pas confondre la simultanéité et la dépendance ; ne pas se fier aux apparences — n'ont-elles pas conduit l'antique pharmacopée à se servir contre les maladies de plantes ayant la forme des organes atteints ; — ne pas trop s'écarter — ou ne le faire qu'après de sûres vérifications — des lois connues ; — se rappeler Linné découvrant qu'une hydre à sept têtes était un monstre fabriqué de toutes pièces à Hambourg ; — tels sont les principes généraux qu'il convient de formuler et de suivre.

CHAPITRE PREMIER

L'INSTINCT

La fatalité et la perfection de l'instinct, M. Douglas Spalding et ses expériences sur les poussins. — Exceptions et imperfections, Romanes. — Origines, instincts primaires et secondaires. — Les habitudes et l'hérédité des tics. — L'imitation. — Le croisement des races dans la plasticité de l'instinct. — L'imitation et son rôle dans l'éducation. — La domestication. — Variations de l'instinct dans son ensemble et ses particularités. — Instincts similaires, dissemblables, inutiles et nuisibles. — L'échelle des variations, par Romanes.

Dans notre introduction nous avons donné maintes définitions, maintes dissertations sur l'instinct; mais nous sommes loin d'avoir épuisé cette importante question, et ceci est tellement vrai que nous avons maintenant à l'étudier en elle-même et dans ses modifications, liens de transition avec l'intelligence et les facultés qui en découlent. Romanes nous servira de guide dans cette étude complexe.

L'instinct semble en quelque sorte fatal, inhérent à l'animal. Et cependant il implique des opérations mentales — ce qui le différencie quelque peu des réflexes — en outre il est plastique, il se modifie.

M. Douglas Spalding (1) a fait une série de recherches sur l'instinct et il a démontré que l'instinct ne pouvait pas être de l'éducation rapide ou de l'imitation, vu la quantité et la précision de connaissances ancestrales que possède l'animal à sa naissance.

Romanes qui cite — de cet observateur — les expé-

(1) Douglas Spalding, *Macmillan's Magazine*, février 1873.

riences qui vont suivre s'étonne que, « si récemment encore, il y avait chez les personnes capables d'émettre une opinion compétente, une ténacité à regarder l'instinct comme ayant une origine non évolutionniste, aussi vive que celle dont témoignent les citations de l'auteur. »

Spalding fit sortir des poussins de l'œuf et leur couvrit les yeux avant même qu'ils aient pu voir la lumière. De un à trois jours il enlevait le capuchon qu'il leur avait mis, les poussins « presque invariablement semblaient un peu éblouis par la lumière, demeuraient immobiles pendant plusieurs minutes, et restaient quelque temps moins actifs qu'avant l'enlèvement du capuchon. Toutefois leur conduite était absolument concluante contre la théorie que les perceptions de la distance et la direction au moyen de l'œil sont le résultat de l'expérience, ou d'associations établies au cours de chaque vie individuelle. Souvent, après deux minutes, ils suivaient de l'œil les mouvements d'insectes rampant à terre, tournant leur tête avec autant de précision qu'un volatile adulte. Au bout d'un temps variant de deux à quinze minutes, ils picoraient des miettes ou des insectes, montrant, non seulement qu'ils avaient la perception instinctive de la distance, mais encore la capacité de juger de la distance, de la mesurer avec une exactitude presque infaillible. Ils n'essayaient pas d'atteindre des objets hors de leur portée, comme les enfants qui tendent les bras à la lune, et l'on peut dire qu'ils atteignaient invariablement les objets visés par eux ; ils ne les manquaient jamais de plus de l'épaisseur d'un cheveu, et cela même lorsque les points visés n'étaient ni plus gros, ni plus visibles que le plus petit point sur un *i*. » Sir Douglas Spalding remarque encore — et pour lui cette *infaillibilité est instinctive* — qu'un poussin saisit et avala un insecte du premier coup. La faculté de suivre des yeux est innée, car un poussin — à peine décapuchonné — suivit du regard la main de l'observateur. Cependant un autre — décapuchonné après trois jours — resta longtemps immobile, frappant un insecte au passage, mais ne se décidant pas à changer de place ; enfin au bout de vingt minutes il se dirigea vers une poule qui passait accompagnée d'une couvée de poussins de même âge que lui « faisant preuve d'une perception aussi nette des qualités des choses extérieures que celle qu'il aura probablement jamais dans sa vie ultérieure. » Il ne se heurtait jamais, sautant par-dessus les petits obstacles et contournant les plus gros.

Un poussin de douze jours eut peur d'un corbeau qui planait ; un dindonneau de dix jours trembla au cri d'un milan qu'il ne voyait pas.

Les poussins — élevés sans leur mère — grattent naturellement le sol, même une table lisse.

A ce propos, Romanes cite une expérience du docteur Allen Thomson, membre de la Société royale de Londres. Celui-ci mit des poulets sur un tapis, ils ne grattèrent pas ; il mit un peu de sable sur le tapis et les poussins grattèrent. L'action du sol est donc suggestive de l'instinct.

M. Spalding opéra encore sur des canetons et des dindonneaux, il leur vit attraper des mouches sans éducation aucune. Il vit encore un cochon nouveau-né chercher à téter de suite. Il en enferma un autre à sa naissance, le garda sept heures dans un sac, le sépara de sa mère et l'abandonna. Il alla droit à elle. Un autre à qui on avait bandé les yeux dès sa naissance circulait librement bien que trébuchant contre les obstacles. Un cochon placé sur une chaise s'agenouillait, puis sautait, ce qui indique la notion des distances. Quatre petits chats aveugles, de trois jours, frottés avec une main qui venait de caresser un chien, crachèrent de la façon la plus drôle.

Romanes cite une expérience analogue qu'il fit sur une nichée de lapins près de laquelle il lâcha un furet; les petits léporides manifestèrent aussitôt une peur intense.

Darwin cite comme cas de frayeur et de férocité innée le cas du jeune chat à qui l'on donne une souris et qui grogne, les poils hérissés. Cependant cet instinct n'est pas fatal et mon ami Lucien Genty m'a parlé de son chat *Gollo* très intelligent et très rusé pour voler ou chasser les jeunes lapereaux, — voire ouvrir un buffet en reculant la chaise placée contre la porte — mais à qui la souris ne disait plus rien! on pouvait lui en mettre sous le nez, il ne bronchait pas : il était castré. Est-ce là la raison de cette modification d'instinct? Il est d'ailleurs, à la campagne — d'opinion courante, — que le chat qui s'est brûlé en se chauffant ou dont on a volontairement brûlé les moustaches, ne chasse que peu ou point les souris. Je soumets ces faits à la vérification des chercheurs.

Exceptions, imperfections de l'instinct, Romanes.

L'instinct que Spalding montre fatal et parfait ne l'est donc pas toujours. Il est imparfait et changeant, démontrons-le plus encore.

La mouche à viande *(Musca carnaria)* dépose ses œufs dans les fleurs de la plante-charogne *(Stapelia hirsuta)* trompée par l'odeur qui ressemble à celle de la viande en putréfaction (Darwin, Kirby et Spence, docteur Zinken). De même on a vu la mouche des appartements déposer ses œufs dans du tabac à priser.

Pline raconte — il croit faire d'une façon merveilleuse l'éloge d'un tableau de Zeuxis — que les raisins de l'œuvre du peintre étaient si ressemblants que tous les oiseaux se précipitaient pour les dévorer. Dans le même sens, Romanes dit que le révérend M. Bevan et miss C. Shuttleworth lui ont écrit chacun de leur côté, qu'ils ont vu des abeilles et des guêpes faire visite à des images de fleurs sur les papiers de tenture d'appartements. Trevillian a vu un sphinx commettre la même erreur. Swainson cite (1) un perroquet se précipitant sur les fleurs d'uncalyptus d'une robe d'indienne. Le professeur Moseley, membre de la Société royale de Londres, a vu des insectes en quête de miel prendre pour des fleurs les mouches à saumon vivement colorées qu'il plante sur son chapeau pendant qu'il pêche à la ligne. Le *Macroglossa stellatarum* a pris les fleurs artificielles du chapeau d'une dame pour de véritables fleurs (M. F. M. Burton). Couch a vu une abeille prendre une actinie (*Tealia crassicornis*) pour une fleur et s'y faire dévorer. Les ouvriers bourdons cherchent à manger les œufs de leur reine (Darwin). Huber a vu une abeille construire mal une cellule qui fut détruite par les autres. Des abeilles ont ramassé de la fleur de seigle humide pour du pollen (2).

Les abeilles amassent du pollen outre mesure (Gebien). Les fourmis emportent inutilement des peaux de pupe (Darwin) ou prennent des galles de cynips pour des noix (Moggridge).

Le coucou qui pond deux œufs dans un nid se

(1) Swainson, *Zoological Illustrations.*
(2) *Cottage Gardener*, avril 1860.

trompe, car l'un des deux jeunes oiseaux chassera l'autre du nid. Le rhéa laisse tomber ses œufs tous ensemble. Les oiseaux prennent parfois pour un rapace un grand oiseau qui leur est inconnu.

Les lemmings de Norwège se noient par millions en prenant la mer pour émigrer. Le soret trahit sa présence en criant. Les quadrupèdes de l'Afrique du Sud vont vers les régions où ils sont poursuivis et traqués (Darwin). Le lapin sautille, la belette l'imite, s'approche de lui et l'attrape (Romanes).

Les poussins qui abandonnent leur mère, les poules qui quittent leur couvée, les canetons éloignés de l'eau à leur naissance et qui ensuite en ont peur, voilà des imperfections de l'instinct.

Les chapons et les coqs couvant des œufs (Aristote, Pline, Albert le Grand, Élien, Willoughby, Baptiste Rosa, Réaumur, Dr J. W. Strand...) échappent aussi à cette force soi-disant fatale.

Les poules rentrant au poulailler, lors d'une éclipse, croyant la nuit venue, se trompent. Et cette erreur a été également constatée chez les plantes. Ainsi Lowe à Fuente del Mar, Espagne — a vu l'*Ibiscus Africanus* fermer ses fleurs comme elle le fait chaque soir, lors de l'éclipse du 18 juillet 1860. De même G. P. Bond — à Lilla Edet, Suède — le 28 juillet 1851, a vu l'*Hesperis matronalis* répandre son odeur comme elle le fait chaque nuit. L'instinct et ses aberrationss existeraient-ils chez les plantes?

Le Vaillant a cité aussi le cas d'un singe de la Guyane qui, arraché à sa mère à laquelle il s'était cramponné, se jeta sur une perruque à laquelle il resta fixé trois semaines. La confusion de la mère et de la perruque semble exister dans ce fait.

Darwin a observé un jeune chat à qui l'on avait

fait téter plusieurs chattes et qui essayait ensuite de téter tous les chats qu'il rencontrait.

Un chat du Paraguay ne reproduit jamais en captivité et une chatte enfermée après fécondation dévora ses petits (1).

L'instinct maternel — qui passe pour le plus enraciné — a été, là encore, infidèle, au moins en apparence, car on peut *supposer* à la mère un raisonnement qui lui fait préférer voir ses fils morts plutôt qu'esclaves!

Origines des instincts primaires et secondaires.

Les instincts ont, d'après Romanes, divers modes d'origine : 1° la sélection naturelle et la survivance du plus apte ; 2° les effets des habitudes dans des générations successives. Les premiers créent les *instincts primaires ;* les seconds les *instincts secondaires.*

M. Fabre cite le cas d'un sphex (fig. 1) qui apportait une proie sous son tunnel et le vérifiait avant d'entrer. M. Fabre retira la proie quarante fois de suite, le sphex la reprenait, l'apportait à l'entrée et vérifiait toujours son tunnel.

C'est là une preuve de la substitution de l'automatisme à l'intelligence, l'une des origines des instincts.

Il en est, propres à des animaux placés si bas dans l'échelle des êtres que l'on ne peut supposer qu'ils aient jamais été intelligents. Chez des êtres plus élevés, il en existe qui font exécuter des actes avant l'éveil de l'intelligence. L'espèce est protégée par ses instincts qui doivent se sélecter (Romanes).

(1) Dr Rugger, *Nqturgeschichte der saügethiere von Paraguay.*

Les *instincts primaires* consistent en habitudes non intelligentes, dépourvues d'adaptation, transmis-

Fig. 1. — Le Sphex languedocien transportant une Éphippigère.

sibles par hérédité, soumises à des variations héréditaires elles-mêmes et susceptibles de se fixer.

Les *instincts secondaires* sont des adaptations intelligentes devenues automatiques et héréditaires.

Les habitudes et l'hérédité des tics.

Les habitudes inutiles sont, par exemple, celle pour certains chiens d'aboyer autour des voitures — un *tic* — ... une autre habitude est celle pour certains chats de chasser les souris avec avidité... Elles varient avec les individus. C'est une erreur de croire que tous les oiseaux d'une même espèce font leurs nids d'une façon identique.

L'amitié entre des animaux différents ne peut provenir que d'une modification d'instinct. De même l'introduction dans certains nids d'oiseaux de matières travaillées par l'homme.

Les habitudes même inutiles se transmettent, ainsi le *tic* d'aboyer après les voitures s'est transmis dans une race de chiens, les *collie*. Darwin a vu les différents fils d'un chien, — par diverses chiennes — professer pour les boucheries et les bouchers, la même antipathie que leur père, reconnaissant les bouchers même habillés comme tout le monde. Un chien d'épicier reconnaissait partout les garçons épiciers quel que soit leur habillement (D. Lambert). De Humboldt sait que les Indiens domestiquent des singes de certaines îles et voient mourir des singes de même espèce d'autres îles. Darwin cite — d'après M. Thwaits, de Ceylan — que des canards déshabitués de l'eau ne veulent — ni eux, ni leurs descendants, — y retourner; ils se noieraient même si on les y forçait. Les chevaux héritent des allures spéciales communiquées à leurs ancêtres.

L'imitation.

L'imitation aide beaucoup l'hérédité, — c'est l'avis général des éleveurs.

Lawson Tait dit qu'ayant habitué une chatte à manger dressée — posture peu habituelle chez le chat — ses petits en firent autant, bien que séparés de leur mère dès leurs plus tendre enfance. Ce serait un exemple d'instinct secondaire (Romanes). M. L. Hurt cite le même fait d'un *skye*-terrier. Les chevaux de la Plata, vivant à l'état libre, s'apprivoisent plus facilement que les chevaux véritablement sauvages. Le Dr Rae, membre de la Société royale de Londres, raconte que si l'on met à couver ensemble des œufs de canard sauvage et des œufs de canard demestique, les premiers à la naissance sont effrayés de l'approche de l'homme — fait de mémoire héréditaire — les autres ne s'en émeuvent pas.

L'animal, dans certaines îles, avait au début peu ou point peur de l'homme; aujourd'hui, il s'en éloigne à la distance des armes à feu dont il a appris à connaître la portée.

J'ai observé, — dit Andrew Knight, — durant l'ensemble d'une période d'une soixantaine d'années environ, de très grandes modifications dans les habitudes de la bécasse. Au début de cette période, quand elle venait d'arriver en automne, elle était très apprivoisée; quand on la dérangeait, elle poussait son cri habituel et ne s'envolait qu'à très petite distance. C'est maintenant, depuis plusieurs années, un oiseau relativement très sauvage; il se lève silencieusement, en général, et s'envole relativement loin, excité, ce me semble, par la peur héréditaire plus grande de l'homme.

Le croisement des races et la plasticité de l'instinct.

Le croisement des races amène une fusion des caractères et donne — dit Darwin — des instincts domestiques différents. Knight cite un cas de bâtard d'épagneul sautant et de *setter*, tantôt levant silencieusement le gibier — comme son père, — tantôt donnant de la voix — comme sa mère. — Leroy cite un chien, arrière-petit-fils d'un loup, qui, — comme ce dernier animal, seul caractère qu'il en eût gardé — ne venait pas en ligne droite à l'appel de son maître. M. Garnett dit que ses hybrides de canard musqué et de canard sauvage « manifestaient une singulière tendance à devenir sauvages ». M. Hewitt parle de la méchanceté d'hybrides de faisan et de poule. Le capitaine Hutton fit la même remarque pour des produits nés du croisement de chèvres domestiques et de chèvres sauvages de l'Himalaya. Le gérant de lord Powis a écrit — à Darwin — que les animaux d'origine croisée (taureau indien et vache commune) « étaient plus sauvages que ceux de race pure ». « Je ne pense pas, — dit Darwin, — que cet accroissement de sauvagerie soit invariable; il ne semble pas que tel soit le cas, d'après M. Eyton, pour les hybrides d'oie de Chine et d'oie commune, ni, d'après M. Brent, pour les hybrides entre canaris. »

L'instinct est donc plastique et malléable. Knight décrit un oiseau qui — ayant placé son nid dans une serre chaude — ne venait couver ses œufs que la nuit, alors que la température baissait. Les traits d'intelligence que nous citerons plus loin en sont une preuve irrécusable quand ils deviennent automatiques. Huber a remarqué des modifications dans les ruches des abeilles selon certains accidents de terrain, de construction...; il a vu des abeilles fixer — en se mettant à plusieurs — un rayon mobile sur une table unie et qui tremblait, puis se relayer à tour de rôle pendant trois jours. Les abeilles ont tour à tour employé pour recouvrir des arbres décortiqués le propolis, une sorte de ciment fait de cire et de térébenthine, de la boue,... (Darwin); au lieu de chercher du pollen, ils sont très aises de profiter d'une substance tout à fait différente, comme la farine d'avoine (André Knight). L'architecture des fourmis n'est nullement invariable (Forel). Le Dr Leech cite, — d'après sir J. Banks — le cas d'une araignée fileuse ayant perdu cinq de ses pattes et devenue chasseresse — faute de pouvoir tisser une toile — s'emparant par surprise de sa proie. Ayant recouvré ses pattes à la mue, elle redevint fileuse.

Chez les oiseaux, on trouve la même *plasticité* — l'expression est de Romanes — de l'instinct. Ils profitent de la colonisation et se servent parfois des nids artificiels qu'on leur fournit; c'est le cas de plusieurs troglodytes, d'une espèce de hibou, d'un oiseau bleu, du pluvier vert attrape-mouches, du moineau domestique, des hirondelles....

En 1870, Georges Pouchet émettait l'idée qu'en un demi-siècle, l'hirondelle des toits avait changé à Rouen son mode de construction; M. Noulet le réfutait; mais le capitaine Elliott Coues a trouvé des faits donnant raison au professeur du Muséum.

A la Jamaïque, avant 1854, le *Tachornis phœnicobea* construisait ses nids dans les palmiers; une colonie s'établissait en 1857 dans deux cocotiers à Spanish Town, puis chassant des hirondelles se fixa — après la mort des deux arbres — dans les angles des poutres et des poutrelles d'un monument (1).

Les poules d'Espagne ne couvent presque jamais, cependant il en est qui le font. Romanes en cite une qui essaya trois jours et adopta ensuite tous les poussins de sa race qui se trouvaient dans la basse-cour. Il a également vu une vieille poule de Brahma couver un œuf de paon, une semaine de plus que cela est nécessaire pour les poussins — ce fait est normal pour les poules couvant des œufs de canard — et elle le soigna pendant *dix-huit mois*, peignant souvent la huppe de son fils qui fut plus beau que les paons élevés par leurs vraies mères. Un autre essai du même genre ne fut pas heureux, les mères d'adoption n'eurent pas la patience voulue. Le même observateur vit une femelle de paon couver quatre mois des œufs non fécondés et qu'il fallut chasser du nid pour sauver sa vie.

Une poule eut trois couvées de canards et s'habitua à les surveiller en se plaçant sur une pierre au milieu d'une mare ; à la quatrième couvée, qui était de poussins, elle fut se percher au même endroit pour appeler ses petits. Dans un cas identique, la poule avait déjà introduit dans l'eau quatre de ses poussins quand on la surprit. Romanes a fait couver des jeunes furets à une poule et celle-ci — bien qu'intriguée — fut pour eux une bonne mère ! Il confia encore un jeune furet à une lapine qui s'aperçut de l'imposture et cassa deux pattes à l'intrus avant qu'il pût la retirer.

On a vu un levraut élevé par un chat; un petit chien, élevé par le même animal (White, Prichard).

Romanes a vu — chez feu l'honorable Marmaduke Maxwell, de Terreglès — une chatte nourrissant une

(1) Wallace, *Natural Selection*.

Fig. 2. — Apparition des Éphémères.

famille de jeunes rats. On lui avait enlevé peu à peu ses petits qu'elle avait ainsi remplacés. Et cette chatte était, paraît-il, un ratier excellent! Des chattes ont adopté des petits trouvés n'importe où (H. Wanner).

La reproduction est un instinct, elle est fatale, donnons-en quelques exemples.

L'éphémère (fig. 2) dont la larve vit trois ans dans la rivière sort insecte ailé un beau soir d'été, cherche un compagnon ou une compagne — la fécondation se fait — et il meurt. Goring ayant enfermé un de ces insectes sous un globe de verre — lors de sa sortie de l'onde — le vit vivre huit jours, il lui rendit alors la liberté, il y eut conjonction et mort.

Quand le mâle de mante — *Mantis religiosa* — est décapité, le tronc s'unit à la femelle, la féconde et meurt.

Lorsque les poules et les femelles de paon deviennent vieilles et sont impropres à la reproduction, elles prennent l'aspect et le chant du mâle.

La chienne — soustraite en temps opportun à l'action du mâle — revient souvent à cette période que trahit une odeur caractéristique. Ce dernier phénomène se présente chez les quadrumanes — où Cuvier a constaté parfois un flux sanguin — et à un degré plus grand chez les insectivores, les rongeurs, les pachydermes, les ruminants, les carnassiers... On le constate aussi chez les mâles avec glandes odorantes (musc,...) du bœuf musqué, du castor, des chats, des chevaux, des béliers, des boucs.... Un cheval du Texas fut trouvé près d'une jument à 4 400 mètres de l'habitation. Darius dut le royaume de Perse — qui devait être attribué à celui dont le cheval hennirait le premier — à son écuyer qui avait placé dans le voisinage la femelle en période physiologique.

Comme exceptions à cette fatalité, on peut cependant citer des aberrations de l'instinct reproducteur. On a vu des chiens isolés rechercher des chats ; des vaches taurelières courtisant leurs compagnes ; des fourmis mâles, privées de femelles, prendre les ouvrières à organes atrophiés (Huber) ; des coqs rechercher des poulettes non nubiles qu'ils rendaient ainsi malades ; des coqs empêchant des poules de couver ou les arrachant de leurs jeunes poussins ; des canards agir de même ; des mâles de serins canaris — *Fringilla canaria* — détruire le nid et obtenir — à force de supplications, sans doute — de la femelle ce qu'ils désiraient ; un âne féconder des juments pour la production de mulets au son du tambour, instrument indispensable — paraît-il (Comte R. de Maricourt).

L'instinct a-t-il des aberrations ? ou des modifications dues à l'intelligence ? ou encore toutes les deux ? Il est permis de le croire.

L'imitation et son rôle dans l'éducation.

L'invention n'est pas toujours facile et ne vient pas à l'esprit juste au moment où l'on en a besoin, et il plus facile d'imiter que de faire du nouveau. Aussi l'*imitation* a-t-elle dû être l'un des premiers modes de transformation de l'instinct.

Darwin a vu des abeilles butiner sur des fleurs de haricot — *Phaseolus vulgaris* —, puis des bourdons apparaître et perforer ces fleurs : le lendemain, les abeilles suçaient le nectar à travers les trous forés par les bourdons.

Les chiens apprennent par l'expérience et l'imitation à quel endroit il faut, à la chasse, — selon la bête — donner le coup fatal.

Couch raconte qu'un chardonneret qui n'avait jamais entendu le chant d'un oiseau de son espèce ne réussissait que médiocrement à l'exécuter.

Yarrell cite un pinson qui apprit le chant du merle, puis l'oublia; réciproquement les merles peuvent imiter d'autres oiseaux.

Barrington cite un étourneau à qui l'on apprit la *Marseillaise* et qui l'apprit ensuite lui-même à tous les étourneaux d'un canton! Les étourneaux simulent le chant d'autres oiseaux, du coq, de la poule,... et il paraît que ceux-ci peuvent s'y tromper.

Bechstein — qui a étudié le langage de la gent ailée et que nous citerons à propos du rossignol — a trouvé qu'il fallait à un bouvreuil neuf mois d'éducation régulière et ininterrompue et que, très souvent, il oubliait tout à l'époque de la mue.

Romanes cite de nombreux cas de chiens élevés par des chattes ou ne vivant qu'avec elles prendre leurs habitudes; se laver la figure, jouer avec une balle et une souris, avoir peur de la pluie,... (Audouin, Dureau de la Malle, Prichard, madame A. Baines, professeur Hoffmann, Dr Routh, C.-H. Jeens,...

La faculté d'imitation —, puissante chez l'enfant — diminue au fur et à mesure que son intelligence s'éveille et s'accroît. Les idiots et les faibles d'esprit conservent seuls — ayant cela de commun avec les animaux — la suprématie de l'instinct d'imitation.

M. Wallace (1) voit dans la nidification une imitation consciente. Romanes n'accorde que l'instinct et il cite les nids donnés aux serins et dont ceux-ci se servent, tout en en construisant un qui ressemble à celui d'un oiseau sauvage.

(1) Wallace, *Sélection naturelle.*

Les milans utilisent la faculté imitative pour développer plus rapidement chez leurs petits les qualités instinctives, l'art de fondre sur la proie. Les vieux apprennent aux jeunes — dit Brehm (1) — « la dextérité et l'art de juger des distances, en jetant d'abord dans l'air des souris et des moineaux morts, que les petits manquent généralement, puis en leur apportant des oiseaux vivants, qu'ils laissent ensuite s'échapper. »

Les autres oiseaux apprennent à leurs petits le chant, la façon de manger et le choix de la nourriture.

Le duc d'Argyll cite un fait « qu'il sait être authentique » d'un oison, couvé par un aigle doré, qui apprit à manger de la viande.

Romanes dit que des furets, élevés par une lapine, mis en présence d'un lapin ne l'attaquèrent pas d'abord par la moelle épinière, comme c'est le propre de leur race, mais par la croupe; puis, voyant l'inutilité de cette manœuvre, ils arrivèrent à la partie voulue; c'est là un exemple d'éducation individuelle. D'autres furets, élevés par une poule, furent longtemps à se décider à suivre les instincts de leur race et à attaquer les gallinacés, mais ils s'y résolurent dans la suite.

Les poussins sautent et grattent le sol, c'est le *pur instinct;* mais pour qu'ils boivent, il faut leur mettre le bec dans l'auge.

La domestication.

La *domestication* est une grande cause de transformation des instincts. Elle n'est possible — d'après Cuvier — que pour les animaux sociables, c'est pourquoi le chat n'est qu'*apprivoisé*. Parfois les animaux

(1) Brehm, *Merveilles de la nature, les Oiseaux*. Édition française par Z. Gerbe.

— aussi bien au physique qu'au moral — deviennent dissemblables.

Quels animaux, plus différents — au point de vue mental — de leurs ancêtres sauvages, que notre chat, et surtout notre chien, notre cheval, nos vaches? L'homme, comme le dit Cuvier, a eu à soumettre la volonté de l'animal, et rien que sa volonté. Celle-ci existe, à n'en pas douter, comme le démontrent maints exemples.

Tous les animaux du genre chat sont naturellement portés dans leur enfance à attaquer les poules, les moutons, les porcs. On les corrige ou on les détruit et il se fait là une sélection.

Certains animaux domestiques — élevés dans des conditions différentes — tendent à redevenir sauvages : le capitaine Hutton dit que les jeunes poussins de l'espèce mère, le *Gallus bankiva*, sont d'abord très sauvages, lorsqu'ils sont élevés dans l'Inde par une poule ; il en est de même pour les jeunes faisans élevés dans les mêmes conditions en Angleterre. Cependant — même dans ces cas — les poulets ne craignent ni les chiens, ni les chats ; ils ne se cachent sous leur mère ou dans les buissons voisins que quand elle pousse le cri d'alarme.

On habitue des brebis à tolérer des nourrissons étrangers. La poule d'Espagne arrive à ne plus couver.

Le chien — qui est mangé en Chine et en Polynésie — est stupide, car il n'est pas éduqué.

On remplace les instincts naturels des bêtes par des « instincts domestiques » (Darwin).

Le chien sait ce qui appartient à son maître et sait lui-même lui appartenir. Le jeune chien de berger hérite de ses parents la tendance à courir autour du troupeau, le *retriever* rapporte naturellement un objet quelconque à son maître, le *pointer* a l'instinct du gibier et est silencieux lors de sa mise en arrêt. Cependant mon ami, le vicomte Camille Ordener, m'a cité comme exception un chien d'arrêt rapportant une ombrelle oubliée dans un parc. Ces actes sont accomplis sans éducation par le jeune animal, par conséquent d'une manière instinctive. Andrew Knight (1) a vu de nombreux exemples de chiens élevés en dehors de leurs parents et montrant dès le début les aptitudes de ceux-ci.

Le chien a perdu sa sauvagerie et sa férocité originelles ; il a gagné au contact de l'homme, l'affection, la fidélité, la docilité et une série de qualités émotionnelles, sympathie, désir d'approbation, crainte du blâme. Il a perdu, en acquérant ce sentiment de dépendance, comme l'appelle M. Grant Allen (2), la conscience de sa force et les moyens de vivre lui-même : les chiens abandonnés de Constantinople en seraient un exemple.

L'hérédité est là un fait brutal et acquis, sinon l'homme devrait à chaque animal recommencer l'éducation et le dressage.

Variations de l'instinct dans son ensemble et ses particularités.

L'instinct varie dans son ensemble — nous l'avons vu —, il est complètement *plastique et transformable*. Ses particularités même peuvent se modifier.

Le scarabée pilulaire qui roule de petites boules de fumier ne le fait pas dans les pâturages de moutons.

Dans les contrées de l'empire de Siam soumises à

(1) Knight, *Instincts héréditaires*.
(2) Grant Allen, *Evolutionist abroad*.

des inondations, les fourmilières s'établissent sur les arbres (Loubière).

Les abeilles de ruche d'Australie et de Californie cessent de travailler au bout de deux ou trois ans et deviennent paresseuses.

L'*apis mellifica* mange les phalènes emprisonnés dans les fleurs (Rév. L. Thompson); Darwin ne crut pas à cette carnivorité. Cependant — dit le Dr H. de Varigny, le traducteur de Romanes — « j'ai vu à plusieurs reprises des guêpes s'emparer de mouches, les tuer et ensuite s'en nourrir. » J'ai vu moi-même le fait et même la guêpe se tromper et se précipiter — croyant avoir affaire à une mouche — sur une tête de clou ou un point noir.

Bechstein a remarqué que certains rossignols chantent au milieu du jour, d'autres la nuit, et que ces tendances sont héréditaires. Les pluviers des dunes du Norfolk et du Suffolk ont cessé de déposer leurs œufs au milieu des dunes et des galets pour vivre sur de grandes surfaces recouvertes d'herbe qui les remplacent, la mer s'étant retirée.

L'herbivorité peut remplacer ou compléter la carnivorité (ours) ou *vice versa* (porc, certains bestiaux des Etats-Unis, le rongeur *Scinus Hudsonius*, le perroquet de montagne *Nestor notabilis*,....) Dans le cas de ces perroquets, on trouve une modification récente de l'instinct, car ils se gorgent du sang de moutons, animaux importés depuis peu dans l'Ohinitahi (J.-H. Potts).

Les mêmes espèces animales présentent parfois des mœurs différentes, ce sont les *variations spécifiques des instincts* de Romanes.

Les coucous sont parasitaires et confient leurs œufs à la garde d'étrangers. Les *molothrus pecoris*, de l'Amérique du Nord, font de même. Les *cuculidæ* d'Amérique n'ont pas cette habitude, tandis que ceux de l'Asie du Sud, de l'Afrique et de l'Australie la possèdent.

L'*Eudynamis orientalis* de l'Inde dépose son œuf dans un nid de corbeau; et d'autres, de l'Australie, couvent leurs œufs.

L'oie des plateaux (*Upland goose*), — bien qu'à pieds palmés, — ne va jamais à l'eau. De même le flamant, mais encore se tient-il dans les endroits marécageux. La frégate — également palmée — ramasse sa proie à la surface de l'eau avec une adresse étonnante. Le grèbe — complètement aquatique — n'a qu'une membrane bordant ses orteils. D'autres oiseaux, des genres *crex*, *passa*,... nagent aisément, avec des traces de membranes et de longues jambes, et ils vivent — quelques-uns au moins — dans les prairies, presque pas aquatiques.

Darwin cite encore des perroquets, des pics de terre, des hylas,... qui ne grimpent plus aux arbres....

Il est de ces variations spécifiques que l'on a pu voir se créer.

Les canards de Ceylan ne vont plus à l'eau; les moineaux et les hirondelles bâtissent leur nid sur des maisons au lieu des arbres; certains insectes, oiseaux et mammifères changent leur régime alimentaire...

Parfois on les suit parallèlement dans des régions différentes : les mygales, les fourmis moissonneuses d'Europe et d'Amérique se comportent de même; la grive de l'Amérique du Sud garnit son nid de boue comme le fait la nôtre; le calao d'Afrique et celui de l'Inde présentent le même instinct, qui les poussent à enfermer leurs femelles dans des trous d'arbre avec du plâtre.

Instincts similaires, dissemblables, inutiles et nuisibles.

D'autres instincts sont similaires chez des animaux sans parenté entre eux. Les molothrus et les coucous sont également parasitaires, comme nous venons de le voir ; les termites construisent des demeures analogues à celles des fourmis.

D'autres instincts sont *dissemblables* chez des animaux alliés entre eux, ce sont des *instincts isolés* (Romanes).

D'autres, *vulgaires et inutiles*, comme chez les *mégapolidæ* couvant leurs œufs au milieu de matières végétales en fermentation, là où ils n'en peuvent trouver assez pour mener à bien l'éclosion.

D'autres enfin en apparence *nuisibles* à l'espèce qui les manifeste comme l'attraction des insectes vers la flamme (1), comme le prétendu suicide des scorpions (2), comme les cris des animaux qui décèlent ainsi leur présence à leurs ennemis, comme les migrations des lemmings de Norwège qui se noient; comme le lombric qui apparaît au sol au bruit de la taupe et fait de même quand le goëland, le vanneau, les pêcheurs frappent le sol, ce qui permet à ceux-ci de prendre le dit ver de terre.

D'autres actes, comme les migrations de certains poissons, d'oiseaux, ou la simulation de la mort (3) sont utiles et indiquent une netteté dans les notions de dangers, de temps et d'espace sur lesquelles nous reviendrons.

(1) Voyez le chapitre *Notions de l'eau et du feu.*

(2) Voyez les chapitres sur *la mort et le sommeil.*

(3) Voyez les chapitres sur *la peur*, *le sommeil*, *le sommeil provoqué.*

Darwin a lui-même, avec une bonne foi qu'il faut reconnaître et à laquelle il faut rendre justice, indiqué une difficulté sérieuse qui se dresse contre sa théorie sur la genèse des instincts par la sélection naturelle. Il est difficile en effet, étant donné les mœurs différentes des individus sexués ou non chez les insectes, d'admettre l'hérédité des instincts des individus neutres, ceux-ci ayant encore entre eux des différences tranchées dans une même espèce.

Ces différences sont cependant parfois moins marquées, grâce à une série de transitions insensibles faciles à constater.

Nous n'insisterons pas sur les théories possibles à émettre sur l'instinct, les longues citations de notre introduction satisfaisant, ou à peu près, aux *désidérata* sur ce point.

L'échelle des variations par Romanes.

L'*excitabilité*, propriété fondamentale de la matière vivante, se divise en *discernement* et *conductibilité*. Puis une nouvelle réunion donne la *neurilité* qui à son tour se sépare en trois branches, présentant des stades gradatifs; c'est dans l'ordre intellectuel, la *sensation*, avec la perception, l'imagination, l'abstraction, la généralisation, la réflexion et la pensée consciente. « mouvement de la matière », d'après Moleschott (1). Dans l'ordre volontaire, on a l'*acte réflexe* et la volition. Dans la sphère émotionnelle, on a la conservation de l'espèce et de l'individu, la socialité, et les idées à rapprocher de l'homme sauvage, puis civilisé.

Bornons-nous maintenant à étudier l'échelle de Romanes. On remarque que deux plans parallèles à

(1) Naville, *La physique moderne*, 1890, p. 212.

l'origine — actes réflexes, actes intelligents — arrivent à converger et à se fusionner dans l'*instinct*, grâce à la sélection.

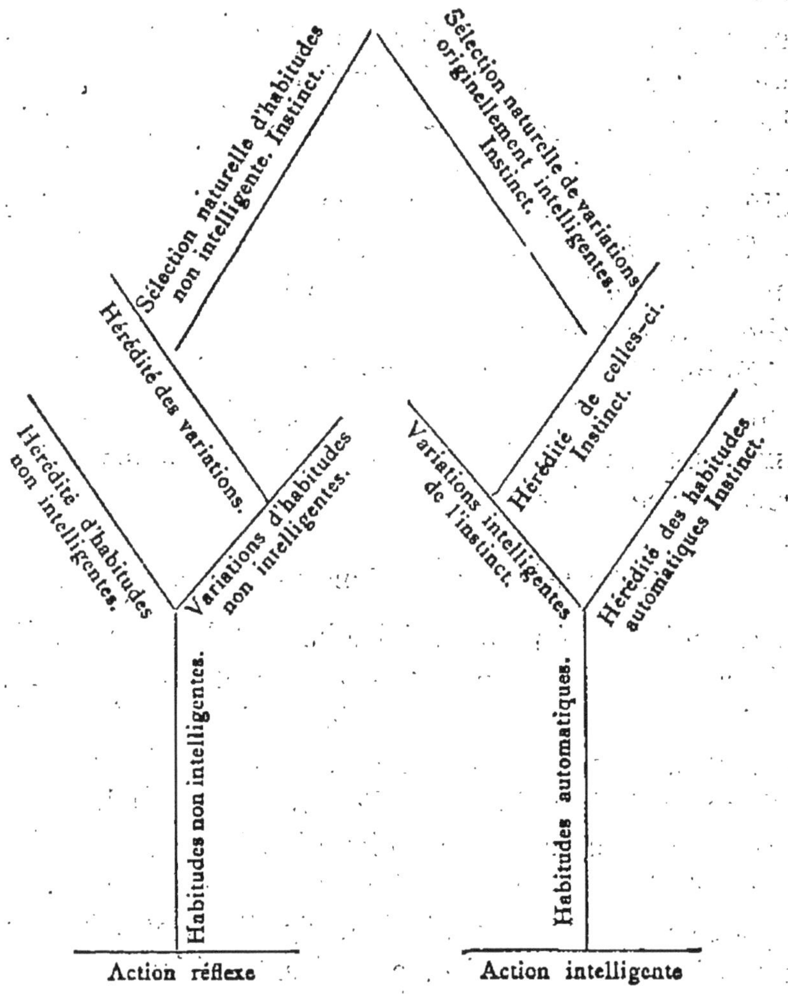

Action réflexe Action intelligente

Cette échelle — nous le verrons dans la suite — ne classe nullement les animaux par la perfection de leur structure organique, mais par celle de leur entendement, et il n'y a pas entre ces deux notions la corrélation fatale qu'on serait en droit d'attendre, étant donnée la théorie de l'évolution !

CHAPITRE II

QUALITÉS ET DÉFAUTS DES ANIMAUX

Être moral de l'animal. — Caractère. — Idée de l'être. — Douceur, dédain ou magnanimité. — Crainte d'attraction vers l'homme, divergences des opinions. — Curiosité. — Domestication et ses causes. — Ruse, colère, férocité, courage. — Qualités générales diverses. — L'intelligence générale. — Classification des facultés mentales.

Les qualités des animaux sont de deux ordres : physiques ou morales. Les premières comprennent la force corporelle, l'agilité; les secondes, la douceur, la patience, la ruse, l'audace.

Ces qualités varient avec les animaux et s'acquièrent par l'exercice, l'usage, quelles que soient leur nature, mais nous ne nous occuperons ici que de leurs qualités morales spontanées. Les besoins physiques influent sur elles et les modifient ; le milieu extérieur, les êtres du voisinage ne sont pas non plus indifférents.

Il y a des émotions éveillées, des mobiles d'activité qui mettent en jeu, remplissent et pénètrent en quelque sorte la nature intime de l'animal. Il y a un conflit permanent avec les forces actives ambiantes et c'est de ce conflit incessant que naissent des manifestations, — sinon psychiques, — tout au moins d'un ordre plus élevé que les phénomènes physiologiques et qui donnent une couleur morale à tel ou tel être.

A travers l'activité d'une espèce, ou même d'un individu on trouve un mode de réaction habituel à telles influences subies ou se modifiant avec l'expérience acquise, c'est le *caractère*. Il offre, dans la série animale, une variété de nuances que l'on peut ramener toutefois à un petit nombre de types généraux dont elles ne sont que les gradations plus ou moins accentuées ou des modes divers de combinaison. On classe ordinairement l'animal comme timide ou courageux, doux ou rageur, rusé ou féroce.

Selon les auteurs, ces différences si tranchées se ramèneraient cependant comme cause initiale à un point de départ unique : pour les uns à la *défiance* (Darwin); pour les autres, à l'*hostilité sans merci* (Espinas). Voilà deux tendances contraires impliquant l'idée de l'*être* et de l'*être animé* poussant les animaux soit à s'éloigner mutuellement les uns des autres pour s'éviter, soit à se rapprocher pour s'attaquer.

Idée de l'être. — Douceur, dédain ou magnanimité.

Cependant la proie vivante n'est pas nécessaire à tout l'ensemble animal, il y a les herbivores pour qui elle est inutile, aussi ne peut-on admettre la faim comme le mobile de ces tendances. Le massacre sans utilité ne se comprend guère. L'amour, et conséquemment la jalousie, n'existerait qu'entre des espèces identiques. Il faut donc rejeter ces deux ordres de sensations physiques comme portant les animaux à s'entr'égorger. Reste alors le sentinent universel de défiance. Étudions-le.

Méfiance, timidité, prudence, vigilance sont des termes sinon identiques, tout au moins d'un rapprochement facile. Sauf le degré d'intensité et l'étendue de la réaction externe, ils représentent dans notre esprit un seul et même état psychique : l'appréhension du danger. Nous ne l'étudierons pas ici dans ses manifestations les plus extrêmes, celles de peur, car nous leur consacrerons un chapitre spécial ; mais nous les envisagerons au point de vue du caractère typique qu'elle peut imprimer à l'animal.

En passant à l'attribut *douceur*, nous découvrons de prime abord dans l'application de ce terme, des nuances assez considérables de signification et de portée. Ainsi, la douceur est parfois entendue dans une acception générale et comme le contre-pied d'un naturel agressif; elle caractérise, à ce titre, tout animal que nous voyons supporter la proximité de ses pareils sans être instinctivement porté à les attaquer (U. Van Ende).

De là au rapprochement et à la sympathie, il y a loin encore. Sans se fuir, les bêtes ne vont l'une vers l'autre que poussées par un sentiment physiologique, sinon elles s'écartent instinctivement.

Vienne un contact forcé, comme celui d'animaux domptés par l'homme, et nous verrons parfois, chez quelques vertébrés supérieurs, des boutades de mansuétude qui excluent tout instinct d'hostilité ou de méfiance.

L'animal supporte bénévolement des commensaux plus faibles, les prend en amitié et se plie à leurs caprices jusqu'à souffrir sans rechigner d'imprudentes attaques; qu'une disposition de cette nature soit qualifiée de *dédain* ou de *magnanimité*, elle n'en a pas moins sa source dans une calme conscience d'une supériorité trop écrasante pour avoir rien à appréhender ou pour avoir besoin de s'affirmer à elle-même.

Généralement, dit U. Van Ende (1) —, que nous citerons comme Romanes, à chaque pas dans l'ensemble de ces causeries — la conduite du plus faible porte

(1) Van Ende, *Histoire naturelle de la croyance.*

communément dans la vie animale une empreinte marquée de *tyrannie* et de *cruauté*. Il en est ainsi même parmi les espèces les plus paisibles et les plus timides, comme le lièvre et le lapin.

Le penchant à l'union s'accentue en raison de la disproportion des forces. Il faut l'action combinée de l'affinité et du danger commun pour créer une association durable. Quelques ruminants, quelques oiseaux paraissent rechercher la compagnie d'autres animaux de leur classe pour bénéficier de leur vigilance. Moutons et bergeronnettes vivent en bonne intelligence parce que les seconds détruisent les insectes des premiers...

Crainte et attraction vers l'homme, divergences des opinions. — Curiosité. — Domestication et ses causes.

D'autres animaux se sentent, dit-on, attirés vers l'homme. Dans les archipels peu fréquentés par les Européens, loin de fuir la présence de l'homme, les bêtes qui peuplent ces îles semblent au contraire la rechercher, si bien qu'il est facile de les prendre à la main. Darwin en conclut que les animaux ont à notre égard un sentiment inné de crainte qui les porte naturellement à la domestication. Mais David Livingstone signale au contraire la terreur que l'homme inspire à toutes les bêtes.

Aussi l'interprétation de ces faits peut-elle être comprise en admettant la terreur comme instinctive chez l'animal et parfois doublée d'une *curiosité* plus grande encore.

La captivité et le contact forcé avec l'homme terrifie, dans les premiers moments, la victime. Le bœuf et l'éléphant sauvages y succombent parfois. Ils font de vains efforts pour retrouver la liberté perdue et ne se rendent que de guerre lasse et après avoir acquis la triste certitude de leur impuissance. La bête prend ensuite, peu à peu, les allures dociles et soumises qui, avec l'habitude de la séquestration et de la dépendance alimentaire, finissent par affecter un caractère libre et spontané, mais dont les antécédents psychiques indiquent assez le mobile originel. Il faut voir là des actes propitiatoires tendant à désarmer la force supérieure qui tient l'animal en son pouvoir et à conjurer ainsi le mal qu'il en attend. Ceci est tellement vrai que les animaux les plus timides à l'état sauvage sont ordinairement les plus doux en captivité. A la longue, ils perdent leur douceur d'emprunt, lorsque la familiarité avec l'homme lui a fait perdre à leurs yeux le prestige d'une force inconnue et redoutable. Les chevreuils et les chamois captifs deviennent en vieillissant des hôtes dangereux. On a vu un bouquetin apprivoisé charger les passants à coups de cornes. Les élans, les cerfs fondent parfois brusquement et sans raison apparente sur le gardien qui les nourrit. De même, le berger se trouve souvent exposé à des attaques inopinées de bœufs réputés paisibles.

Ruse, colère, férocité, courage.

En définitive, la peur est l'élément psychique qui se traduit en douceur. On peut en dire autant de la *ruse* qui, envisagée comme tendance morale, est le penchant qui pousse la bête à éviter les chances de la lutte ou du moins à les mettre de son côté. Chez le prédateur comme chez l'herbivore, la ruse n'a généralement pas d'autre fin. L'un s'embusque, l'autre se cache. Chacun d'eux, dans ses stratagèmes et jusque dans ses procédés tactiques instinctifs, s'efforce de neutraliser les ressources offensives ou défensives de l'adversaire. Le carnassier qui saute sur la nuque de sa proie et vise à l'achever du premier coup en s'attaquant à ses parties vitales, obéit au même mobile qui porte le hérisson, le tatou à se rouler en boule, les bœufs à former un cercle en portant les cornes en avant. Ce mobile commun est la préoccupation d'offrir le moins de prise à l'ennemi.

Le *courage* consiste à triompher de sa crainte; la faim, l'affinité sexuelle la font surmonter et ces succès se renouvelant, finissent par donner à l'animal une confiance en lui-même qui se traduit en férocité ou en courage.

La tendance à prévenir le danger avant même qu'il ait apparu se manifeste par émotions, impulsions intermittentes contre des objets inoffensifs, c'est la *colère*.

L'agression préventive, qui en est la conséquence, amène la *férocité*. L'animal prolonge les souffrances de sa victime ou fait un carnage stérile. Écoutons Brehm, témoin oculaire d'une scène émouvante de cruauté due à l'aigle (1):

A un chat que je lui donnai, il creva l'œil avec un de ses ongles, et les doigts de devant maintenaient la mâchoire inférieure de façon que le chat ne pouvait entr'ouvrir la gueule. L'autre serre était enfoncée dans la poitrine. Pour conserver son équilibre, l'aigle étendit ses ailes et s'appuya sur la queue. Ses yeux devinrent d'un rouge de sang et parurent plus grands qu'à l'ordinaire; toutes les plumes étaient rabattues, le bec largement ouvert, la langue pendante. On remarquait en lui en ce moment une rage incroyable; il déployait toutes ses forces. Le chat s'épuisait en vains efforts pour échapper à son terrible

(1) Brehm, *Merveilles de la nature, les Oiseaux*. Édition française par Z. Gerbe.

ennemi; il se retournait comme un serpent, étendait les pattes, mais ne pouvait faire usage de ses griffes, ni de ses dents. Il cria, l'aigle le frappa à un autre endroit de la poitrine, une serre lui maintenant toujours la gueule. Le rapace ne se servait pas de son bec. Ce ne fut qu'au bout de trois quarts d'heure que le chat expira. Durant tout ce temps l'aigle était resté sur lui, les serres contractées, les ailes étendues. Il abandonna alors le cadavre et se dressa sur son perchoir.

Voici un second fait de même nature et rapporté avec lyrisme par Audubon :

En automne, au moment où des milliers d'oiseaux fuient le nord et se rapprochent du soleil, laissez votre barque effleurer l'eau du Mississipi. Quand vous verrez deux arbres dont la cime dépasse toutes les autres cimes, s'élever en face l'un de l'autre sur les bords du fleuve, levez les yeux : l'aigle est là, perché sur le faîte d'un des arbres. Son œil étincelle dans l'orbite, et paraît brûler comme la flamme; il contemple attentivement toute l'étendue des eaux. Souvent son regard s'arrête sur le sol. Il observe, il attend. Tous les bruits qui se font entendre, il les écoute, il les recueille; il les distingue.

Sur l'arbre opposé, l'aigle femelle reste en sentinelle; de moment en moment, son cri semble exhorter le mâle à la patience. Il y répond par un battement d'ailes, par une inclination de tout le corps, et par un glapissement dont la discordance et l'éclat ressemblent au rire d'un maniaque; puis il se redresse. A son immobilité, à son silence, vous le croiriez de marbre.

Les canards de toute espèce, les poules d'eau, les outardes, fuient par bataillons serrés que le cours de l'eau emporte; proie que l'aigle dédaigne et que ce mépris sauve de la mort. Un son que le vent fait voler sur le courant arrive enfin jusqu'à l'ouïe des deux brigands, ce son a le retentissement et la raucité d'un instrument de cuivre. C'est le chant du cygne. La femelle avertit le mâle par un appel composé de deux notes. Tout le corps de l'aigle frémit; deux ou trois coups de bec dont il frappe rapidement son plumage, le préparent à son expédition. Il va partir.

Le cygne vient comme un vaisseau flottant dans l'air,

son cou d'une blancheur de neige étendu en avant, l'œil étincelant d'inquiétude. Le mouvement précipité de ses deux ailes suffit à peine à soutenir la masse de son corps, et ses pattes, qui se reploient sous sa queue, disparaissent à l'œil. Il approche lentement, victime dévouée. Un cri de guerre se fait entendre, l'aigle part avec la rapidité de l'étoile qui file ou de l'éclair qui resplendit. Le cygne voit son bourreau, abaisse le cou, décrit un demi-cercle, et manœuvre dans l'agonie de sa crainte pour échapper à la mort. Une seule chance lui reste, c'est de plonger dans le courant, mais l'aigle prévoit la ruse, il force sa proie à rester dans l'air en se tenant sans relâche au-dessous d'elle et en menaçant de la frapper au ventre et sous les ailes. Cette profondeur de combinaison, que l'homme envierait à l'oiseau, ne manque jamais d'atteindre son but. Le cygne s'affaiblit, se lasse et perd tout espoir de salut; mais alors son ennemi craint encore qu'il n'aille tomber dans l'eau du fleuve. Un coup des serres de l'aigle frappe la victime sous l'aile et la précipite obliquement sur le rivage.

Vous ne verriez pas sans effroi le triomphe de l'aigle. Il danse sur le cadavre, il enfonce profondément ses griffes d'airain dans le cœur du cygne mourant, il bat des ailes, il hurle de joie. Les dernières convulsions de l'oiseau l'enivrent. Il lève sa tête chauve vers le ciel, et ses yeux enflammés d'orgueil se colorent comme le sang. Sa femelle vient le rejoindre. Tous deux ils retournent le cygne, percent sa poitrine de leur bec, et se gorgent du sang encore chaud qui en jaillit.

L'aigle se comporte souvent de même avec toute proie qu'elle qu'elle soit.

On sent la peur de l'être au fond de ces actes de férocité. Il en est de même pour le loup qui, dans une bergerie, égorge parfois le tiers des brebis qui s'y trouvent; le renard se livre aux mêmes ravages dans un poulailler. La loutre tue autant qu'elle voit quelque chose de vivant autour d'elle; le furet, sur les lapins, les pigeons, les poules, les saisit à la gorge et ne les lâche que lorsqu'ils ne remuent plus.

Cette tendance se retrouve avec frénésie dans l'animal dit *rageur*. Le buffle, le bison, le rhinocéros se ruent sans provocation aucune sur tout ce qui leur paraît insolite, mais cela tient à la faiblesse de leur vue. Il est de même pour les taureaux que la couleur rouge rend furieux, ce qu'utilisent les toreadors dans les courses.

Qualités générales diverses.

Les affinités sexuelles produisent chez les oiseaux spécialement le *dévouement conjugal*, la *fidélité*, la *jalousie*. Des querelles acharnées naissent parfois de ce dernier défaut.

La *curiosité* et la *tendance à l'imitation* sont inhérentes aux animaux.

Nous pourrions nous étendre longuement encore sur le caractère animal, mais ce que nous avons pu passer sous silence se trouvera étudié dans le cours de cet ouvrage. Il résulte déjà clairement de la transformation possible de qualités en défauts, ou inversement que l'animal est susceptible d'amélioration, qu'il est *perfectible*.

L'intelligence générale.

Les qualités ou les défauts des animaux sont le résultat d'opérations mentales diverses indiquant des degrés d'intelligence variables aux différents points de l'échelle des êtres.

Comme le dit Romanes,

C'est dans l'acte adapté, exécuté par un organisme vivant, dans le cas où le mécanisme héréditaire du système nerveux ne fournit pas de données pour prévoir ce que l'acte adapté doit être nécessairement; c'est seulement dans les cas où cet acte se produit que nous reconnaissons l'évidence objective de l'esprit.

Ce sera là un *critérium*..

L'analogie aidera puissamment l'observateur; si, pour un cas non prévu dans lequel l'animal n'a pas coutume de se trouver, dans lequel sa structure ou son organisation n'impliquent pas la fatale nécessité de faire telle ou telle chose, la bête accomplit son acte *judicieusement*, comme pourrait le faire l'homme, il y a lieu d'admettre qu'une faculté identique, de raisonnement ou autre, existe chez les deux êtres.

C'est ainsi, dit Romanes, que la philosophie se trouve hors d'état de réfuter d'une façon péremptoire l'idéalisme, si extravagante que soit la forme qu'il revêt. Toutefois, le sens commun sent partout que l'analogie est ici un guide plus sûr pour arriver à la vérité, que la demande sceptique d'une évidence impossible à fournir; de telle sorte que si l'on accorde l'existence objective des autres organismes et de leurs activités — postulatum sans lequel la psychologie comparée et les autres sciences ne seraient qu'un rêve immatériel — le sens commun conclura toujours et sans hésitation que les activités des organismes autres que le nôtre propre, lorsqu'elles sont analogues à celles des activités que nous savons être accompagnées de certains états mentaux, sont, chez eux, accompagnées par des états mentaux analogues.

L'intelligence générale admise et les facultés mentales démontrées, en quelque sorte, par les considérations générales et les quelques faits qui précèdent, il reste à classer les phénomènes psychologiques que présentent les animaux. Nous suivrons pour cela les méthodes classiques utilisées pour l'homme.

Classification des facultés mentales.

En philosophie on a établi pendant bien longtemps une différence absolue et marquée entre la psychologie et la physiologie en se basant sur les caractères, les principes, le but et la manière dont on connaît les faits de ces deux ordres. La médecine a aujourd'hui démontré que là encore il n'y avait rien de bien tranché, et — ne serait-ce que les phénomènes troublants du magnétisme et de l'hypnotisme, — il y a lieu de voir un mélange chez l'homme de psycho-physiologie et nous verrons que les animaux présentent aussi cette confusion.

Sous le mot générique *âme*, on comprend l'intelligence, la sensibilité et la volonté.

A son tour l'INTELLIGENCE se divise en *facultés intuitives* et *facultés de conception.* Les premières donnent les éléments des connaissances par la *perception externe* (impression, sensation, perception), par la *perception intime* ou *conscience* (rôles d'acteurs et de spectateurs dans les faits accomplis par les êtres vivants); par la *perception rationnelle* ou *raison* (principes de raison suffisante, d'identité, de causalité et de finalité, qui constituent la *logique*).

Les *facultés de conception* conservent les éléments de la connaissance. Elles comprennent la *mémoire* ou acquisition facile, prompte ou tenace desdits éléments; l'*association des idées,* loi de continuité des rapports qui les régissent; l'*imagination créatrice et reproductrice.* Cette dernière éveille dans notre esprit les perceptions passées; l'autre en crée de nouvelles par la rêverie, le rêve, l'hallucination et elle va parfois jusqu'à l'accomplissement d'actes, dans le somnambulisme.

La SENSIBILITÉ — définie vulgairement, la faculté d'éprouver du plaisir ou de la douleur — comprend les attractions et les répulsions vers des objets ou des personnes. Du rapprochement ou de l'éloignement résultent des sensations agréables ou pénibles.

Les *inclinations* sont ou *personnelles* et corporelles, comme les appétits, la faim, la propreté; ou *mixtes,* se rapportant au corps et à l'âme, comme l'amour de la propriété, le désir de perfectibilité; ou se rapportant à l'*âme* seule comme l'amour-propre qui dégénère facilement en orgueil, vanité ou fatuité, comme l'indépendance qui mène à l'ambition.

Les *inclinations sympathiques* amènent la sociabilité, les idées de patriotisme, de famille.

Les *inclinations d'ordre supérieur,* tendances vers le vrai, le beau et le bien, donnent à l'être les sentiments de justice, d'abnégation, de charité...

Les manifestations de la sensibilité, douloureuses ou agréables sont les *émotions* (joie, tristesse); les *affections* (amour, regret, haine, crainte); les *passions* (appétits augmentés, activité, sociabilité, fatalité).

La VOLONTÉ si discutée chez l'homme, surtout en ces derniers temps, existe ou semble exister de la même façon que chez l'homme; la nier chez celui-ci, c'est la nier chez la bête, et *vice-versa.*

Nous allons essayer de serrer autant que possible l'ordre ainsi tracé. Et les faits vont s'entasser les uns sur les autres pour montrer l'analogie tout au moins partielle entre l'homme et la bête; — l'animal ne réunissant pas soit au même degré, soit dans leur groupement, toutes les facultés humaines.

CHAPITRE III

LES FACULTÉS INTUITIVES

La perception. — Les réflexes et le système nerveux. — Lois des réflexes. — Leurs connexions avec l'instinct et l'habitude. — L'éducation des sens. — Le discernement. — La perception intime ou conscience. — L'animé et l'inanimé. — Confusion du végétal et du minéral. — Le raisonnement, définition de Romanes. — L'éducation de la vue par le raisonnement, observation de Cheselden. — Faits démontrant l'existence du raisonnement : Bastian, Brehm, Darwin, Romanes.

Les facultés intuitives fournissent les éléments de la connaissance par la perception externe, par la conscience, par le raisonnement.

Par la perception externe nous touchons à la matière et à l'esprit, au tangible et à l'intangible, au connu et à l'incognoscible. En effet celle-ci se fait par l'*impression*, véritable phénomène nerveux, *la sensation*, phénomène de sensibilité agréable ou non et la *perception proprement dite* ou connaissance, qui est d'ordre intellectuel.

La limite est difficile, même impossible à établir entre ces trois ordres de phénomènes. Ils se complètent, mais l'un ou l'autre peut manquer. Ainsi l'impression peut se faire sans connaissance immédiate du phénomène et l'organisme se sera mis de lui-même en état de défense, il y aura éréthisme inconscient des cellules cérébrales, souvent des cellules de la moelle épinière et la conscience ne sera ainsi nullement entrée en jeu.

Les réflexes et le système nerveux.

Nous touchons là à l'un des phénomènes les plus complexes de la physiologie, celui des *réflexes*, et nous ne pouvons l'étudier sans dire quelques mots du système nerveux.

Nous n'avons pas à en suivre l'évolution (1). Disons cependant que tout d'abord chez les êtres inférieurs, il est confondu, nullement différencié, avec toutes les autres propriétés de la cellule vivante. Il faut arriver aux Echinodermes, aux Mollusques pour trouver des cellules nerveuses différenciées, puis des amas de ces cellules ou ganglions émettant des filets, véritables nerfs, dans tous les sens. Les Insectes ont déjà un système complexe avec un encéphale en miniature. Peu à peu, en remontant l'échelle des êtres, on trouve, comme dans les poissons, un cerveau et une colonne vertébrale, puis un encéphale complet, cerveau et cervelet chez les oiseaux et enfin chez les mammifères, — surtout les plus élevés en organisation — de complexes appareils nerveux presque identiques à ceux de l'homme. Prenons ces derniers êtres pour appliquer la théorie des réflexes.

Leur appareil nerveux comprend deux systèmes, celui de *la vie végétative* (alimentation, digestion, assimilation, désassimilation...) localisé dans le grand sympathique; celui de *la vie de relation* (mouvement, déplacement,...) le plus important, localisé dans l'encéphale et la moelle épinière.

Ce dernier système préside aux actes voulus et ceux-ci sont exécutés grâce aux commandements de

(1) Voyez Beaunis, *L'Évolution du système nerveux*, 1 volume de la Bibliothèque scientifique contemporaine. Paris, 1890.

l'encéphale (cerveau, cervelet, protubérance, bulbe, moelle allongée) et surtout d'une de ses parties, le cerveau. Voilà tout au moins pour l'origine des mouvements auxquels la volonté préside. Il nous faut au début *vouloir* marcher par exemple, puis nous marchons inconsciemment et sans y penser, voire en pensant à autre chose. Il en est de même pour une foule d'autres actes, jouer du piano, tourner les pages d'un livre. Il est évident que dans ces cas, le cerveau ne préside pas à ces actes. Il y a, — comme nous l'avons dit plus haut — automatisme, action de l'*inconscient* surajoutée à celle du *conscient*, ou encore — comme le veut le docteur Ph. Tissié (de Bordeaux) des actes simultanés du *moi sensoriel* et du *moi splanchnique.* Il en est de même lorsque la peur nous fait fuir ou nous paralyse. Certains auteurs ont localisé ces mouvements dans certaines cellules de la moelle épinière. Ce sont là des *réflexes*, c'est-à-dire des mouvements qui ont été parfois conscients à l'origine et qui sont devenus, par l'habitude, par leur répétition fréquente, des actes automatiques et inconscients. Ils ont été — selon les avis des naturalistes — ou le point de départ ou le résultat des instincts. Ils se sont transmis par l'hérédité. Aussi viennent-ils compliquer notre étude et il était nécessaire de les connaître pour déterminer en quelque sorte le coefficient qui leur est propre et l'éliminer afin de faire la part exacte de l'intelligence. Qu'ils dérivent parfois de celle-ci, soit; mais il n'apparaît pas qu'il en soit toujours ainsi et il ne faut pas s'embarrasser de la cause d'erreur qu'ils apportent.

Lois des réflexes. — Leurs connexions avec l'instinct et l'habitude.

Les réflexes sont soumis à diverses lois, et les mouvements qu'ils produisent ont une intensité et une distribution anatomique déterminées par les lois de Pflüger. Une irritation faible dans un membre détermine dans ses muscles un réflexe qui met en jeu les nerfs moteurs sortant de la moelle du même côté et au même niveau que les fibres sensitives excitées (*loi de l'unitéralité*); si l'irritation est plus forte, le mouvement se transmet au membre de l'autre côté (*loi de la symétrie*); l'intensité est cependant moindre dans ce second membre qui ne vibre ainsi pas tout à fait à l'unisson du premier (*loi de l'intensité*). Si l'excitation est plus forte encore, il y a transmission des ondes nerveuses de la moelle épinière vers la moelle encéphalique (*loi de l'irradiation*). Enfin, pour une excitation énergique, la réaction devient complète (*loi de la généralisation*) et le cerveau semble pris et il s'accomplit une série d'actes auxquels il semble présider, ce qui peut cependant ne pas être. Il y a là une sorte de *mécanisme préétabli*, dit Mathias Duval, qui impressionna vivement les premiers vivisecteurs (Robert Wytt, Prochaska, Legallois, Pflüger) et les fit accorder à la moelle des propriétés psychiques, vagues, mal définies, appelées *sensorium commune, volonté, perception, âme*,...

Il y a dans les réflexes une association de mouvements, une coordination, analogue à l'association des idées, ce qui suppose une sorte de mémoire, et établit une gradation insensible entre les facultés instinctives et les facultés de conception.

Comme le fait remarquer M. Bain :

Dans toutes les opérations manuelles, il y a des successions de mouvements si fermement associés, que lorsque nous avons la volonté de faire le premier, le reste suit mécaniquement et inconsciemment. Pendant que nous mangeons, l'action d'ouvrir la bouche suit mécaniquement le mouvement de porter le morceau vers celle-ci. Bien que, pour apprendre les successions de mouvements, il faille un intermédiaire, la sensation, pour commencer, nous devons admettre qu'il y a dans le système une faculté d'associer l'ensemble des mouvements en tant que mouvements.

Cela est aussi vrai du polype que de l'homme et « pendant l'acte de manger, l'action d'ouvrir la bouche suit mécaniquement le mouvement de porter le morceau vers celle-ci. »

L'étude de l'impression nous a mené à l'existence des réflexes et nous a montré que la perception proprement dite ou connaissance n'en découlait pas nécessairement.

L'éducation des sens. — Le discernement.

Les sens sont les agents de l'impression et ils sont susceptibles d'une véritable éducation. Tous — en dehors de leurs sensations propres, — donnent une idée d'étendue. Le goût indique la saveur; l'odorat, l'odeur; l'ouïe, le son; la vue, la couleur et la lumière étendue sur un plan, c'est l'étendue à deux dimensions; le tact, la solidité, la dureté, la rugosité, le calorique, et l'étendue à trois dimensions ou le volume.

L'enfant touche à tout, il goûte tout, il flaire tout,... et arrive ainsi à reconnaître ce qu'il peut prendre ou ce qu'il doit fuir. L'inconnu l'arrête parfois, les objets brillants l'attirent. Il en est de même de nos animaux domestiques ou domestiqués. Le chien et le chat se créent ou se laissent créer une éducation alimentaire qui varie avec les milieux dans lesquels ils vivent, tellement il est vrai que l'égalité n'est pas de ce monde, et n'a pas cours même parmi les bêtes ! La pie apprivoisée dérobe les objets brillants et les cache ; tel l'enfant à qui on présente de la monnaie de cuivre, d'argent ou d'or, prendra de préférence cette dernière. Ce qui brille a attiré les deux êtres, *instinctivement*, machinalement sans doute.

C'est ainsi que l'être vivant arrive à la conception de l'être, animé ou non, inorganique ou organique. Il faut aux oiseaux une éducation pour manger, voler, chasser, prendre connaissance du monde extérieur et y vivre ; d'autres êtres font tout cela à leur naissance sans avoir besoin d'aucun maître.

Les sens permettent la recherche des aliments, c'est par l'essai de ceux-ci que l'animal reconnaît ceux qui lui conviennent. C'est la connaissance du monde extérieur qui lui permet de se loger dans le voisinage de réserves alimentaires. Il y a une perception objective de celles-ci qui devient d'autant plus nette que les substances sont plus limitées, plus restreintes. Les sens sont moins obtus pour l'animal se nourrissant de graines que pour celui qui se nourrit d'herbes. Le discernement est plus considérable car les produits qui constituent un régime défini sont toujours plus ou moins clairsemés. Les frugivores et les granivores ont une connaissance très remarquable, non seulement de l'aspect externe des produits végétaux employés comme aliments, mais aussi de leur constitution interne et même de quelques lois élémentaires de la croissance végétale. Nous aurons à citer quelques faits qui le démontrent d'une façon irréfutable en parlant de la prévoyance des animaux et des modes qui la prouvent.

Les singes qui font des grimaces de satisfaction en dégustant un fruit savoureux affirment ainsi la connaissance de ce qui leur est bon.

Cette connaissance du monde extérieur doit également présider à la non-prévoyance des êtres toujours assurés de trouver leur nourriture, comme les herbivores qui n'ont ni abris, ni approvisionnements.

L'intelligence de ces êtres est restreinte. A quoi bon d'ailleurs son développement ? La proie inanimée, abondante, inerte n'exige, pour être prise, aucune ruse, aucun artifice.

La perception intime ou conscience. — L'animé et l'inanimé. — Confusion du végétal et du minéral.

L'animal *perçoit*, cela n'est pas douteux, mais il sait ou semble savoir comparer ses actes à ce qui l'entoure, d'où l'existence en lui d'une sorte de *conscience* ou *perception intime*. Il est acteur dans la nature et spectateur de ses phénomènes. Il se comporte comme s'il saisissait des différences et des analogies. Les bêtes trahissent la confusion qu'elles font des matières végétales et minérales par une sorte d'indifférence dédaigneuse.

Si, — dit U. Van Ende, — chez le chien, qui arrose indistinctement une pierre ou un buisson après les avoir flairés pour s'assurer de leur nature, ce sentiment revêt une forme particulièrement caractéristique, il ne perce pas moins chez le lapin qui tour à tour broute son tapis de verdure ou se roule dessus, chez l'éléphant qui traverse les forêts sans s'inquiéter des broussailles qu'il foule aux pieds ou des branches qui descendent des arbres, bien qu'il évite soigneusement la plus petite créature vivante.

Le castor fait subir une série de modifications aux arbres ou aux matériaux qu'il emploie. La matière inerte est employée par l'oiseau pour son nid, sa maçonnerie. La matière brute ou travaillée de main d'homme ne montre pas, sous le rapport de l'inertie, de différence à l'animal. Il adapte facilement la dernière. Beaucoup d'oiseaux ou de petits mammifères choisissent indistinctement l'une ou l'autre comme gîte. La souris s'installe dans des meubles, des caisses, des sacs et même des souricières. La cigogne bâtit de préférence son aire sur une roue fixée au sommet d'un toit. Une hermine apprivoisée s'était, d'après Grill, commodément installée dans la boîte d'une pendule, sans se préoccuper du mécanisme qu'elle avait ainsi mis en mouvement.

L'édifice humain n'effraye l'animal que s'il est habité; abandonné, il n'a pas plus de valeur pour lui qu'un terrier abandonné et souvent il y établit sa demeure.

Une porte est un orifice d'entrée qui, soit-il fermé, semble facile à ouvrir à la bête. C'est un objet inanimé. On cite un ours, qui ouvrait les étables en s'arc-boutant contre la serrure de la porte (Tschudi).

La confusion est faite complète par l'animal entre le végétal et le minéral, que ceux-ci soient travaillés ou non par l'homme. Elle ressort de la passibilité et de l'invariabilité, au moins spontanée, qui existent dans ces deux règnes. La bête est active, elle se meut, il n'en est plus de même dans ce qui la nourrit et dont elle constate l'inertie, aussi en a-t-elle moins de crainte, quel que soit le volume, que du plus petit être qui se déplace. Les arbres servent de support, d'abri, de refuge, de garde-manger, absolument comme des cavités souterraines ou des crevasses de rochers. Les singes emploient comme projectiles des fruits ou des pierres, ce qui montre la confusion évidente.

Le raisonnement. Définition de Romanes.

La perception et la conscience, les comparaisons qu'elles permettent constituent la faculté de raisonnement. La conscience ne peut juger qu'elle-même ou apprécier les autres par les manifestations organiques indiquant un choix intentionnel, et cependant il est des actes réflexes qui semblent se comporter ainsi alors qu'il n'en est rien. Il n'y a pas non plus simultanéité entre la sensation, la perception proprement dite et la conscience de l'acte accompli. La physiologie est inséparable de la psychologie. Qui commande à l'autre? aux spiritualistes et aux matérialistes de répondre comme ils le voudront et en pouvant toujours démontrer, les uns et les autres, qu'ils ont raison : ce qui arrive généralement quand on est juge dans sa propre cause.

L'enfant qui crie, l'animal frappé qui se plaint ont tous deux une conscience vague de leur sensation de douleur. La faculté de préférer certains états à d'autres, comme nous le verrons dans l'étude de la sensibilité, implique une conscience, vague si l'on veut, mais enfin permettant une distinction entre la tranquillité et le malaise, le plaisir ou la douleur.

De la conscience au *raisonnement* il n'y a qu'un pas rapidement franchi. Utilisant les précédentes données l'animal combine ses moyens pour arriver au repos, ou à conquérir sa nourriture, ou à retrouver ses habitudes.

Romanes étudiant les chenilles processionnaires, eut l'idée d'enlever l'une des chenilles de la série. Celles qui suivaient s'arrêtèrent comme l'ont constaté tous les naturalistes ; généralement ceux-ci remettent l'animal enlevé et ses congénères reprennent leur marche. Au lieu de cela, Romanes frotta doucement avec une brosse la queue de la dernière chenille de façon à produire assez bien l'excitation fournie par une tête velue de chenille et la série se remit en marche. S'il frottait rudement, l'animal intrigué, hésitait, « ne sachant trop s'il devait continuer sa marche ou se jeter sur le côté. »

La coordination musculaire dut être créée par le raisonnement, le discernement dut se faire dès qu'un animal accomplit un nouvel acte pour la première fois. Les stigmates professionnels constatés chez l'homme (bourses séreuses du genou chez les couvreurs, aplatissement des doigts, durillons, chez d'autres) deviendraient probablement héréditaires si les fils faisaient fatalement pendant une suite de générations ce que font leurs pères. On a d'ailleurs constaté l'hérédité de difformités insignifiantes, comme par exemple, un ongle d'orteil disposé d'une certaine façon. Dans tous les cas, ce ne sont là que des hypothèses.

La raison, dit Romanes, est la faculté impliquée dans l'adaptation volontaire des moyens à la fin. Elle implique donc la connaissance consciente des relations existant entre les moyens employés et le but atteint, et peut s'exercer dans l'adaptation à des circonstances nouvelles pour l'expérience de l'individu comme pour celle de l'espèce. Elle suppose la faculté de percevoir les analogies ou les raisons : dans ce sens, elle est l'équivalent du mot ratiocination, ou de la faculté d'induire à la suite de la perception d'une équivalence de relations. Ce dernier sens est le seul qui soit strictement légitime. La faculté de poser les relations, de tirer des inférences et aussi de prévoir les probabilités est susceptible de degrés très nombreux.

L'éducation de la vue par le raisonnement Observation de Cheselden.

Nous apprenons à voir, cela est indiscutable, ce n'est pas de l'instinct, ni de l'hérédité; ou si ces deux facteurs existent, ils diminuent le temps nécessaire à l'acquisition des connaissances par le sens de la vue. Pour preuve, je n'en veux que cette observation médicale de Cheselden qui opéra un enfant de douze ans d'une cataracte congénitale bilatérale :

Lorsqu'il vit pour la première fois, il était tellement incapable de formuler un jugement quelconque sur les distances, qu'il croyait, selon son expression, que tous les objets touchaient ses yeux, comme tout ce qu'il sentait par le tact touchait sa peau; il ne trouvait aucun objet plus agréable que ceux qui étaient lisses et réguliers, bien qu'il ne pût formuler aucun jugement sur leur forme, ni deviner ce qui, dans n'importe quel objet lui était agréable. Il ne connaissait la forme de rien, ne distinguait aucun objet d'un autre, si différents qu'ils pussent être de forme ou de dimension; mais lorsqu'on lui dit ce qu'étaient les objets dont il connaissait déjà la forme, grâce au toucher, il les observait attentivement, de façon à les reconnaître; mais ayant trop d'objets à connaître à la fois, il en oublia beaucoup; comme il le dit, il apprit à connaître, puis oublia mille objets par jour. Je ne citerai qu'un détail, bien qu'il puisse sembler puéril. Ayant souvent oublié quel était le chat et quel le chien, il avait honte de le demander; mais il attrapa le chat, qu'il connaissait bien par le toucher, il le regarda attentivement, puis, le mettant à terre : « Ah! Ah! Minet! je vous reconnaîtrai une autre fois! » Nous crûmes qu'il comprenait ce que représentaient les images qu'on lui montrait; mais nous nous aperçûmes ensuite que nous nous trompions, environ deux mois après l'opération, il découvrit tout à coup qu'elles représentaient des solides; jusqu'à ce moment, il les avait regardées comme des plans à demi coloriés ou des surfaces diversifiées par plusieurs couleurs; mais, même dans ces conditions, il ne fut pas moins étonné; il s'attendait à ce que les images donnassent au toucher la même sensation que les objets qu'elles représentaient; il fut très surpris en voyant que les parties qui, grâce aux ombres et aux lumières, paraissaient rondes et inégales, donnassent la même sensation d'uni que le reste, et il demanda quel était le sens qui mentait : la vue ou le toucher?

Dans ce fait consciencieusement observé, il y a eu éducation, mais on est en droit de se demander s'il en eût été de même pour un enfant normal, non dépourvu de ses deux cristallins. Comment se serait comporté un enfant élevé dans l'obscurité? Comment se comporterait un animal qui aurait dès sa naissance et pendant plusieurs mois un épais bandeau sur les yeux? Voilà des expériences à faire pour arriver à des conclusions irréfutables. Les sensations accusées par l'enfant, dont l'observation précède, étaient fausses; les objets ne touchaient pas ses yeux. Un sourd qui entendrait tout à coup croirait le siège du bruit dans ses oreilles. Nos sens nous trompent donc — c'est là un fait connu — et le raisonnement doit être là pour redresser nos sensations. La vision binoculaire et les images renversées qui se forment sur la rétine et qui cependant nous donnent la position exacte des objets, ne le peuvent faire que par des raisonnements inconscients.

Faits démontrant l'existence du raisonnement. Bastian, Brehm, Darwin, Romanes.

L'analogie nous aide et nous guide dans cette route d'investigations arides et difficultueuses. La comparaison ne nous est pas toujours favorable. Ainsi Houzeau a remarqué que, tandis que les jeunes enfants sont incapables de localiser une douleur ou une sensation quelconque, les veaux nouveau-nés le font avec précision.

Citons des faits qui prouvent le raisonnement chez les animaux d'une façon irrécusable.

Le docteur Leuret (1) rapporte le récit suivant :

Un des orangs-outangs qui sont morts récemment à la ménagerie du Muséum avait l'habitude, quand l'heure du dîner était venue, d'ouvrir la porte de la chambre où il prenait ses repas en compagnie de plusieurs personnes. Comme il n'était pas assez grand pour arriver jusqu'à la clef de la porte, il se suspendait à une corde, se balançait, et après quelques oscillations, il atteignait bien vite la clef. Son gardien, que tant d'exactitude impatientait, prit un jour le parti de faire trois nœuds à la corde, qui, devenue trop courte, ne permettait plus à l'orang de saisir la clef. Celui-ci, après une épreuve infructueuse, *s'apercevant de la nature de l'obstacle qui s'opposait à ses désirs, grimpa sur la corde, se plaça au-dessus des nœuds et les défit tous trois* en présence de M. Geoffroy-Saint-Hilaire, qui m'a raconté le fait. Le même singe, voulant ouvrir une porte, son gardien lui donna un trousseau de quinze clefs ; le singe les essaya, jusqu'à ce qu'il eût trouvé celle dont il avait besoin. Une autre fois on lui mit dans les mains un morceau de fer dont il se servit comme d'un levier.

Le raisonnement semble ici irréfutable dans son existence, et cependant une seconde interprétation est encore possible. Le singe voyant opérer son gardien dans les divers actes de sa vie ordinaire et aidé de sa mémoire, n'a-t-il pas fait qu'obéir à l'imitation ?

Un autre fait — plus concluant et semblable en tout à ce que l'homme ferait en pareille circonstance — est rapporté par Darwin (2).

(1) Leuret, *Anatomie comparée du système nerveux*, Paris, 1839 ; t. I, p. 540.

(2) Darwin, *Descendance de l'homme*.

M. Gardener, tandis qu'il observait un crabe de rivage (*Gelasimus*) occupé à faire son trou, jeta quelques coquilles vers le trou. L'une y pénétra, les trois autres restèrent à quelques pouces de l'orifice. Au bout de cinq minutes environ, le crabe sortit la coquille qui était entrée, et l'emporta à la distance d'un pied environ; puis il vit les trois autres coquilles et pensant évidemment qu'elles pourraient elles aussi rouler dans le trou, les porta à l'endroit où il avait porté la première. Je crois qu'il serait difficile de distinguer cet acte d'un acte accompli par l'homme avec le secours de la raison.

Voici maintenant une multitude d'observations qui si elles ne sont pas dues au raisonnement, y ressemblent à n'en pas douter. La première est due au docteur Bastian, les autres à Brehm :

Un certain nombre de pigeons grosse gorge picoraient quelques grains d'avoine que l'on avait accidentellement laissé tomber en fixant le sac au nez d'un cheval; quand celui-ci eut fini tout le grain autour de lui, un gros *pouter* s'élança en battant furieusement des ailes, vola droit aux yeux du cheval qui secoua la tête et naturellement fit tomber ainsi quelques graines. Je vis cela se répéter plusieurs fois, toutes les fois, en réalité, que la provision se trouva épuisée.

J'ai eu plusieurs fois l'occasion de constater, — dit Brehm(1), parlant des singes cercopithèques, — que lorsqu'ils trouvent un arbre creux, ils cherchent s'il n'est pas habité par quelque reptile. Pour s'en assurer, ils commencent par y regarder, puis ils y appliquent l'oreille, et lorsque la vue, ni l'ouïe ne leur annoncent la présence de l'ennemi, ils y introduisent le bras, mais toujours avec beaucoup d'hésitation. — Le cynocéphale retourne toutes les pierres qu'il lui est possible de remuer pour y attraper les insectes, les escargots et les vers qui y sont cachés et dont il fait son régal; mais jamais il ne retourne une pierre, ne furette dans les broussailles sans s'assurer d'abord qu'il n'y trouvera pas un serpent.

(1) Brehm, *Merveilles de la Nature. Les Mammifères et les Oiseaux*. Édition française par Z. Gerbe.

Le lion se glisse quelquefois dans le fourré ou se tient tranquillement sur un point culminant pour observer les animaux du canton qu'il habite. J'ai eu l'occasion de vérifier moi-même l'habitude qu'a le lion d'examiner ainsi tout son domaine, afin de s'assurer dans quelle partie des environs il trouverait plus facilement du gibier la nuit prochaine.

Durant ses courses nocturnes, l'hyène examine minutieusement chaque objet, et si elle a quelque raison de croire qu'un danger est caché là-dessous, elle tourne le dos et continue son chemin dans une autre direction.

On peut voir quelquefois la belette courir de çà, de là se glisser à travers les herbes, les buissons, entre deux sillons, s'arrêter le cou tendu, la tête haute, regardant, écoutant.

Les coatis sociables fouillent le sol recouvert de branches et de feuilles sèches; l'un ou l'autre fourre son museau dans chaque trou; pas une fente, pas une crevasse qui ne soit explorée, mais jamais un même objet n'arrête longtemps la bande. Lorsqu'ils ont senti un ver dans le sol, une larve d'insecte dans le bois pourri, ils font tous leurs efforts pour s'en emparer.

A la pointe du jour, les vieilles marmottes sortent de leurs terriers, avancent la tête avec précaution, prêtent l'oreille et guettent de tous côtés pour s'assurer s'il ne se passe rien d'extraordinaire dans le voisinage; elles se hasardent enfin à faire quelques pas et se mettent à déjeuner.

Au coucher du soleil une viscaque sort, puis une autre. Après s'être assurée que le pays est sûr, la bande commence à rôder autour de la demeure commune. En animaux très prudents, jamais elles n'oublient de veiller à leur sécurité; l'une ou l'autre se dresse sur ses pattes de derrière. Au moindre bruit toute la bande s'enfuit en poussant des cris et se réfugie dans les terriers.

Tout est-il tranquille, le troupeau de gazelles erre un peu çà et là, sans abandonner le lieu qu'il occupe; mais au moindre danger il quitte la place. Il en est de même si le vent change. Les gazelles se tiennent sous le vent, de préférence sur le versant d'une colline, de façon à dominer la plaine qui s'étend devant elles et à être averties par le vent du danger qui pourrait leur venir du côté opposé. A la première alarme, elles gagnent le sommet de la colline et examinent attentivement la contrée pour voir quels sont les points qui leur offriront le meilleur abri.

Un grand éléphant sortit de la forêt à environ trois cents pas de l'étang et s'arrêta pour écouter. Il s'étaitavancé sans faire le moindre bruit et resta plusieurs minutes immobile comme un roc. Il s'avança, s'arrêta de nouveau, et cela par trois fois, restant chaque fois immobile pendant quelques minutes, ouvrant les oreilles pour mieux écouter. Il arriva ainsi jusqu'au bord de l'eau et demeura quelques minutes en observation. Puis se retournant silencieusement et prudemment, il rentra dans la forêt par où il était sorti. Cependant il ne tarda pas à reparaître, et cette fois avec cinq de ses compagnons; tous avec la même prudenee, mais moins silencieusement. Le guide plaça les cinq éléphants en sentinelles, rentra dans la forêt et en ressortit bientôt, suivi de tout le troupeau, composé de quatre vingts à cent individus. Tous marchaient silencieusement; je les voyais bien se mouvoir, mais je ne les entendais pas. Ils s'arrêtèrent à mi-chemin; le guide s'avança de nouveau, conféra avec les sentinelles, et une fois pleinement rassuré, donna l'ordre d'avancer; aussitôt le troupeau, oubliant toute idée de danger, se précipite dans l'eau. Toute trace de crainte et de timidité avait disparu. Voulant voir alors ce que produirait un bruit insignifiant, je cassai une petite branche et aussitôt tout le troupeau s'enfuit dans la forêt.

Les lieux que recherche l'érythrospize githagine sont les endroits dégarnis d'arbres. Il faut que cet oiseau timide puisse librement promener ses regards sur la plaine et sur les collines.

L'aigle fauve mange avec une grande prudence, et de temps à autre il regarde autour de lui. Au moindre bruit il s'arrête, regarde longtemps du côté d'ou lui vient le son et ne recommence à manger que quand tout est redevenu tranquille.

On voit les parridés en mouvement à tout instant du jour; jamais ils ne prennent de repos; ils volent d'un arbre à l'autre et grimpent le long des branches; leur vie n'est qu'une chasse perpétuelle. Peu d'oiseaux sont capables, comme eux, d'inspecter, de fouiller à fond un certain district et d'y trouver les insectes les mieux cachés.

Le martin-pêcheur vulgaire reste souvent des demi-journées entières à la même place, immobile, silencieux, attendant patiemment qu'une proie se montre. Si rien ne vient le déranger, il ne bouge que pour capturer une proie. A-t-il été heureux, il reste la plus grande partie du jour à la même place.

Le chevalier évite les forêts, les buissons, et il paraît agir ainsi par prudence. Il faut que de l'endroit où il se pose il puisse découvrir un vaste horizon; son sommeil est si léger que le moindre bruit suffit pour l'éveiller. Toute apparition inaccoutumée lui fait prendre la fuite.

La chroïcocéphale rieuse chasse pourtant toute la journée, se repose un instant et se remet à voltiger. Elle s'empare des insectes sur la terre et sur l'eau, les saisit aussi sur les feuilles et les attrape au vol. Elle quitte les lacs pour aller chercher sur les champs et les pâturages de quoi satisfaire son appétit; sa digestion faite, elle recommence la chasse.

Brehm (1) raconte encore les deux histoires suivantes se rapportant à des ours.

On voulait disséquer un ours du Jardin des Plantes, mais il fallait d'abord le tuer, on essaya infructueusement divers poisons que l'animal vomissait. Pour l'acide prussique, le plus terrible de tous, on eut le même insuccès, l'ours lavait dans son auge le pain empoisonné et le mangeait ensuite.

Dans le second cas, un ours blanc devait se prendre grâce à un morceau de lard de baleine attaché à une corde à nœuds coulants. Remarquant un nœud autour d'une de ses pattes, il se servit de l'autre pour le défaire. Une seconde amorce fut mise et l'ours écarta de côté la corde. Une troisième fut placée dans un trou profond pour que l'ours fût obligé d'y plonger

(1) Brehm, *Merveilles de la Nature, Les Mammifères.*

la tête, le tout était soigneusement caché sous la neige. L'ours mit tout à découvert, écarta avec précaution la corde et fit tranquillement son repas.

L'ours détache le licou d'une vache qu'il tue dans une étable, ce qui indique qu'il en connaît l'usage.

U. Van Ende cite ce fait d'un louveteau captif et enchaîné qui restait tranquille le jour; mais qui, la nuit tombée, se débarrassait de ses entraves. Il allait ainsi marauder dans les basses-cours voisines et revenait ensuite passer sa tête dans le collier, si bien qu'il resta longtemps sans être soupçonné du dégât.

Mon ami L. Wallet — un jeune naturaliste d'avenir — me signale aussi le fait suivant. On avait habitué dans sa famille un chat à la propreté en le faisant sortir quand il le demandait par ses miaulements. Un soir, c'était en hiver, il demande à sortir, la mère de mon ami quitte le tabouret à eau chaude, sur lequel elle avait les pieds, pour ouvrir la porte, aussitôt le chat de s'asseoir sur le tabouret. Il recommença à plusieurs reprises, à des jours différents, le même manège. C'était là, il faut en convenir, un ingénieux procédé pour se chauffer.

Dans un aquarium du Muséum d'histoire naturelle, on fit aussi l'expérience suivante, qui prouve le raisonnement chez un animal vorace et considéré comme stupide, le brochet. On mit dans un même réservoir, mais séparé en deux par une lame de verre un brochet et un autre petit poisson qui à l'état ordinaire lui sert de proie. Pendant deux mois, le dévorant donna à chaque instant tête baissée contre la paroi de verre qui le séparait de ce qu'il considérait comme devant être sa capture. Au bout de deux mois, il reconnut l'inutilité de ses efforts et on put enlever sans danger la lame de verre; dévorant et dévoré — en perspective — vécurent en bonne intelligence. On eût pu prolonger — ce qu'on ne fit pas — l'expérience pendant deux mois afin de constater si le brochet ferait en sens contraire le raisonnement primitif.

Les faits peuvent se multiplier à l'infini. Frédéric Houssay (1) en expose une multitude. Empruntons-lui-en deux ou trois, sauf à renvoyer le lecteur à son ouvrage.

Le *chlorion* est un Hyménoptère s'attaquant aux cafards ou cancrelas (Blattes). Il creuse son terrier dans les murs et le calcule sur le volume moyen de ses victimes. Si celles-ci ne peuvent entrer malgré ses efforts, il sort, regarde et coupe les élytres. La proie n'entre pas encore, il coupe la patte qui s'était placée en travers; il s'attelle à nouveau et la victime entre dans sa demeure.

La *Dromia vulgaris*, un crabe des côtes de France, s'abrite dans une grosse éponge fixée solidement à sa caparace, à l'aide de ses deux paires de pattes postérieures. L'éponge continue de s'étendre et dissimule son hôte, elle et lui ne font qu'un. C'est là un phénomène de mimétisme dont nous donnerons de nombreux exemples dans notre chapitre sur la peur. Si une lame sépare l'abrité de l'abritant, le premier se jette immédiatement sur sa couverture et la remet en place. Les pattes postérieures se sont modifiées profondément pour maintenir solidement l'éponge-abri.

Giebel rapporte l'incident d'un caniche qui, enfermé par le contrôleur de l'impôt avec d'autres chiens qui n'avaient pas payé la taxe, fit basculer le pène et s'échappa ainsi suivi de ses compagnons.

(1) Houssay, *Les Industries des animaux*. 1 vol. in-16 de la Bibliothèque scientifique contemporaine.

Vosmar a vu un chat soulever le marteau de la porte pour se faire ouvrir; nos amis G. Vitoux et G. Montorgueil ont observé le même fait.

Mademoiselle Marie Lebœuf me communique — en effet, voulant rendre ce livre aussi complet que possible, j'ai fait une véritable enquête par divers journaux(1) — le cas d'un chat « Paul » qui arrivait dès qu'on froissait du papier, ce qui signifiait une excursion chez le boucher. Ayant été mystifié plusieurs fois par un froissement de papier non suivi de promenade, il fallait qu'il entendît et reconnût celui du gros papier jaunâtre servant aux bouchers à envelopper la viande.

J'ai, à propos de la faculté de raisonnement chez le renard, reçu la lettre suivante qui semble en démontrer l'existence; et l'on pourrait en rapprocher quelques-unes des modifications de l'instinct déjà étudiées :

Au contact de la civilisation à laquelle il est si complètement mêlé, si le chien — que Michelet a qualifié de *candidat à l'humanité* — a perdu du côté de l'instinct ce qu'il a gagné du côté de l'intelligence, le renard à ce point de vue ne saurait lui être comparé.

Maître renard n'a jamais cherché à se frotter à la civilisation qui d'ailleurs ne lui a jamais fait beaucoup d'avances.

Cependant, en est-il réduit à l'instinct? Ne donne-t-il pas, lui aussi, des preuves d'intelligence? Au lecteur de répondre à cette question après avoir pris connaissance du fait suivant d'une rigoureuse exactitude.

On croit volontiers dans les campagnes que, pour s'assurer un gîte tranquille, le renard s'abstient scrupuleusement (les scrupules d'un renard!) de commettre ses méfaits accoutumés dans l'endroit où il a élu son domicile.

Est-ce vrai? oui! c'est vrai.

.... Au village de Sainte-Marguerite, « bien connu de celui

(1) *Voltaire, Revue universelle des Inventions nouvelles, Initiation, Roquet, Indépendance luxembourgeoise.*

à qui ce récit est envoyé » M. B... possédait une maison de campagne assez isolée. La basse-cour de cette petite propriété était de dimensions réduites : six mètres sur douze environ. A l'une de ses extrémités un vieux mur assez élevé et très rapproché de ce mur un noyer de forte taille. Joignant ce mur et ce noyer un tas de bois provenant de souches et de racines de cinq ou six stères, ce bois très négligemment empilé, formait un amoncellement plein d'anfractuosités, de cavernes. Un des côtés de la basse-cour avait pour clôture (de deux mètres et demi de hauteur environ) une palissade formée d'échalas plantés très rapprochés.

Voilà le théâtre. Voici maintenant la scène qui s'y produisait.

Pendant assez longtemps, vers les quatre heures de l'après-midi, les volailles jetaient des cris effarés, s'efforçant en même temps de prendre leur vol et donnant les signes les plus évidents de leur terreur.

Au plus vite on allait voir ce qui se passait; mais il ne se passait rien... d'apparent et comme après tout les poules n'étaient pas malades, comme la ponte continuait à être régulière, au bout de quelque temps on cessa de se préoccuper de leur vertige. Peut-être, furent-elles traitées de *névropathes* par leur propriétaire.

Cependant, dans d'autres maisons du village, on se plaignait beaucoup de la dépopulation croissante des poulaillers. M. B... fut par cette circonstance amené à se rappeler les habiles roueries dont on faisait honneur à l'esprit malicieux du renard. Un jour, aussitôt le vacarme quotidien, il fit procéder à l'autopsie du tas de bois... qui fut suivie de celle du renard. B. Ténivio (1), 2 avril 1890.

Mon ami Eugène Gosset m'a raconté le fait suivant qui atteste un raisonnement considérable et en même temps la présence de la mémoire chez le chien. Étant à la chasse avec un ami, il tira sur un perdreau et ne

(1) Ce nom est un anagramme du véritable, que l'auteur a pris sans doute pour me dispenser — à tort — de lui exprimer ici la vive et affectueuse reconnaissance que je lui dois et que j'ai réellement pour lui.

le voyant pas tomber, il crut s'être trompé, mais son ami avait en même temps vu tomber son perdreau et cru voir tomber l'autre tué par M. Gosset. Le chien de l'ami ne rapportant rien, les deux chasseurs s'en allaient, mais ils remarquèrent le manège d'un laboureur qui, lâchant sa charrue, s'en allait nonchalamment vers l'endroit où il espérait ramasser un bon déjeuner. Alors l'ami envoie son chien qui se dirige immédiatement et en droite ligne vers le perdreau qu'il rapporte. On sait que le chien, — malgré son flair si remarquable — hésite généralement et fait des zig-zags avant d'arriver à l'objet désiré; dans ce cas il avait été au but sans hésitation aucune, il avait donc dû se rappeler l'endroit où était tombé l'oiseau blessé. Alors dira-t-on, pourquoi ne l'avait-il pas rapporté de suite? probablement parce que son maître n'avait pas tué l'animal et ne lui avait pas commandé de rapporter la chasse d'un autre. Il ne croyait sans doute pas devoir l'obéissance à plusieurs personnes.

Veut-on maintenant des traits d'intelligence d'animaux moins élevés en organisation, d'oiseaux considérés camme stupides, la poule et l'oie par exemple? Voici.

M. Victor Meunier (1), raconte qu'une poule ayant couvé des œufs de canard, et ayant vu — après l'éclosion — se jeter à l'eau les cannetons avait été effarée comme le sont toutes les poules en pareil cas. Jusque-là rien d'extraordinaire, mais à une seconde tentative pour lui faire couver des œufs de canard, elle résiste; on lui donne alors des œufs de son espèce, elle les couve. On essaye ensuite de faire encore d'elle la mère adoptive de petits palmipèdes; outrée, elle jette alors les œufs

(1) Victor Meunier, *Animaux perfectibles*.

en dehors du panier, les piétine et les brise. Il eût été curieux de mélanger ensuite des œufs de poule et de cane et de voir si la poule les eût triés.

Une oie — non contente de descendre sans doute d'ancêtres qui avaient sauvé le Capitole — sut garder un moulin pendant douze ans (1), elle en éloignait les mendiants et les voleurs.

Fulbert Dumonteil cite — d'après le même auteur — le cas d'une oie — au moulin de Tuberraken — qui, voyant une poule terrifiée de voir ses petits — encore des canards — s'ébattre dans la rivière, lui offrit son aide bienveillante. Elle s'approcha de la poule qui monta sur son dos et s'y assit commodément pour, de là, surveiller ses enfants d'adoption!

Le Dr G. Wallet et M. Risse me communiquent le fait suivant qui prouve à la fois le raisonnement et la compréhension du langage humain chez le chien. Un tapissier de Villers-Cotterets avait habitué son chien à lui découvrir la tête lorsqu'il disait : J'ai chaud » et de lui apporter une chaise quand il disait : « Je suis fatigué ». Un jour qu'il prononçait ces derniers mots et qu'il n'y avait pas de chaise près de lui, le terre neuve s'en fut chez le voisin d'en face où tout était ouvert, car c'était l'été, bouscula une vieille femme et rapporta la chaise de la personne renversée.

Ces faits sont peut-être des accidents de pur hasard, mais joints aux précédents, à tous ceux que l'on pourrait citer encore, à ceux qui viendront dans la suite de cet ouvrage comme appartenant principalement à d'autres ordres de phénomènes, ils prouvent sans conteste un certain degré de réflexion et de raison chez les animaux.

(1) Colonel Henry Gay, *L'Intelligence des animaux*.

CHAPITRE IV

LES FACULTÉS DE CONCEPTION

Facultés de conception : mémoire, association des idées et imagination. — Qualités génériques et exemples. — Acrobaties des animaux, preuves de mémoire. — Théories de la mémoire, les matérialistes Luys et Romanes. — L'association des idées. — Exemples de mémoire : Romanes, Preyer, Galien, Kussmaul. — La mémoire héréditaire et la mémoire individuelle. — Gastéropodes, Céphalopodes, Crustacés, Hyménoptères : Huber, sir Joh Lubbock, Carl Vogt. — Les animaux supérieurs. — Reconnaissance de portraits. — Association d'idées et de sensations, théories : Herbert Spencer, Bain, Romanes. — Degrés d'imagination et exemples, idées qui en dérivent.

L'animal acquiert, — nous l'avons vu, — des connaissances, il voit, étudie, utilise le monde extérieur. Mais ce n'est pas tout, il conserve et emmagasine ses perceptions, il a de *la mémoire*, *il associe des idées*, il *crée des idées ou les éveille*.

La mémoire est *facile* quand elle sert rapidement à l'acquisition de la connaissance ; elle est *tenace* quand elle la conserve longtemps ; elle est *prompte* quand elle la reproduit facilement.

On se souvient surtout de ce qui plaît, de ce qui frappe ou de ce qui est utile.

Le raisonnement ne peut se faire sans mémoire et les exemples que nous avons déjà cités — et réciproquement ceux que nous allons donner — sont en même temps que des preuves de l'existence de la raison, des preuves de l'existence de la mémoire chez les animaux. Il est probable qu'elle est subordonnée comme chez l'homme à des conditions physiologiques (santé qui la conserve, maladie qui l'annule), à des conditions psychologiques (volonté par l'attention ou sensibilité qui l'augmente).

Qualités génériques des facultés de conception et exemples.

On ne peut guère séparer la mémoire de l'association des idées qui rassemble les matériaux de la connaissance, les relie et les enchaîne les uns aux autres de sorte qu'ils s'éveillent mutuellement en l'esprit.

Ainsi le chien qui bondit joyeusement quand il voit son maître prendre son chapeau ou son fusil, symboles de promenade ou de chasse, accuse de la mémoire d'abord, puis montre l'enchaînement qu'ont pour lui les idées de fusil et de promenade.

L'âne se souvient à merveille de qui l'a maltraité ou ennuyé et M. G. de Cherville n'hésite pas à le déclarer après le chien « le plus intelligent de nos animaux domestiques et encore l'emporte-t-il sur celui-ci par la rectitude de sa raison (1) ».

Il en était de même pour une cigogne apprivoisée qui suivait aussitôt l'homme qu'elle voyait s'armer d'une pelle ou d'une ligne, car ces engins lui annonçaient un butin de vers de terre ou de petits poissons.

L'arme est pour l'animal un objet inerte dont il calcule rapidement la portée, et dont il se souvient. Le soko arrache la lance des mains du chasseur et la brise. Le marabout ne laisse pas approcher le chasseur à une distance efficace.

La mémoire est la base de la défense de l'animal, elle sert à son instruction, à son éducation, à sa vengeance.

(1) Cherville, *Le Temps*, 11 avril 1890.

Acrobaties des animaux, preuves de mémoire.

Ici peuvent trouver place les acrobaties que l'on fait faire aux animaux et qui prouvent leur souplesse et leur malléabilité au point de vue éducatif, leur mémoire, leur facilité de compréhension, au point de vue de l'intelligence générale.

Il y en effet dans les fêtes foraines des puces savantes, des souris savantes, des chats savants, des chiens savants, des éléphants savants, que sais-je? On y voit défiler tous les animaux de la Création!

Ainsi il y avait récemment aux Folies-Bergère trois éléphants remarquables. Ils plaçaient leurs quatre pattes sur un espace très restreint; l'un d'eux se mettait à table une serviette autour du cou et mangeait avec la distinction et l'habileté qu'aurait pu lui envier le convive le plus exigeant du *high life*. L'un d'eux manœuvrait un tricycle avec l'élégance consommée d'un parfait veloceman. Tous trois se tenaient à merveille sur leurs pattes de devant, les pattes de derrière étant relevées.

On trouve — se rapprochant de ces faits — celui d'un chimpanzé qui servait à table, changeait les assiettes à mesure du besoin et versait à boire. Bien rarement il se trompait (Horace Pelletier) (1).

On voit aussi parfois des chiens qui indiquent par leurs aboiements l'heure marquée sur une montre; des ânes qui montrent la personne la plus amoureuse de la société; des serins qui jouent aux cartes et gagnent.

Sous le titre *Un aide-mécanicien* « la *Revue des inventions nouvelles* » de mon ami Henri Farjas rap-

(1) Horace Pelletier, *L'Intelligence des animaux* (*Revue scientifique*).

porte le fait suivant qui est à rapprocher des précédents :

Un chien, appartenant au conducteur de la locomotive 86, faisant le service du Denver et Rio Grande Rail road, peut être cité comme un des exemples les plus remarquables d'intelligence de sa race.

Il fut engagé avec son maître, résidant à Salida (Colorado), pour passer deux ans et demi sur la même machine; son apprentissage commença à l'âge de six mois; et les débuts furent marqués par une crainte qui se dissipa rapidement.

Il entre maintenant dans un hangar renfermant vingt-huit locomotives, reconnait la sienne, s'y installe, et, en l'absence de son maître, la défend contre tout venant.

Pendant la marche, il s'installe à côté du chauffeur, passant au dehors les deux pattes de devant et la tête, pour observer la voie qui traverse de vastes plaines sillonnées de troupeaux. Il les sent parfois à plus d'un mille. Dès qu'ils sont en vue, il devient agité et ne cesse de regarder les animaux, puis son maître, comme pour lui faire comprendre la gravité de la situation. Plus on approche, plus il s'agite; il devient nécessaire d'arrêter complètement la marche pour ne pas écraser les animaux qu'aucune barrière ne retient à distance, il bondit, s'élance en avant et force les délinquants à livrer passage au train.

Lorsqu'on veut communiquer avec les habitations situées parfois à une distance considérable de la voie ferrée, on lui attache au cou un billet qu'il va porter; il revient immédiatement avec la réponse. Il obéit au premier signal de la machine à laquelle il est attaché, tandis que le sifflet et les cloches des autres locomotives le laissent indifférent; il reste également tranquille et ne manifeste aucune agitation lorsque les troupeaux rencontrés sont rangés des deux côtés de la voie et ne courent aucun danger.

Qu'il y ait là tels artifices que l'on voudra, tels signaux déterminés à l'avance et presque imperceptibles, ces faits n'attestent pas moins une éducabilité qui dirigée dans le sens du dernier fait donnerait les meilleurs résultats et qui prouvent en même temps une facilité étonnante de mémoire.

Houzeau a remarqué la facilité pour l'animal de remarquer des mouvements même imperceptibles. Il lui est arrivé souvent — étant à cheval — de vouloir s'arrêter à un endroit déterminé, de l'oublier et cependant le cheval s'arrêtait : son *inconscient* avait imperceptiblement voulu. Il a vu également un éléphant indiquer l'âge des visiteurs par le nombre de frottements de l'ongle de son maître sur une canne.

Théories de la mémoire : les matérialistes Luys et Romanes.

Les cellules nerveuses des animaux emmagasineraient donc les impressions et les idées et les reproduiraient au moment voulu. C'est la reviviscence des sensations, la phosphorescence organique du docteur J. Luys. Comparant ces phénomènes à la phosphorescence de certaines substances minérales qui luisent dans l'obscurité lorsqu'on les a préablement exposées à la lumière, il voit dans la mémoire un véritable emmagasinement d'idées pouvant en sortir à volonté. C'est pourquoi il a appelé la propriété des cellules nerveuses à vivre et à revivre les idées, la *phosphorescence organique.*

Cette théorie matérialiste concorde avec celle de Romanes : « La mémoire, envisagée par son côté physiologique, ne signifie qu'une chose : c'est qu'une décharge nerveuse ayant une fois eu lieu selon une certaine route, laisse derrière elle un changement moléculaire, plus ou moins permanent, tel que, lorsqu'une autre décharge suit plus tard la même route, elle y trouve pour ainsi dire la trace des pas de celle qui l'a précédée. » Les mouvements coordonnés et répétés en vue d'un acte organisé, indécomposable, arrivent à se faire même en l'absence de l'élément mental.

Le centre nerveux *se rappelle* l'occurence de ses décharges antérieures par suite de l'*impression* laissée sur le ganglion. Il en est de même pour les idées à l'égard des hémisphères cérébraux. Un ganglion peut oublier, avec le temps, son ancienne fonction, mais il peut aussi la réacquérir.

L'automatisme des actes voulus à l'origine et les réflexes ne peuvent s'expliquer autrement.

L'association des idées.

La mémoire simple donne en se développant l'*association des idées*. Les impressions, les images, les sentiments peuvent se juxtaposer et être éveillés en même temps. Romanes arrive à comparer les idées et les muscles « car, dit-il, tenant pour accordé que la même idée est toujours éveillée par l'activité du même organe nerveux, élément ou groupe de cellules et fibres, et n'est éveillée que par elle, il s'ensuit que tout changement mental particulier ressemble à une contraction musculaire en ce sens qu'il est le résultat ultime de l'activité d'un organe nerveux particulier ». Les faits de l'hypnotisme sur l'homme, dus à l'École de la Salpêtrière donnent raison à ces vues; en effet, un sujet cataleptique, par le sommeil provoqué, prend toutes les émotions qu'on lui donne par de simples mouvements musculaires. Ferme-t-on le poing, on a la colère et tout le corps en a l'attitude; met-on la main aux lèvres, la figure est souriante et le sujet envoie des baisers. Il est vrai que l'École de Nancy (1)

(1) Voyez Beaunis, *Le somnambulisme provoqué*, 1 vol. in-16 de la Bibliothèque scientifique contemporaine.

ne voit là qu'une éducation du sujet; et que d'autres expérimentateurs, qui ne sont d'aucune Ecole, voient là de la transmission de pensée. N'insistons pas sur cette question qui nous entraînerait trop loin, mais elle était bonne à signaler pour montrer comment un ensemble de faits peut recevoir les interprétations les plus diverses.

L'association des idées, d'après Romanes, est due à une série de décharges nerveuses à cause de l'union des divers groupes de cellules; l'intensité allant en décroissant pour devenir nulle, sinon on éveillerait d'un seul coup toutes les idées d'un individu. La route des décharges se trace, se fraye et a toujours tendance à être la même, fuyant les sentiers peu battus; d'où l'apparition constante des mêmes idées pour l'une d'entre elles, déterminée.

Ces vues de l'esprit sont ingénieuses, rationnelles peut-être, mais sûrement hypothétiques et non vérifiables!

Exemples de mémoire : Romanes, Preyer, Galien, Kussmaul. — La mémoire héréditaire et la mémoire individuelle.

La mémoire s'applique aux idées, aux sensations, aux objets. Sigismund a essayé de fixer l'apparition de la mémoire chez les enfants par les sensations. Le goût sucré est préféré dès le premier jour (Preyer) et il subsiste bien après le sevrage (Sigismund). Ces deux observateurs disent que l'enfant ayant tété plusieurs fois et à peine âgé de quelques jours peut reconnaître le changement de lait. C'est ce qui a fait affirmer à Sir B. Brodie que si un veau ou un enfant n'a jamais été nourri par sa mère, il est beaucoup plus aisé de l'élever artificiellement que s'il a tété, ne fût-ce qu'une fois (Darwin). De même Réaumur raconte que les larves ayant vécu quelque temps d'une plante aiment mieux mourir que de se nourrir d'une autre plante que cependant elles eussent parfaitement acceptée si elles y eussent été accoutumées dès le début (Kirby et Spence).

Galien a cru à la mémoire héréditaire ou instinct et l'a montrée par une expérience sur les animaux. Il prit un chevreau nouveau-né et n'ayant pas encore pris la mamelle, et le plaça devant une rangée de vases semblables remplis de produits différents : lait, vin, huile, miel et farine. Le chevreau flaira chaque vase et choisit celui qui contenait le lait.

Le professeur Kussmaul expérimenta sur une série d'enfants nouveau-nés avant de les mettre à la mamelle. Il leur mouilla la langue avec du sucre ou avec des solutions salées, vinaigre, quinine. La première substance amenait la satisfaction; les autres, des grimaces.

La mémoire héréditaire ou instinct est intimement liée à la mémoire individuelle. Le professeur Preyer — opérant sur des poussins nouveau-nés — plaça devant l'un d'eux un peu de blanc d'œuf cuit, un peu de jaune d'œuf cuit et un peu de graine de millet. Le poussin picora aux trois substances, même à des fragments de coquille, à des grains de sable qui se trouvaient sur le plancher. Il préféra le jaune d'œuf. Preyer enleva les substances et les rapporta au bout d'une heure ; le poussin les reconnut et y picora, laissant de côté les substances non comestibles ; et cependant dans la première expérience il n'avait pris qu'une fois du blanc d'œuf et une seule graine de millet.

La mémoire associe les idées par ressemblance, contiguité ou contraste. Il se fait des chaînons plus ou moins nombreux.

La force de contiguité unit dans l'esprit des mots qui ont été prononcés en même temps, la force de similitude amène ensemble des souvenirs d'époques différentes et de circonstances et connexions également différentes, et de plusieurs séries anciennes fait une nouvelle série (Bain).

Romanes considère l'âge de sept semaines comme étant celui où il faut placer la première preuve de l'existence de la mémoire dans l'association des idées. A cette époque les enfants reconnaissent le biberon, objet artificiel, sans odeur et « n'ayant aucun rapport avec l'hérédité ». Cependant là encore il serait bon de voir si les ascendants n'ont pas été élevés de cette manière. Il a constaté chez son propre enfant l'accroissement de cette faculté à neuf semaines.

Aussitôt que sa bavette avait été mise, ce qui se faisait toujours et uniquement au moment de lui donner le biberon, elle cessait de crier pour le biberon. A ce même âge, je remarquai que lorsque je mettais son chausson de laine sur sa main, elle le contemplait avec grande attention, comme si elle s'apercevait que quelque changement singulier était survenu dans l'apparence habituelle de sa main. A dix semaines, elle connaissait si bien son biberon qu'elle en plaçait elle-même la tétine dans sa bouche quand on le lui permettait, elle tenait elle-même la bouteille pendant qu'elle tétait. En général, cependant, elle ne réussissait pas dans ses tentatives d'introduction de la tétine dans la bouche, et cela par défaut de coordination des muscles; la tétine venait frapper diverses parties de son visage; alors elle criait pour que sa bonne vînt l'aider. Preyer raconte qu'à l'âge de huit mois, son enfant était capable de classer toutes les bouteilles de verre comme ressemblant à son biberon ou appartenant à la même classe d'objets. Je puis ajouter que, à sept semaines, mon enfant se mettait à crier dès qu'on la laissait quelques minutes dans une chambre sans bruit; c'est là un fait qui semble indiquer aussi une faculté rudimentaire d'associer les idées, et la perception d'un changement dans l'état de de son entourage habituel.

Gastéropodes, Céphalopodes.

Continuons nos emprunts à Romanes (1), car, — comme nous le disions dans notre préface — nous ne pouvons, nous ne devons pas inventer, mais prendre les faits bien et dûment constatés, pour nous borner à les étiqueter et à les classer.

Les premiers signes de mémoire se montrent chez les gastéropodes (2). La *patelle* cherche sa nourriture et retourne ensuite à son domicile dans le roc. C'est un cas de mémoire des lieux qui existe peut être plus bas dans l'échelle organisée.

Les huîtres, dans les parcs d'ostréiculture, apprennent à garder fermées leurs coquilles plus longtemps qu'à l'état normal. Cela suppose l'existence d'une faculté mnémonique. Darwin remarque, d'après Dicquemares, qu'on arrive à ce résultat en sortant fréquemment l'huître de l'eau et en l'y remettant.

Le *solen*, effrayé au sortir de son trou, y demeure ensuite longtemps, quoiqu'on fasse pour l'en déloger.

Hollmann rapporte le cas d'un octopus se rappelant sa lutte avec un homard. En effet, ce dernier fut exterminé par l'octopus qui avait escaladé une cloison verticale pour arriver à lui.

Schneider prétend que les céphalopodes connaissent leurs gardiens.

L'escargot (fig. 3) a plus de mémoire encore. Darwin rapporte ce fait d'après M. Lonsdale. Celui-ci a vu un *Hélix pomatia* repasser par-dessus un mur de jardin pour retrouver un compagnon malade qu'il avait laissé la veille et qu'il revint chercher. On est

(1) Romanes, *Intelligence des animaux*.

(2) Voyez Jourdan, *Les sens chez les animaux inférieurs*, 1 vol. in-16 de la Bibliothèque scientifique contemporaine.

en droit de se demander si l'observateur était resté vingt-quatre heures près des escargots et s'il leur avait fait une marque distinctive !

Crustacés, Hyménoptères.
Huber, sir John Lubbock, Carl Vogt.

On prétend que l'astérie enlevée de ses œufs y retourne. Cependant Romanes cherchant la mémoire chez les Echinodermes ne l'a pas trouvée.

Il a été aussi impuissant — à son grand étonnement — pour les crustacés supérieurs ; c'est ainsi que montrant des ciseaux à un bernard-l'hermite il put cependant lui couper peu à peu les antennes sans que la vue des ciseaux le fasse rentrer avant la section.

On a vu un homard monter la garde sur un tas de petites planches minces au-dessous duquel il avait auparavant caché de la nourriture.

La mémoire a été bien étudiée et démontrée chez les fourmis par MM. Bates, Belt, Müller, Moggridge, Lincecum, Mac-Cook et sir John Lubbock. Elles s'aperçoivent des odeurs et en ont la mémoire, — d'après ce dernier observateur. — En effet, plaçant un pinceau saturé de différentes essences à proximité du parcours des fourmis, il remarqua ceci :

Les unes passaient sans broncher, les autres s'apercevant de l'odeur, s'arrêtaient et rebroussaient chemin. Mais bientôt elles revenaient et passaient outre. Après une ou deux répétitions de ce manège, l'indifférence leur semblait le plus souvent acquise.

Huber reconnut, il y a longtemps, que les fourmis se suivent à la piste et qu'on les embarrasse profondément en creusant du doigt une piste ; cependant en la cherchant, elles la retrouvent et continuent leur route. Le sens de la direction semble indiqué par ce fait,

Fig. 3. — Escargots.

mais l'expérience suivante de sir John Lubbock est plus concluante encore tant en faveur de la direction, qu'en faveur de la mémoire.

Ayant accoutumé des fourmis (*Lasius niger*) à passer et repasser sur un pont en bois qui conduisait à leur pâture, il choisit le moment où il s'en trouvait une sur le pont pour le retourner de bout en bout. « Le plus souvent, la fourmi faisait de suite volte-face ; mais si par hasard elle continuait tout droit son chemin, c'était pour se retourner en arrivant à l'extrémité du pont. »

M. Belt versa dans son jardin, à un an d'intervalle, deux fois de l'eau phéniquée sur deux fourmilières. A la seconde fois il y eut une véritable émigration de la seconde fourmilière à la première.

Carl Vogt (1) raconte que pendant une période de plusieurs années, il fut constaté que des fourmis occupant un certain nid se rendaient par des rues fréquentées à la boutique d'un pharmacien pour y puiser du sirop à un certain vase.

Huber a constaté que les fourmis d'une même communauté se reconnaissent et se font bon acceuil même après quatre mois de séparation, tandis qu'elles maltraitent et tuent toute étrangère. Sir John Lubbock attribuant ce fait à l'odeur propre à chaque communauté prit des fourmis à l'état de chrysalides et les remit complètement développées dans leurs nids ; les nouvelles venues furent reconnues comme des compatriotes. Il alla plus loin. Il partagea en deux, au mois de septembre, un nid ayant deux reines, mais ni larves ni œufs. En avril, les deux reines pondirent, et en août — près d'un an après le partage —

(1) Vogt, *Thierstaaten*.

l'observateur mélangea les jeunes insectes dans les nids, ils furent bien accueillis tandis que les étrangers en étaient sévèrement bannis.

Il y a là des faits qu'on ne peut classer en dehors de la mémoire, quel que soit le moyen de reconnaissance, odeur, signe distinctif.

Forel a constaté chez les fourmis amazones que les esclaves sont également reconnues, même après quatre mois de séparation. Quelle que soit la surface de la colonie — fût-ce de deux cents mètres carrés comme dans le cas de Forel — toutes les fourmis se connaissent.

Sir John Lubbock a également constaté le sens de la direction et la mémoire chez les guêpes et les abeilles :

> J'ai pu garder un spécimen de *Polistes gallica* pendant près de neuf mois. Cette guêpe se régalait volontiers sur ma main, mais dans les commencements elle manifesta quelque inquiétude en sortant son dard comme pour se tenir prête à piquer. Peu à peu, elle parut s'accoutumer à moi, et quand je la prenais dans la main, elle semblait compter, sur un régal. J'en vins même à la caresser sans l'effrayer, et pendant plusieurs mois, je ne lui vis jamais sortir son dard.

Il semble y avoir ici mémoire, non de localité, mais de personne. Le souvenir des lieux est prouvée par l'expérience suivante du même observateur.

Une guêpe se butait, pour retrouver son nid, contre une fenêtre fermée. Sir John Lubbock la conduisit en quelque sorte, à la fenêtre opposée qui était ouverte, à trois reprises différentes et la quatrième fois elle sut elle-même trouver son chemin. Ce qu'elle fit au moins quarante fois ce jour-là et cent ou deux cents fois les jours qui suivirent. En revanche une autre guêpe parut avoir oublié le lendemain son expérience de la veille.

Sir John Lubbock place une abeille dans un bocal et la fait sortir en l'inclinant. Il constate ensuite qu'elle se tire d'affaire toute seule.

Nous avons insisté sur ces faits de mémoire d'animaux considérés comme inférieurs au point de vue de l'organisation physique. Quant aux animaux plus élevés dans l'échelle des êtres, les faits se multiplient de plus en plus et deviennent ordinaires en quelque sorte.

Les animaux supérieurs.

Romanes cite encore des phénomènes chez les scarabées, les perce-oreilles et la mouche domestique.

Pour les vertébrés, la mémoire ne peut plus être mise en doute. Les poissons se rappellent, dans la suite des années, la localité où il faut frayer, la manière d'éviter les hameçons, de retirer les petits d'un nid qui a été dérangé, et savent associer le son d'une cloche avec l'arrivée de la nourriture.

Batraciens et reptiles se rappellent les localités.

Les tortues voyagent tous les ans.

L'hirondelle reconnaît son nid.

On a prétendu que les chats ne se rappelaient que leur domicile et non leurs maîtres (Buffon), mais de nombreux exemples le démentent d'une façon péremptoire. J'ai vu, moi-même, lors d'un déménagement de ma famille pour un village voisin, le chat suivre la dernière voiture de meubles. Mon ami Gabriel Schnée m'a rapporté également qu'éloigné de chez lui pendant trois ans, son chat le reconnut au retour et lui fit fête, ce qu'il ne faisait à personne autre.

On cite encore des grenouilles, des crapauds qui

ont vécu des années reconnaissant leurs amis; des crocodiles et des serpents vivant en bonne intelligence avec des personnes déterminées; des perroquets et autres oiseaux accourant lorsque leurs maîtres les appelaient; des chiens reconnaissant des portraits.

Reconnaissance de portraits.

M. Crehore (1) raconte qu'un terrier Dandie Dimmont dont la maîtresse était morte était à jouer avec des enfants dans une chambre, lorsqu'on apporta de la défunte une photographie agrandie qu'il n'avait jamais vue. « Bientôt les regards de l'animal rencontrèrent le portrait que l'on avait déposé à terre en l'appuyant contre le mur. A cette vue, il fut pris d'un tremblement de tout le corps, puis se traînant sur le plancher, il alla s'asseoir devant la photographie et se mit à aboyer fortement comme pour reprocher à sa maîtresse de ne pas lui parler. On essaya plusieurs fois de changer le portrait de place, mais chaque fois le chien s'établit en face de lui et recommença à aboyer. »

M. Charles W. Peach communique au même journal anglais un fait analogue. On apportait un jour son portrait que son vieux chien se mit à regarder avec attention :

Bientôt il devint fort excité, gémissant, cherchant à lécher et à gratter, bref témoignant une telle émotion que nous mêmes qui connaissions son intelligence nous en étions tous émerveillés; nous avions peine à croire qu'il eût reconnu mon image, mais une fois que le portrait eût été mis en place dans le salon il fallut bien nous rendre à l'évidence. Profitant de ce que l'on avait laissé la porte ouverte sans songer à lui, l'animal eut bientôt fait de se ren-

(1) Crehore, Lettre au journal anglais *Nature*.

dre compte de la position du tableau et reprit aussitôt ses manœuvres; si bien qu'attirés par le bruit qu'il faisait nous vînmes voir ce qui passait et le trouvâmes juché sur une chaise au moyen de laquelle il s'efforçait d'atteindre le portrait, la salle étant basse. Redoutant des dégâts, je fixai ce tableau à une plus grande hauteur. Mais mon chien n'en continua pas moins à lui prodiguer ses attentions, car chaque fois que je m'absentais, fût-ce pour longtemps ou non, il passait la plus grande partie de son temps à le comtempler, et comme il semblait y trouver quelque satisfaction, on lui faisait la faveur de laisser la porte ouverte. Quand mon absence se prolongeait, il accompagnait sa contemplation de faibles gémissements en manière de protestation. Il continua de se comporter ainsi jusqu'à sa mort.

Le singe est capable de la même mémoire, ainsi mon ami Gabriel Schnée, — déjà cité, — a vu un singe placer à plusieurs reprises une photographie sur son cœur. Cette photographie représentait le fils de la maison mort depuis quelques mois. Je suggérai de faire l'expérience suivante : Présenter au singe une autre photographie d'homme de même dimension, la faire examiner au singe avant de la lui abandonner et voir quelle serait sa conduite; dans le cas d'insuccès en présenter une de femme de même grandeur, et enfin opérer de même avec des photographies plus grandes ou plus petites. L'expérience fut faite.

On a alterné en présentant au singe à plusieurs reprises une photographie de femme de même grandeur, chaque fois il s'est abstenu de sa mimique sentimentale et il regardait d'une façon interrogative la personne qui la lui présentait.

Deux photographies d'homme lui ont été présentées; pour l'une d'elles il a hésité d'abord puis sans encouragement il l'a pressée sur son cœur. On lui a alors présenté celle de son maître et il a rejeté la précédente; quant à la seconde photographie d'homme il la contemplait sous toutes ses faces mais ne l'embrassa pas, bien qu'on l'y excitât.

M. H. Wanner, étudiant en médecine à Lausanne me cite un chien achetant le journal de son maître, et ne se laissant jamais tromper malgré les essais que l'on fît dans ce sens et aboyant alors jusqu'à sa réussite.

Certains animaux ne reconnaissent que *le costume*, il est arrivé à des gardiens de ménageries et de bêtes féroces d'être obligé de remettre leurs vieux habits pour pouvoir entrer dans la cage de leurs bêtes. Voici un fait analogue :

Mon ami le vicomte Camille Ordener, — qui fut quatorze ans marin, — avait rapporté de ses voyages sur la côte d'Afrique (Sénégal) toute une volière de jeunes oiseaux qu'il éleva lui-même. En France, un serin survécut seul et il conserva la mémoire de l'habillement de celui qui l'avait élevé. Il ne chanta pendant l'absence de celui-ci, que quand il voyait une personne revêtue de l'uniforme qu'il affectionnait. Cette personne venait-elle à parler, l'oiseau se taisait et semblait ainsi reconnaître son erreur et se souvenir du timbre de la voix de son maître. Au retour de M. Ordener, on lui raconta l'histoire et avant de se présenter à l'animal, il le siffla comme il avait l'habitude de le faire, aussitôt l'oiseau chanta.

La mémoire des *odeurs* rentre aussi dans le même ordre d'idées. Les chiens retrouvent à merveille leurs maîtres ou les objets qu'ils ont touchés. Mon ami, le Dr J. Gérard frotta de ses mains un sou que venait de toucher le baron de Weisweiller, afin de substituer une odeur inconnue à celle qui était familière au chien. On cacha la pièce de billon et on fit venir le chien resté en dehors : il retrouva rapidement l'objet caché.

L'éléphant, le cheval, le singe, reconnaissent leurs maîtres, il est à peine besoin de le dire. Ils reconnaissent les lieux dans lesquels ils ont passé et même le son de voix ou les habits de personnes qui leur sont chères, et s'il est quelque chose de dit et de répété c'est le fait de se souvenir chez les animaux supérieurs.

Par exemple, le chien, — qui est notre défenseur, notre gardien, notre serviteur et notre ami, — est parfois notre vengeur. C'est ainsi que fut vengé en l'an 1371 un gentilhomme de la cour de Charles V, Aubry de Montdidier, assassiné dans la forêt de Bondy par le chevalier Macaire, jaloux de sa faveur auprès du roi. Le chien de la victime fit d'abord trouver le cadavre de son maître qui reçut une sépulture honorable, et ensuite s'élançant sur Macaire chaque fois qu'il le rencontrait, éveilla les soupçons du roi. Un duel judiciaire, où le chien triompha, amena l'aveu du coupable, qui fut pendu.

Aussi n'insisterons-nous pas, d'autant plus qu'on en retrouvera de nombreux exemples au chapitre des affections — et ces sentiments comportent forcément la mémoire de la personne aimée.

Nous avons vu les connexions intimes de l'imagination avec la mémoire et l'association des idées, car il est difficile pour ne pas dire impossible, de se rappeler une chose sans qu'elle éveille en l'esprit son image ou l'idée de tout ou partie de ses propriétés.

Association d'idées et de sensations. Théories. Herbert Spencer, Bain, Romanes.

Le souvenir d'une sensation et sa représentation en quelque sorte, existe chez l'enfant qui reconnaît un changement de lait. Une personne très occupée ou absorbée peut entendre, après coup, sonner une horloge ; sur le moment, son attention non éveillée n'a rien perçu, puis quelques instants après l'imagination reproduit la perception. On a eu, comme on dit vulgairement, une absence, mais l'inconscient, le moi II, a perçu et aidé de l'imagination, il rend compte au moi conscient, au moi I, de ce qu'il a vu ou entendu.

L'idée, d'après Herbert Spencer, est un réveil de sensation. Pour Bain, l'idée d'une sensation amène un changement cérébral identique, comme nature et comme siège, mais moindre comme intensité, que celui produit par la sensation originale. Voici d'ailleurs les expressions mêmes de ces auteurs :

L'idée, dit Herbert Spencer, est une faible et imparfaite répétition de l'impression originale. Il y a d'abord une manifestation vive, présente ? puis, dans la suite, il y a une manifestation représentée semblable à la première, sauf en ce qu'elle est beaucoup moins distincte (1).

De quelle manière, dit M. Bain, le cerveau peut-il être occupé par une sensation renouvelée de résistance, par une odeur, par un son ? Il semble qu'il n'y ait qu'une seule réponse admissible : *La sensation renouvelée occupe les mêmes parties que la sensation originale, et de la même manière qu'elle, et non d'autres parties, ni d'une manière différente* (2).

Ce sont là des théories séduisantes, mais rien que des théories. Nous sommes encore tellement ignorants sur le cerveau et la cérébration que nul ne peut encore se prononcer. Ne sait-on pas qu'un apoplectique devenu aphone peut recouvrer la parole et que néanmoins — on le constate à l'autopsie — la lésion a subsisté. Ne sait-on pas encore — et c'est là une douche qu'il est

(1) Herbert Spencer, *First Principles*.
(2) Bain, *Senses and Intellect*.

nécessaire d'appliquer de temps à autre aux esprits aventureux — que notre grand Bichat avait soutenu la thèse de l'égalité des hémisphères cérébraux pour le bon équilibre de l'intelligence et que lui — dont jamais personne n'a mis en doute la parfaite raison et la science incommensurable — avait un hémisphère à peu près atrophié.

Degrés d'imagination et exemples, idées qui en dérivent.

La faculté de former, de représenter ou de créer des idées constitue l'*imagination*. Dans le langage courant ce mot exprime la faculté de représenter volontairement les impressions passées.

Romanes établit quatre degrés dans l'imagination :

1° La vue d'un objet en rappelle les propriétés, l'orange rappelle sa saveur.

2° Un objet en suggère l'idée d'un autre, l'eau peut amener l'idée du vin.

3° L'idée s'impose sans suggestion extérieure, l'amant pense à sa maîtresse malgré les distractions du dehors. L'idéation se soutient elle-même, il se forme des images mentales sans perceptions. C'est encore le rêve dans le sommeil et cependant ce travail d'idéation se continue alors que toutes les voies des sensations et des perceptions sont fermées.

4° C'est la création par la combinaison idéale d'images mentales volontairement formées.

Dans l'exemple de mémoire que nous avons cité de l'octopus poursuivant et tuant un homard, il y avait eu chez l'octopus souvenir de l'image de son antagoniste. Les araignées attachant des pierres à leurs toiles pour les sauvegarder des bourrasques; le crabe (exemple de raisonnement) déplaçant les galets qui pouvaient rouler dans son nid; la patelle rentrant à son domicile qu'elle se représente; voilà des cas d'imagination du premier degré.

Les Hyménoptères présenteraient, d'après Romanes, le second degré.

Le cas du chien de Thompson (1) pourrait en être rapproché. Ce chien refusait le pain sec, tandis qu'il prenait de son maître les petits morceaux trempés dans le jus de viande resté dans l'assiette; en revanche il prenait avidement le pain sec lorsqu'on avait fait le simulacre de le frotter contre l'assiette et ce manège se répétait jusqu'à ce que le chien eût apaisé sa faim. Ici l'imagination commandait au goût et à l'odorat.

Les animaux sauvages ont l'imagination toujours en éveil et elle évoque chez eux l'image d'ennemis plus ou moins réels.

Pendant les premières heures de la nuit, — disait le naturaliste Leroy, grand chasseur devant l'Eternel — alors que l'obscurité même doit être au renard une source fertile en espoir, l'aboiement lointain d'un chien l'arrêtera dans sa course. Tous les dangers qu'il a traversés se représentent à son esprit; mais à l'aube, cette extrême timidité est surmontée, grâce aux appels de la faim, et l'animal devient courageux par nécessité; il s'élance même à la rencontre du danger, sachant (prévoyant par l'imagination) que ce danger augmentera lorsque le jour viendra. Le loup, — dont il parle ailleurs, — est devenu craintif par suite de la continuelle hostilité que lui a toujours témoignée l'homme; il « devient sujet à des illusions et à des jugements erronés qui sont le fruit de l'imagination, et si ces erreurs de jugement portent sur un nombre suffisant d'objets, l'animal, devient la proie d'un système illusoire, qui peut le conduire à des erreurs sans fin, bien que parfaitement logiques, étant données les erreurs qui ont pris racine dans son esprit. Il verra des pièges là où il n'y en a pas; son imagi-

(1) Thompson, *Passions of animals.*

nation, déformée par la crainte, renversera l'ordre de ses diverses sensations, et produira ainsi des formes décevantes auxquelles il attachera une notion abstraite de danger.

Le renard et le loup ont à éviter le chien une remarquable habileté fruit d'une imagination vive.

Romanes cite à ce propos un fait que lui a communiqué le docteur C. M. Feuw, de san Diego.

Près de la côte sud de san Francisco, un fermier avait été très ennuyé de la perte de plusieurs volailles, ses chiens avaient réussi à prendre plusieurs *coyotes* (sorte de petit loup) maraudeurs, mais l'un d'eux déroutait toujours les chasseurs en gagnant la côte ou la plage, où ses traces étaient aisées à perdre. Un jour, le fermier dédoubla sa meute : avec deux ou trois chiens il s'en vint prendre position près de la grève. Le coyote approcha bientôt, suivi des autres chiens qui le serraient de près. On remarqua qu'à mesure que les vagues se retiraient vers la mer, il les suivait du plus près possible ; dans aucun cas, il ne laissa d'empreintes de pas qui ne fussent rapidement effacées par l'eau. Quand enfin il jugea qu'il était allé assez loin pour detruire la piste, il tourna et se dirigea vers l'intérieur des terres.

Que ce raisonnement, cette surexcitation imaginative soit due à la peur, à l'idée des dangers, il n'en est pas moins vrai qu'elle suppose et la mémoire de ceux-ci et l'imagination créatrice des moyens de les éviter. Et ceci est vrai encore pour les lapins de garenne dont le terrier a déjà été visité par un furet, ils se laissent plutôt grièvement blesser que de sortir et de se jeter dans les dangers qui les attendent au dehors. L'image du chasseur qui guette au dehors, silencieux où non, est éveillée à n'en pas douter, dans l'esprit de l'animal puisqu'il résiste à la douleur que lui cause les morsures du furet.

Le troisième degré appartient non plus à l'imagination reproductrice, mais à l'imagination créatrice.

C'est le rêve que nous étudierons dans notre chapitre du sommeil. C'est l'illusion qui sera traitée dans le chapitre de la peur. C'est encore le dépérissement des animaux privés, soit de leur liberté, soit de voir une personne aimée et qui les nourrit; ils éveillent en eux soit l'image de la patrie absente, du grand air et des bois, soit celle de la personne aimée, nous en verrons des exemples au chapitre des affections.

La création est plus complète encore dans les conceptions fétichistes qu'attribuent aux animaux Aug. Comte et Herbert Spencer. La notion de l'animé et de l'inanimé que nous avons démontrée comme existant chez l'animal implique l'idée de vie, c'est une création, une abstraction que l'animal peut attribuer parfois à tort. C'est le quatrième degré d'imagination de Romanes.

Darwin (1) cite le cas d'un gros chien qui aboyait après un parasol entraîné par le vent, le long d'une pelouse, et offrant ainsi l'aspect d'un être animé.

Romanes fit sur un terrier de Skye l'expérience suivante : Ce chien avait — comme beaucoup d'autres — l'habitude de jouer avec des os desséchés, les jetant en l'air, puis au loin, leur donnant ainsi l'apparence de la vie.

Une fois, dit Romanes, j'attachai un long et mince fil et lui donnai cet os pour s'en amuser. Après qu'il eût joué quelque temps, je choisis un moment opportun, lorsque cet os fut tombé à terre à quelque distance et que le terrier allait le rejoindre, et j'éloignai doucement l'os en tirant sur le fil. Aussitôt l'attitude du terrier changea complètement. L'os qu'il avait fait semblant de considérer comme vivant, lui paraissait réellement tel, et son étonnement n'avait pas de bornes. Il commença à s'en approcher nerveusement et avec précaution, comme le décrit Herbert Spencer; mais le lent mouvement de l'os continuait, et le chien devenait de plus en plus certain que le mouvement

(1) Darwin, *Descendance de l'homme.*

ne pouvait être expliqué par un restant de l'impulsion qu'il avait lui-même communiquée à l'os ; son étonnement devint de la terreur — et cependant il était, en général, très batailleur, s'attaquant à n'importe quel animal, quelles qu'en fussent la taille et la férocité, — et il courut se cacher sous des meubles pour contempler à distance ce spectacle déconcertant d'un os desséché revenant à la vie.

La peur de l'inconnu ou le sentiment du mystérieux sont des phénomènes d'imagination créatrice qui trouveront leur place dans le chapitre de la peur. Les facultés de conception chez l'animal sont complexes et multiples; toutes celles de l'homme sont représentées — nous ne dirons pas dans toute la série des êtres — au moins dans les types supérieurs. On peut en suivre la décroissance et la disparition.

C'est dans cet ordre d'idées qu'il faut placer le langage ou la mimique expressive, création de signaux que les animaux ont adopté ou semblent avoir adopté — ce qui est tout comme — pour se comprendre. Ici encore pouvait trouver place les notions de l'être, de l'inconnu d'où est née la peur; les notions de mort — cette inconnue terrifiante — et de sommeil qui y ressemble si souvent doivent être étudiées après. Comme conséquence on doit rapprocher de ce dernier phénomène celui du sommeil provoqué ou hypnotisme chez les animaux. L'eau et le feu, la prévision du temps, sont dans l'ordre matériel des idées spéciales, innées ou non, instinctives ou raisonnées, mais qui n'en existent pas moins.

Nous allons suivre ce groupement de faits ou d'idées qui — bien qu'ayant des manifestations rentrant dans la sensibilité — seront étudiés avant cette faculté d'éprouver du plaisir et de la douleur.

CHAPITRE V

LA MIMIQUE EXPRESSIVE CHEZ LES ANIMAUX

Variétés de langage chez l'homme, regard, gestes, expressions de physionomie, voix. — Signaux des animaux, le chien, le chat et le singe. — Les animaux et leurs cris génériques. — Le langage des animaux. — Les chiens et la compréhension du langage humain. — Le chat et ses procédés de se faire comprendre ou de comprendre les autres. — Le cobaye et le rat. — Les salons de conversation des oiseaux. — Le chant du rossignol et ses modulations par Behstein. — Les fourmis. — Houssay, sir John Lubbock, Hague.

Le langage ne consiste pas seulement — même pour l'homme — dans les paroles articulées. Le regard, les gestes, la mimique changeante et expressive des muscles de la physionomie, le timbre et les intonations de la voix en constituent également des éléments. Les philosophes diffèrent d'opinions — cela leur arrive souvent d'ailleurs — sur l'origine du langage. Les uns avec de Bonald veulent que l'homme pense avant de parler sa parole, don de Dieu. Les autres avec Condillac disent que l'homme pense parce qu'il parle et que privé de parole, il ne peut penser; le sourd-muet de naissance pense cependant et apprend même le langage écrit.

Plus nous descendons l'échelle de culture intellectuelle chez l'homme, plus nous voyons croître l'importance des auxiliaires de la parole et diminuer les autres. Le langage émotionnel même ou langage artificiel (cris, soupirs), se perfectionne avec l'esprit humain lui-même (Renan, Max Muller).

Nous allons étudier les faits de ce genre que nous

pourrons rencontrer chez les animaux, qu'ils soient naturels ou acquis par eux à force d'efforts ou par suite d'un instinct général d'imitation. Alors même que nous acquiérions la certitude d'une sorte de langage chez les animaux il nous faudrait encore nous demander s'il n'en a pas été toujours ainsi. La nature essentiellement *perfectible* de l'animal semble éloigner cette seconde réponse. Mais l'existence même du langage ne serait pas — comme le veulent les évolutionnistes — un argument suffisant pour nous faire descendre des Simiens, la nature pouvant être faite non sur un seul plan, mais sur une série de plans parallèles.

On se souvient (1) du procès du comte Zorouboff médecin à Berlin relatif à une étude du langage primitif de l'homme. Depuis plusieurs années ce savant avait séquestré quatre jeunes enfants et les avait confiés à une vieille gouvernante sourde et muette. Il voulait étudier les intincts primitifs de l'homme, mais l'affaire ayant été ébruitée, l'expérimentateur est allé devant les tribunaux. M. Zorouboff a constaté que les enfants ne parlaient pas, qu'ils proféraient seulement une sorte d'aboiement et se jetaient sur la nourriture à la façon des animaux.

Donnons maintenant des faits propres à ces derniers.

Signaux des animaux : le chien, le chat, le singe.

L'animal accourt à un signal de détresse d'un compagnon, celui-ci se cache derrière son protecteur ou ne songe qu'à fuir.

Le chien qui, convoitant une promenade, se dirige vers la porte en regardant son maître, pour l'inviter

(1) *Progrès médical*, 29 mars 1890.

à le suivre, l'oiseau indicateur voletant devant l'homme pour le conduire à une ruche nous donnent des exemples de langage mimique. Un chien apportait une écuelle à la servante pour lui rappeler l'heure de traire les vaches. Le chat, l'ichneumon pour enseigner la chasse à leurs petits, leur apportent des souris vivantes qu'ils lâchent devant eux.

Les caresses, les postures et les gestes propitiatoires ou d'intimidation ont également leur source dans un désir plus ou moins conscient (?) de provoquer une émotion ou une disposition d'esprit déterminé et d'influencer la conduite (U. Van Ende).

Chez quelques espèces supérieures, chez le chien et surtout chez le singe, le regard, le jeu des muscles de la face acquièrent parmi les mouvements expressifs une importance considérable. Il paraît y avoir parfois simulation ! Le chacal, dans le but de dérouter les concurrents éventuels pour la proie qu'il vient de cacher, feint de se sauver avec une noix de coco. Le chef de file d'un attelage de chiens de Sibérie — qui voit ses compagnons dévier sur la trace de quelque animal — aboie du côté opposé pour faire croire qu'il a découvert quelque autre piste. L'ours captif qu'on agace avec un gâteau suspendu par une ficelle affecte de n'y pas faire attention, puis le saisit tout à coup. Brehm cite un griffon qui feignait la peur pour encourager un cheval à avancer et qui, dès que celui-ci se trouvait à sa portée, lui sautait à la gorge. Il raconte également l'histoire d'un babouin faisant l'hypocrite, tendant les bras et imitant avec ses lèvres le son du baiser pour attirer à lui la personne détestée dont il mordait la main sitôt qu'elle voulait le caresser. Ces pratiques de simulation acquièrent une portée très considérable dans la vie des bêtes. En s'appliquant à certains mouvements naturellement ou fortuitement associés à des expériences passées d'un ordre particulier et qui renfermant un sens identique pour les êtres reliés par les habitudes d'une vie commune, elles deviennent pour eux une indication, un signal, déterminant tel ou tel genre d'émotion ou d'activité. Les pics frappent du bec sur une branche sèche pour défier un rival au combat. La mouette, dans les mêmes circonstances, jette sur le sol un morceau de bois. Romanes raconte avoir observé un terrier avertissant son père d'un ennemi éloigné à poursuivre par un geste tenant de la bourrade et de la caresse, et qui provoquait instantanément dans l'individu ainsi touché une disposition agressive et un élan de course dans la direction voulue. Darwin dit que les chevaux sauvages et les bestiaux se donnent le signal d'alarme par leur attitude plutôt que par des sons. Les vieux lapins frappent le sol de leurs pattes de derrière pour prévenir les jeunes de l'approche d'un danger; les moutons et les chamois, au contraire, frappent des pieds antérieurs.

Pour les singes le baiser paraît avoir la même valeur que pour nous; peut-être les mouvements des lèvres leur constituent-ils une série de signaux. Ainsi Boitard raconte une scène curieuse dont il a été le témoin oculaire au Jardin des Plantes. Une femelle de babouin ayant mis bas, le mâle vint la visiter, puis d'autres babouins, et après un baiser à la mère, les visiteurs s'asseyaient en face d'elle et remuaient les lèvres, ainsi que l'accouchée, ce qui présentait toutes les apparences d'une conversation.

Etait-ce là un réel langage ou une simple imitation de ce que ces singes avaient vu faire à l'homme? Qui le dira jamais?

Cris génériques d'animaux.

Le saï, dit Brehm, pousse le cri : *hou*, *hou* dans les moments de colère, il a des sons flûtés pour exprimer l'ennui, soupire pour demander, émet dans l'embarras ou sous le coup de la surprise une sorte de sifflement, ricane quand il est satisfait et trahit, en glapissant, la peur ou la douleur.

En étudiant les divers cris des singes qui ont pu être transcrits par les naturalistes, nous trouvons pour le gorille : *vih-ha-kh-ah; kahi-kahi* et *hoo hoo ;* pour le chimpanzé : *whoo*, *whoo* ou bien *oh, ah*; pour le kooloo-kamba : *khooloo;* pour le siamang : *goek, goek, ha, ha*, *haaa;* pour l'angko : *ra ra ra;* pour le nasika : *kahau*, *kahau*. Leur différence, variable avec chaque espèce, ne peut, jusqu'à présent au moins, impliquer un langage.

De même pour les oiseaux on a trouvé le *si-si* du roitelet; le *guit-guit* de l'oiseau bleu; le *tock tock* du merle noir; le *troui ra ra ra* de la fauvette....

Parfois les animaux changent leurs cris habituels, Brehm a surpris les cynocéphales poussant le cri du léopard ; et Schomburgh les hurleurs, celui du jaguar. Toujours de l'imitation ! ou comme le veut Van Ende, l'idée qu'avait les singes d'égarer ainsi sur une fausse piste les chasseurs dont ils avaient éventé la présence.

Le langage des animaux.

Citons les anecdotes suivantes puisées toujours à la même source :

Un canard tua un rival qui, *en son absence*, avait inutilement essayé de faire agréer son amour à la compagne du mari, exilé pour quelque temps de la basse-cour.

Romanes raconte qu'un corbeau essayait par des grimaces de détourner un chien qui rongeait un os ; lorsque l'oiseau se fut convaincu que ses grimaces restaient sans succès, il s'envola, mais revint bientôt avec un camarade qui se percha d'abord sur une branche quelque peu en arrière, puis fondit tout à coup sur le chien, lui frappant le dos de son bec, et tandis que l'animal se retournait, le premier corbeau emportait l'os.

Les chiens des prairies se rendent mutuellement visite à leurs terriers, l'amphytrion accueillant le visiteur par un aboiement de bienvenue ; après quoi tous les deux vont souvent se promener dehors *en causant* (!).

Les perroquets répètent comme des automates nos propres paroles, aussi nous ne nous y arrêterons pas.

Les assemblées des gibbons, des hurleurs, des corneilles, les assises judiciaires des grues, des corbeaux sont encore plus significatives dans le même ordre d'idées sur lequel nous reviendrons.

Voilà pour les signaux, passons maintenant à la compréhension possible de notre langage.

L'hermine, d'après un dicton populaire, se réjouit quand on la loue.

Le merle chat — *Turdus felivox* — de l'Amérique du Nord a les ailes pendantes et le bec béant à la vue d'un agresseur. La femelle appelle ses petits, elle crie de détresse et a toutes les apparences de la supplication.

Brehm cite les démonstrations de chagrin et de supplication d'un chien, lorsque sa maîtresse parlait de le vendre, sans même le regarder.

Romanes raconte l'histoire d'un éléphant femelle

maintenant son petit pendant une opération sur un simple ordre verbal du gardien.

Bastian rapporte qu'un chimpanzé captif qui avait ouvert une fenêtre, s'empressa de la refermer sur un mot de défense.

Un singe cébus, auquel M. Belt, tout en le cravachant pour le punir d'avoir étranglé un caneton, répétait l'injonction de prendre l'oiseau mort dans la main, finit après quelque hésitation par exécuter l'action ordonnée, ce dont son maître fut le premier très surpris.

Citons encore ces faits de mon ami Camille Ordener. Il était, un jour, en chasse et étonné de ne pas voir son chien près de lui. Il l'appelle, celui-ci arrive, fait avec son museau un signe de retour en arrière et va reprendre sa faction près d'un perdreau que son maître tue. Un autre chien, — dans la chasse au furet — grattait autour des terriers renfermant des hôtes et s'éloignait des autres sans s'y arrêter.

Tous les chasseurs racontent aussi qu'un chevreuil blessé à mort regarde son meurtrier avec un regard noyé de larmes et chargé de reproches.

Pour nous, ces faits sont *matériellement* insuffisants pour attribuer le langage articulé aux animaux. Pour critiquer l'un des derniers faits par exemple, on peut dire que M. Belt regardait en même temps l'oiseau mort et la main de l'animal, qu'au même moment son visage s'assombrissait et que l'animal peureux d'un châtiment plus sévère encore s'est avisé de faire ce que son maître avait dicté, non par son langage articulé, mais par sa mimique. Cela n'en est pas moins du langage, au sens strict du mot.

On peut multiplier les exemples.

Romanes cite le cas d'un terrier de Skye, dont le

fils, pacifique à l'état normal, devenait très batailleur en compagnie de son père. Celui-ci dormait; le fils voit passer un gros chien métis, puis voit peu après arriver son père. Il lui fait un geste (rapprochement de têtes avec contact moitié par frottement, moitié *par petits olives*) et tous deux courent sans se ralentir pendant un mille et demi, bien que l'objet de leur poursuite ne fût point en vue même au départ.

Les chiens et la compréhension du langage humain.

Les chiens ont des gestes et aboiements pour communiquer leurs impressions à l'homme. Tous les jours, il arrive qu'un chien voulant aller se promener vient vers son maître — mon ami le pharmacien Boullé l'a souvent observé — et le mène vers la porte en aboyant et le tirant par l'habit. Si l'on ne va pas dans la direction qu'il espère, il s'y arrête et indique par diverses allées et venues le sens qu'il voudrait donner à la promenade (L. Roger-Milès).

La faculté d'émettre des sons comporte notamment chez les oiseaux — nous le verrons bientôt — celle de les apprécier. Mais avant de quitter le chien montrons que celui-ci en est également capable.

Pardies (1) cite l'exemple d'un chien qui avait appris à chanter sa partie avec son maître.

Romanes dit qu'il a entendu un terrier accompagner une chanson par ses hurlements et faire suivre les notes prolongées de la voix humaine de notes qui tâchaient d'être à l'unisson avec celles-ci. Le docteur Huggins, qui a l'oreille fine raconte que son

(1) Pardies, *De la connaissance des animaux*.

grand *mastiff* Kepler avait coutume d'essayer la même chose lorsqu'un orgue de Barbarie jouait des notes prolongées.

Sir John Lubbock croit à l'enseignement possible, comme le docteur Howe l'a fait avec succès pour la fameuse Laura Brigman : Il a lui-même expérimenté sur son chien un poodle, nommé « Van ». Il imprima sur des bouts de carton de dix pouces de long sur trois de large les mots « manger », « boire », « thé », « sortir » et le chien choisissait celui qui lui convenait sans être guidé par l'odorat, car on changeait ces cartons toutes les fois.

Le professeur J. Delbœuf, de Liège, a appris à un caniche à jouer à cache-cache et à trouver un mouchoir caché, mais il attendait toujours le mot « Cherche ! » avant de se mettre à l'œuvre. Il a essayé, sur beaucoup de chiens, à voir leur aptitude pour les mathématiques, jamais il n'a pu leur apprendre à compter jusqu'à quatre. En effet mettant sur une assiette trois aliments et sur une autre quatre, il n'aurait jamais pu arriver à ne faire prendre à son griffon l'assiette aux trois morceaux. Un chien qui devait apporter trois morceaux de bois ne s'arrêtait que quand on lui disait : Assez. Un jour que personne n'était là, il en emplit la maison. Un autre qui devait sauter au nombre *trois* sautait tout aussi bien quand on répétait trois fois *un*.

Cosmovici raconte qu'un chien, nommé Garçon, allait — dans une maison à nombreux personnel — chercher le domestique qu'on lui demandait. Il l'emmenait par le pan de l'habit. Lui disait-on de ne pas laisser sortir une personne, qu'il se mettait en travers de la porte. Lui commandait-on d'apporter tel ou tel objet qu'il le faisait sans se jamais tromper.

Un autre chien se couchait ou se livrait à telle acrobatie déterminée lorsqu'on le lui commandait. Les faits d'aller chercher, — sur un ordre donné, — un domestique ou de jouer à cache cache, — même pour les chats — sont fréquents et m'ont été confirmés par maints observateurs, notamment par mademoiselle Marie Lebœuf, M. H. Wanner, madame C. Delage.

Le professeur J. Piolti parle — et les exemples en sont nombreux — d'un chien aboyant chaque fois qu'on lui dit : « Lady, il y a un chat sous le lit. »

J.-C. Houzeau (1) raconte qu'il a vu au Texas une vache aveugle guidée par une autre, boire, manger, passer sur un étroit passage, absolument comme si elle avait vu. Il cite un pigeon se posant sur la baie d'une fenêtre dès qu'une jeune fille du Cheshire jouait avec la harpe un morceau particulier. Les sons arrivent à la perception de l'animal. Les chasseurs de phoques les attirent avec de la musique, les chevaux marchent en cadence en suivant le rhytme d'une musique. Ils leur servent parfois de signaux d'alarmes ou d'indications pour trouver leurs aliments (cliquetis de certains fruits).

Romanes cite encore les faits suivants :

Il tient le premier du lieutenant général, Sir John H. Lefroy, C.B., K.C.M.G., F.R.S. Son terrier « Button » déjeune avec le lait d'une chèvre que trait une bonne tous les matins. Celle-ci, plus matinale un matin, ne trait pas de suite la chèvre; le chien, ennuyé, essaye d'abord d'attirer son attention, puis n'y réussissant pas, il finit par tirer le rideau d'un cabinet où se trouvait la tasse; il la prit entre ses dents et la déposa aux pieds de la bonne.

(1) Houzeau, *Etudes comparées sur les facultés mentales de l'homme et des animaux*, par un voyageur naturaliste.

Dans la salle que j'occupe d'habitude — dit M. A.-H. Baines, dans le second cas communiqué à Romanes — se trouve une écuelle à l'usage de mon chien. Si par hasard elle se trouve vide quand il vient pour y boire, il la gratte impérieusement avec ses pattes de devant pour faire connaître son besoin et réussit généralement ainsi à attirer l'attention. Un autre Poméranien de la même famille avait l'habitude, alors qu'il était encore tout jeune, de tremper les biscuits durs dans l'eau pour les amollir. Il les prenait dans sa bouche, et allait les déposer dans l'auge, puis au bout de quelques minutes il revenait et les repêchait avec sa patte.

Le docteur Beattie raconte qu'un chasseur, en traversant la rivière Dee sur la glace à quelque distance d'Aberdeen, était tombé dans l'eau à moitié chemin et ne se soutenait que grâce à son fusil mis en travers du trou. Son chien essaye d'abord de le débarrasser, puis n'y réussissant pas, il courut à un village voisin et il cramponna si bien un homme — le tirant par l'habit — qu'il l'amena à son maître, juste à temps pour le sauver.

Cet exemple réunit à lui seul le langage expressif, la sagacité, le raisonnement et l'affection. On pourrait évidemment entasser les faits de ce genre; nous ne prenons que les plus concluants pour esquisser à grands traits des règles de philosophie animale.

Le chat et ses procédés de se faire comprendre ou de comprendre les autres.

Le *chat* habitué à miauler pour sortir ne manque pas de le faire dès qu'il est décidé à changer de place. Il en est d'autres qui vous tirent par les vêtements, vous menant à la porte d'entrée (Blakman).

M. A. Percy Smith a raconté à Romanes qu'il châtiait une chatte toutes les fois que ses petits commettaient une faute. Aussi se mit-elle à les gronder et à leur taper sur les oreilles pour leur apprendre les bonnes manières.

Le prince Pierre Kropotkine (1) cite le cas d'un chat prenant un plaisir à la musique vocale quand elle était cadencée, très élevée et très pure. Émile Gautier parle de l'éducation d'un chat — « Pussy » — qu'il a fait avec Kropotkine; le chat venait — et cela sans qu'on lui ait jamais commandé — s'ébahir comiquement devant la calvitie du prince qu'il comparaît, par le toucher, avec la chevelure luxuriante d'Émile Gautier. Mais, où le rapport avec le langage s'établit, c'est dans ce fait de sauter sur un arbre et de miauler pour appeler, — comme on le lui avait appris dans son enfance — afin de descendre en s'aidant d'un dos complaisant. Comme on lui faisait de mauvaises plaisanteries, il trouvait moyen de les rendre en appelant ainsi plusieurs fois; et regardant d'un air narquois, il ne descendait pas.

A la même source, — signée Y.., — je trouve cette histoire d'un chat dont le petit était suspendu entre le lit et la muraille et qui, n'ayant pas réussi à l'en retirer, vint chercher son maître, le caressant en miaulant jusqu'à ce que le chaton fût tiré de sa situation malencontreuse.

Le Dr S. Shemeil (du Caire) raconte ce fait d'un chat l'appelant pour lui montrer sa nourriture fixée trop haut pour qu'il pût l'atteindre.

Le cobaye, le rat.

Je connais — mon ami Lucien Genty m'a fait vérifier le fait — un cochon d'Inde, « Chonchon »

(1) P. Kropotkine, *Revue scientifique*.

— ces cobayes décidément ont tous les mérites, M. Brown-Séquard l'a démontré — qui la nuit répond par un grognement à la parole de sa maîtresse. N'importe qui peut parler, il ne dit mot, il n'y a que quand madame Genty parle, — à telle heure du jour ou de la nuit que l'on voudra — qu'on l'entend manifester sa présence par des signes bruyants d'évidente satisfaction. Évidemment, ce n'est pas accorder à ce rongeur la faculté du langage, même celle de l'entendre, mais tout au moins — ce qui est un acheminement — celle de le reconnaître et de distinguer la voix qui l'émet. C'est la mémoire des sons à défaut de celle du langage!

Les rats semblent aussi se communiquer leurs impressions sur les dangers qu'ils redoutent. Ainsi mon ami André Fossé d'Arcosse m'écrit qu'en ce moment il expérimente chez lui — à Soissons — un piège à rat perfectionné. Le premier jour, dix rats se laissèrent prendre et depuis, on en trouve bien parfois deux ou trois enfermés, mais si on les abandonne dans leur prison, le lendemain ils sont partis. Cela n'est possible que par l'aide que se prêtent les rats et en effet on trouve des empreintes de dents à la boule de plomb qui fait fonctionner la bascule : la boule est sans doute tirée par un rat qui en explique aux autres le mécanisme; d'où, preuve de raisonnement et preuve de langage!

Les salons de conversation des oiseaux.

Wattall a vu chez les oiseaux de cèdre — *Bombycilla carolinensis* — qui sont très gloutons, une chenille passer de bec en bec sans être touchée. Est-ce là de la politesse ou du langage?

Dans les animaux moins élevés en organisation, on trouve des faits qui, s'ils ne prouvent pas d'une façon irréfutable l'existence de la faculté d'émettre des sons et des signes nécessaires à la compréhension entre congénères s'en rapproche singulièrement! Ainsi en Australie, le pays de toutes les singularités zoologiques, dit Frédéric Houssay (1), — on trouve un oiseau de mœurs curieuses qui a fondé — non un salon de lecture — mais un salon de conversation. En effet le *Bower-Bird* — connu des ornithologues sous le nom de *Ptilonorhynchus holosericeus* — a construit un berceau, — délicieuse miniature des charmilles de nos vieux jardins — où il se réunit en nombreuse, — et sans doute *sélecte* — compagnie pour gazouiller à l'aise dans la journée. Ce ne sont pas des réunions d'amour, — ou bien, très préliminaires comme nos soirées mondaines — car à l'époque *ad hoc*, les retraites sont particulières, mais rapprochées des lieux de réunion; la diversion, éloignant la satiété, voilà une idée ingénieuse que les humains ne sauraient répudier! Et ils ont remarqué sans nul doute que l'humidité nuit à la voix et au charme du langage, aussi les salons de... conversation dont nous parlons sont-ils sains et secs : *Mens sana in corpore sano.* Les faits divers de la gent ailée; — peut-être les élections, les changements de gouvernement, les chutes de cabinet... que sais-je — sont commentés, discutés, amplifiés sans doute, dans ces charmantes constructions élevées à frais communs! Tout cela se fait à heure fixe — dame, il y a temps pour tout! — du lever au coucher du soleil.

(1) Houssay, *Les Industries des animaux.* Paris, 1889.

Oiseaux chanteurs, le chant du rossignol et ses modulations par Bechstein.

Brucklacher cite l'histoire d'une perdrix apprivoisée très attachée à un petit garçon, et qui, l'entendant un jour pleurer, se précipita sur lui et se mit à le caresser, dans l'intention évidente de le consoler.

Faut-il aussi ne voir dans les modulations infinies du chant des oiseaux — variables avec le but, les émotions, les besoins — aucun symbole de langage? Ce serait aller trop loin, il me semble. Le rossignol, entre autres, varie ou ses chants ou ses accents, il saisit les caractères et les contrastes. Il commence, dit Guéneau de Montbeillard, par un prélude timide, des tons faibles et indécis, comme pour essayer son instrument et intéresser ceux qui l'écoutent. Peu à peu — comme un chanteur ou un orateur — il prend de l'assurance et s'échauffe et l'on entend des coups de gosier éclatants, des roulades précipitées, des accents plaintifs, des sons filés avec art. Les mouvements aussi varient, sons, appels, gestes et constituent à l'époque des amours, les moyens de séduction des oiseaux.

Le loriot siffle, l'hirondelle gazouille, le ramier gémit, gazouille et roucoule, le rouge-gorge chante.

Les oiseaux, d'après Syme, ont un chant que l'on peut diviser en sept modes selon son but :

1° L'appel du mâle au printemps.

2° Les notes bruyantes, claires, animées et hautaines du défi.

3° La romance d'amour douce, tendre, pleine et mélodieuse.

4° Le cri d'effroi ou d'alarme quand le nid de l'oiseau est exposé.

5° Le cri d'avertissement ou de guerre à la vue d'un oiseau de proie.

6° L'appel des parents à la couvée et la réponse des jeunes.

Bechstein a compté jusqu'à vingt-quatre strophes ou couplets différents dans le chant d'un bon rossignol, sans y comprendre les petites variations fines et délicates :

Tiouou, tiouou, tiouou, tiouou,
Shpe tiou to koua ;
Tio, tio, tio, tio, tio, tio,
Kououtio, kououtiou, kououtiou, kououtiou;
Tskouo, tskouo, tskouo, tskouo,
Tsii, tsii, tsii, tsii, tsii, tsii, tsii, tsii, tsii, tsii.
Kouorror, tiou, tshoua, pipitksouis,
Tso, tso, tso, tso, tso, tso, tso, tso, tso, tso, tsirrhading!
Tsi, si, si, tosi, si, si, si, si, si, si,
Tsorre, tsorre, tsorre, tsorrehi;
Tsatn, tsatn, tsatn, tsatn, tsatn, tsatn, tsatn, tsi,
Dlo, dlo, dlo, dlo, dlo, dlo, dlo, dlo, dlo,
Houiou, trrrrrrrritzt!
Lu lu lu, ly ly ly, lî lî lî lî,
Kouio, diol li louly li,
Ha guour, guour, koui kouio! [ghi;
Kouio, kououi, kououi, kououi, koui, koui, koui, ghi, ghi,
Gholl, gholl, gholl, gholl, ghia, hududoi.
Koui, koui, horrr, dia, dia, dillhi!
Hets, hets, hets, hets, hets, hets, hets, hets, hets, hets,
Touarrho hostehoi
Kouia, kouia, kouia, kouia, kouia, kouia, kouia kouiat
Koui, koui, koui, io io io io io io io, koui;
Lu, ly ly, lo lo, di di, io kouia,
Higuai guai, guai, guai, guai, guai, kouior, tsiotsiopsi!

Les perroquets (cacatoès, aras) (fig. 4), en dehors des mots que leur apprend l'homme, se réunissent en groupes en poussant des cris gutturaux variés.

Fig. 4. — Le Cacatoès de Seadbeater.

Les corbeaux ont également une série de croassements variant avec leurs impressions. La *tradition* semble exister puisque des animaux ne fuyant pas l'homme à son arrivée dans un pays le font dans la suite.

Cette multiplicité de vocables — que nous révèle la longue patience de Bechstein — peut servir à un langage relativement complexe, à peindre des situations diverses, à lancer des appels variés; mais il est bon cependant de ne pas s'embarquer trop vite à la suite des poètes et d'accorder un langage articulé. Il semble exister, voilà tout ce qu'on peut dire dans l'état actuel de nos connaissances en attendant l'époque heureuse renouvelée des *contes* de Perrault ou des *fables* de La Fontaine, où les animaux nous feront part eux-mêmes de leurs sentiments!

Les fourmis. — Houssay, sir John Lubbock, Hague.

Descendons encore l'échelle des êtres et nous trouverons les Hyménoptères sociaux. Tous les auteurs semblent d'accord pour leur accorder sinon le langage, au moins l'équivalent le plus complet. C'est ainsi que Frédéric Houssay (1), écrit en parlant des fourmis, et de leurs ouvriers maçons :

> Si éloignées de l'homme au point de vue anatomique, ce sont de tous les animaux ceux dont les facultés psychiques se rapprochent le plus des siennes : sociables comme lui, elles ont subi une évolution parallèle à la sienne, qui les a placées à la tête des insectes, de même que lui est devenu supérieur à tous les mammifères. Leur cerveau, comme le sien, a subi une croissance disproportionnée. De même que l'homme, elles ont un langage, qui leur permet de combiner leurs efforts, et il n'est guère d'industrie humaine

(1) Houssay, *Les industries des animaux*, 1 vol. in-16 de la Bibliothèque scientifique contemporaine.

dans laquelle ces insectes ne soient arrivés à un haut degré de perfection. Si en certains points de la terre, des sociétés d'hommes se montrent supérieurs aux fourmis, en combien d'autres une civilisation notablement plus avancée ne donne-t-elle pas l'avantage à celles-ci. Quel village de Cafres vaut un palais de Termites!

Et plus loin :

En observant une fourmilière, on s'aperçoit, au bout de très peu de temps, qu'un insecte déterminé suit en travaillant une idée personnelle qu'il a conçue et qu'il réalise sans s'inquiéter des autres. Souvent ceux-ci exécutent un projet tout à fait contradictoire. .

C'est une république quelque peu anarchique. Heureusement, les fourmis ne sont pas entêtées, et, lorsqu'elles voient l'idée de l'une d'elles se dégager du travail commencé, elles ne demandent pas mieux que d'abandonner la leur, jugée moins bonne, et de collaborer à l'œuvre d'autrui. D'ailleurs, elles se concertent, les battements d'antennes sont un langage très compliqué, comportant bien des expressions, et l'ouvrier qui tient à faire triompher sa manière de voir ne les ménage pas. Il arrive quelquefois pourtant que ses efforts sont vains, et que ses compagnons manœuvrent auprès de lui de façon à contrecarrer ses projets. En face de ces résistances, ceux qui sont bien résolus à faire adopter leurs plans détruisent les ouvrages des opposants, des luttes acharnées en résultent souvent, et, sur ces chantiers, c'est le plus fort qui devient l'architecte général.

D'autres auteurs, tels que Huber, Kirby, Spence, Dujardin, Burmeister, Franklin, sont du même avis et admettent que les fourmis se comprennent. « Malheureusement — dit Romanes, et certes son avis est désintéressé, car il *voudrait* pouvoir admettre cette conclusion — les faits sur lesquels ils se fondent ne sont pas détaillés avec assez de précision pour justifier une pareille conclusion. Mais — dit-il plus loin — des preuves aussi nombreuses que précises sont venues confirmer l'opinion générale et démontrer, d'une manière concluante, que les fourmis se comprennent. » Là encore, sir John Lubbock vient prêter le concours de ses observations :

A trente pouces de distance d'un nid (*Formica niger*) je disposai trois verres en les espaçant de six pouces, puis je les reliai au nid au moyen de rubans parallèles, dans l'un des verres je mis de trois cents à six cents larves, dans un autre trois ou quatre seulement; et pour voir quelle part il faudrait attribuer au hasard dans les opérations à venir (je puis aussi bien dire, dès maintenant, qu'elle fut à peu près nulle), je laissai le troisième vide. Cela fait, je mis une fourmi dans chacun des verres à larves. Elles en prirent chacune une, la portèrent dans le nid, revinrent à la charge et ainsi de suite. Après chaque voyage, j'avais soin de mettre une larve dans le verre qui n'en contenait que trois ou quatre, afin de remplacer celle qui venait d'être emportée. Or, si les fournis venaient au hasard, ou si ayant vu leurs amies chargées de larves, elles en avaient tout simplemeut conclu qu'elles pourraient aussi en trouver au même endroit, il est clair que les deux verres auraient dû les attirer en nombres égaux ou à peu près. D'ailleurs, le nombre de voyages était presque le même pour chaque verre, les deux pistes ne présentaient pas de différence sensible à l'odorat; et une fourmi, en voyant une autre porter une larve, ne pouvait guère découvrir s'il en restait peu ou beaucoup, si au contraire il y avait recommandation de la part des premières venues, l'observation devenait intéressante : lequel des deux verres les nouveaux relais rechercheraient-ils en plus grand nombre? J'ajouterai que les nouveaux venus étaient mis à part au fur et à mesure qu'ils se présentaient, pendant toute la durée de l'expérience.

Comme résultat final, les pionnières réquisitionnèrent deux cent cinquante-sept fourmis en quarante-sept heures et demie pour le verre rempli de larves, et quatre-vingt-deux seulement pendant cinquante-trois heures pour celui qui n'en contenait que deux ou trois; quant au verre vide, il ne fut pas visité une seule fois. Quatre-vingt-deux fourmis pour enlever trois ou quatre larves, cela me paraît beaucoup et si le langage ou tout au moins la faculté de communiquer existe, il faut avouer qu'il leur était cependant plus simple d'aller toutes au verre rempli de larves. La critique de cette observation est donc relativement facile au moins au point de vue du sens des mathématiques chez les fourmis.

Passons à une autre expérience du même observateur.

Comme exemple de communication apparente, le fait suivant me frappa tout particulièrement. J'avais observé pendant la journée, une fourmi (*F. Niger*) occupée à transporter des larves dans son nid. Le soir venu, je l'emprisonnai dans une bouteille, et ne la mis en liberté qu'à 6 heures 15 du matin. Aussitôt elle reprit son occupation; mais comme j'avais à me rendre à Londres, je la séquestrai de nouveau à 9 heures. A mon retour, vers 4 heures 40, je la remis auprès des larves. Les ayant examinées avec soin, mais sans y toucher, elle se rendit au nid dont les abords étaient complètement déserts, et revint en moins d'une minute accompagnée de huit amies, avec lesquelles elle se dirigea du côté des larves. Aux deux tiers du chemin, je l'enfermai pour la troisième fois; après quoi, je vis les autres hésiter quelque temps, puis se retirer avec une promptitude singulière. Enfin, à 5 heures 15, je la mis de nouveau avec les larves. Cette fois encore, elle n'y toucha point, et se rendit au nid les mains vides; mais elles n'y fit qu'un séjour de quelques secondes, et reparut avec treize compagnes. Arrivée aux deux tiers de la distance qui séparait les larves du nid, la troupe s'arrêta; la fourmi chef, malgré les cent cinquante voyages qu'elle avait fournis le jour précédent sur la même route et celui qu'elle venait de faire en allant au nid, paraissait avoir oublié le chemin et tâcher de se le rappeler. Je la laissai errer pendant une demi-heure, puis je la remis avec les larves. Somme toute, il me parut évident que les vingt et une fourmis étaient sorties du nid à l'instigation de la première, car, outre qu'elles l'accompagnaient, elles se trouvaient seules en campagne. J'estime aussi qu'elles avaient été mises au courant des circonstances; en tout cas leur amie n'apportait rien qui pût leur donner l'idée de la suivre, puisqu'elle apparut chaque fois les mains vides. »

Le patient expérimentateur a été plus loin, il a déterminé jusqu'à quel point les fourmis se comprenaient. Elles peuvent réclamer aide et assistance, mais non indiquer l'endroit où le secours doit être porté. En effet, si, dans une expérience analogue à la précédente, on enlève la fourmi ramenant des amies, celles-ci ne savent pas où aller, tandis qu'elles accompagnent leur guide quand il est avec eux.

Dans une autre expérience encore, le guide cherchait du renfort pour emporter une mouche fixée par une épingle; mais comme la fourmi auteur de la trouvaille — ou inventeur du trésor, ainsi que l'on dit en style juridique — se dépêchait trop et distançait les autres fourmis, celles-ci égarées ne trouvèrent la proie qu'à grand'peine et seulement quelques-unes d'elles, les autres étaient retournées au nid. Empêchant, dans une observation subséquente, les fourmis de revenir au nid, sir John Lubbock élimina le son comme agent de communication, puisqu'aucune autre fourmi ne vint trouver les premières.

Le célèbre géologue Hague a écrit une série de lettres à Darwin contenant d'ingénieuses remarques comme preuve de la faculté d'entente mutuelle chez les fourmis ou tout au moins chez certaines espèces.

Hague écrasant dans son appartement quelques fourmis qui y avaient élu domicile vit les autres s'enfuir précipitamment à la vue du désastre. Il enleva alors les traces de celui-ci et cependant les fourmis qui passaient manifestaient de l'émoi et s'en retournaient; si elles en rencontraient d'autres en chemin, elles s'entretenaient et les dernières arrivées allaient à l'endroit du sinistre pour se sauver ensuite précipitamment.

Fig. 5. — Les fourmis jaunes et leurs pucerons domestiques.

Plusieurs jours se passèrent sans que Hague — alors en convalescence d'une longue maladie, ce qui lui donnait tout son temps pour observer — revît des fourmis, puis elles reparurent évitant le lieu du massacre. Nouvel écrasement, nouvelle fuite même avant la vue des cadavres. « De temps en temps, quelque fourmi aventureuse s'avançait jusqu'au milieu des cadavres ou des mourants ; mais alors elle perdait sa présence d'esprit, courait de tous côtés, tournait en cercle, s'arrêtant par moment avec un mouvement d'antennes en signe de désespoir et finissait par se sauver. » Des deux colonies de son appartement, Hague n'en vit plus subsister qu'une, l'autre envoyant des éclaireurs sur le théâtre de l'accident et si l'on écrasait une ou deux fourmis, on n'en voyait pas de nouvelles de quinze jours.

M. Moggride ayant soumis à Darwin l'opinion que la trace odorante du doigt de l'expérimentateur était peut-être suffisante pour inspirer cette terreur — commencement de la sagesse pour les fourmis — M. Hague essaya d'abord le frottement du doigt sur la piste, puis l'écrasement des fourmis avec un morceau d'ivoire. Il y avait hésitation dans le premier cas, fuite dans le second.

On pourrait encore citer le frottement d'antennes des fourmis jaunes (*Lasius flavus*), si aimables à l'égard des pucerons dont elles veulent savourer les gouttelettes sucrées (fig. 5), et la même opération vis-à-vis de fourmis ouvrières pour les faire profiter de cette aubaine.

De tous ces faits il résulte, il nous semble, l'existence de signaux suffisants aux animaux pour se comprendre dans les situations relativement peu nombreuses de leur existence.

CHAPITRE VI

LA PEUR ET SES MANIFESTATIONS

La peur, synonymie. — Manifestations extérieures, le lièvre. — Le mimétisme dans la série animale : mimique momentanée et durable, volontaire et réflexe ; le professeur Plateau. — La peur chez le chien et le chat. — La peur inspirée par le lion. — La peur inspirée par les serpents ou opiophobie. — Diversité des manifestations : la fuite, l'arrêt, ou la lutte. — Le courage d'un lapin. — L'idée du danger et les précautions qu'elle inspire. — La peur, motivée par la mobilité, le son, les différences d'attitude. — La peur formant le caractère, amenant le courage, les massacres inutiles. — La peur du fort et la peur du faible. — Le misonéisme ou néophobie, la peur de l'inconnu. — L'agrandissement de l'idée du danger avec la nuit. — La peur, source de la curiosité et la curiosité.

La peur, sentiment répulsif mêlé de crainte, est instinctive. Elle est commune à l'homme et aux animaux (1). Elle est l'expression d'une émotion tout aussi bien que celle d'une idée ; elle est commune et intégrante partie de l'imagination et de la sensibilité.

C'est une antipathie irraisonnée, un dégoût parfois non motivé et qui présente bien des degrés, on désigne encore cette sorte de haine — car tout dans la nature peut se rapporter à deux sentiments, haine et amour — par les termes de crainte, frayeur, effroi, épouvante, terreur, horreur.

Les manifestations extérieures de la peur sont variables.

Quelquefois elle donne des ailes et fait prendre, comme on dit vulgairement, les jambes à son cou.

(1) Voir notre travail *Science pour tous*, août 1886.

C'est ainsi qu'un lièvre affolé va sauter, bondir et acquérir dans ces mouvements rapides et saccadés une agilité extraordinaire. Dans ce cas, la haine dépasse l'amour en ce sens que le lièvre aura une vitesse de beaucoup supérieure à celle du chien qui désire l'atteindre.

D'autres fois, il y a *inhibition* complète du cerveau (Brown-Séquard), arrêt absolu des facultés, l'animal est devenu inerte, terrifié, incapable d'aucun mouvement. Lorsqu'un ours a tué une vache, les compagnes de celle-ci se pressent autour du ravisseur dans une sorte de stupeur hébétée, sans essayer de fuir ni de l'attaquer.

Le lièvre et le lapin sont les types par excellence des animaux peureux. Notre inimitable fabuliste n'a-t-il pas dit (1) du premier :

Cet animal est triste et la crainte le ronge.
Les gens de naturel peureux
Sont, disait-il, bien malheureux ;
Ils ne sauraient manger morceau qui leur profite :
Jamais un plaisir pur, toujours assauts divers.
Voilà comme je vis : cette crainte maudite
M'empêche de dormir, sinon les yeux ouverts.

Le lièvre est un animal déjà élevé en organisation, il partage la crainte avec des animaux moins bien doués, en effet, si nous continuons notre emprunt à la même fable de La Fontaine, nous trouvons :

Il s'en alla passer sur le bord d'un étang.
Grenouilles aussitôt de sauter dans les ondes.
Grenouilles de rentrer dans leurs grottes profondes.

Si ce phénomène n'est pas de la peur — pour l'affirmer il faudrait être dans la *peau* de ces êtres — y ressemble singulièrement.

(1) La Fontaine, *Le Lièvre et les Grenouilles.*

Le mimétisme dans la série animale : mimique momentanée et durable, volontaire et réflexe; le professeur Plateau.

D'autres animaux, placés plus bas encore dans l'échelle des êtres, ont des manifestations spéciales volontaires ou non — on l'ignore — mais qui par ces phénomènes dits de *mimétisme* leur permettent d'échapper à leurs ennemis. Ils ont alors la propriété — *réflexe* sans doute, car les manifestations en sont trop rapides pour la croire volontaire — de ressembler par la couleur ou la forme extérieure à d'autres animaux, à des plantes ou à des corps minéraux, et deviennent alors inaperçus de leurs adversaires ou de leur proie qu'ils peuvent ainsi plus facilement atteindre. Bien que ces deux causes soient différentes, groupons — en présence des mêmes effets produits — les phénomènes qui en résultent.

Frédéric Houssay (1) parle de la végétation dont se recouvrent les Crabes que l'on nomme Araignées de mer ou *Maïa*. Leur carapace disparaît sous un amas d'algues et d'hydroïdes de toutes sortes et l'animal se confond ainsi avec les cailloux du voisinage. Il n'est pas passif comme on pourrait le croire, car il se débarrasse des végétaux qui le recouvrent dès que ceux-ci sont devenus trop longs et gênent sa marche. Mais la *Maïa* est ainsi devenue reconnaissable, aussi se recouvre-t-elle aussitôt de petits bouts d'algues qu'elle colle sur elle. « Cette culture est donc voulue, le crabe la dirige et arrête à temps son exubérance ; il n'en est pas plus la victime que le jardinier n'est l'esclave des légumes auxquels il va porter tous les jours une eau bienfaisante. » Ce fait est cependant devenu instinctif

(1) Frédéric Houssay, *Les Industries des animaux*. Paris, 1889

car dans un aquarium où il trouve de petits morceaux de papier, il se les colle sur le dos.

Nous avons parlé — lors des facultés intuitives et du raisonnement — d'un crabe, la *Dromia vulgaris*, qui se loge dans une éponge, après laquelle elle court lorsqu'une lame la lui enlève. Au laboratoire de Concarneau on avait — dans un but éminemment récréatif — utilisé cette tendance et cet amour du vêtement en enlevant son éponge à un de ces curieux Crustacés. Comme il ne trouvait plus alors dans l'aquarium qu'un petit manteau aux armes de Bretagne, il était très amusant de voir ce crabe endosser son paletot « quand il n'avait rien à se mettre sur le dos » (Künckel d'Herculais) (1).

On trouve dans la mer des Sargasses un poisson, l'*Antennarius marmoratus*, dont la tête aplatie, monstrueuse, marbrée de brun et de jaune, présente l'aspect le plus bizarre. Cela tient aux algues flottantes au milieu desquelles il se tient pour se dissimuler.

De Homeyer rapporte que la grue femelle, au moment de la ponte, enduit ses ailes et son dos avec de la vase, ce qui en séchant lui donne un ton roux. L'animal se confond — par ce mimétisme voulu — avec les objets environnants.

Romanes place dans le même ordre de phénomènes la rapidité d'accommodation de la vue chez les oiseaux. Le faucon dont l'acuité de vision est considérable à l'œil — lorsqu'il est placé sur le sol — de la même couleur que celui-ci. L'oie *solen*, capable de distinguer un poisson à une hauteur d'une centaine de pieds dans l'air, l'hirondelle voyant au loin un insecte, accommodent rapidement l'organe visuel, ce serait là

(1) Brehm, *Les poissons et les crustacés*, édition française par E. Sauvage et J. Künckel d'Herculais.

Fig. 6. — Poulpe.

des faits de mimétisme local, propres à une fonction.

Empruntons maintenant — pour élucider cette attrayante question — quelques excellentes pages du professeur Félix Plateau (1), de l'Université de Gand :

La mimique est tantôt momentanée (volontaire ou réflexe), l'animal ne transformant son aspect extérieur que pendant les instants où il est à l'affût ou lorsqu'il se croit en danger, puis reprenant ses allures habituelles quand le motif de déguisement n'existe plus. Tantôt, au contraire elle a lieu *sans intervention nerveuse*, l'être offrant dans certaines saisons, à certains âges, ou durant toute son existence, soit une coloration, soit une forme susceptible de tromper sur sa véritable nature.

Nous choisissons, parmi des centaines de faits, quelques exemples se rapportant aux deux catégories ci-dessus.

Mimique momentanée (*réflexe*). Les Mollusques céphalopodes ont, comme beaucoup d'autres animaux, la propriété de changer de couleur. Il existe dans l'épaisseur de leurs téguments des chromatophores ou chromoblastes très nombreux, dont les mouvements d'extension ou de contraction sont sous la dépendance directe des centres nerveux.

Or, si l'on place un de ces mollusques, le poulpe commun (*Octopus vulgaris*) dans un aquarium dont le fond soit garni de quelques fragments de roche, on voit le céphalopode se blottir dans un creux et prendre rapidement une teinte analogue à celle des pierres qui lui servent de retraite (fig. 6) ; teinte foncée, si les pierres sont noirâtres, teinte claire, si les pierres sont peu colorées. L'imitation est parfois telle que les personnes non prévenues croient que l'animal a disparu.

(*Volontaire*). Le poulpe a d'autres procédés à sa disposition. Vient-on, au moment de la capture, à le déposer sur les galets de la plage, il saisit habilement, à l'aide de ses bras garnis de ventouses, de nombreuses petites pierres qu'il amasse sur son dos. En deux ou trois minutes, le poulpe est caché sous un tas de gravier à côté duquel pêcheurs et naturalistes peuvent passer cent fois sans soupçonner ce qu'il recèle.

(1) Plateau, *Zoologie*.

Des araignées, des insectes se laissent choir lorsqu'on

Fig. 7. — L'Hermine et la Belette ; pelage d'été.

veut les saisir, ramassent leurs pattes, *font le mort*, comme on dit vulgairement, et ressemblent souvent, dans cette attitude, à des graines tombées, à des excréments de chenilles ou de ruminants. C'est encore là de la mimique volontaire.

Mimique passive sans intervention nerveuse à certaines saisons.

Parmi les mammifères, l'*hermine* a deux pelages; en été, elle est brune et se confond assez facilement avec la couleur du sol (fig. 7); en hiver (fig. 8), elle est blanche et son corps se distingue mal sur la neige. Supposons qu'apparaisse une variété qui reste blanche en été elle aura bien plus de peine à s'approcher des petits rongeurs et des oiseaux, ses proies habituelles, elle dépérira, ne se reproduira guère et finira par disparaître.

La même chose à peu près peut être dite d'un oiseau, le *Lagopus mutus*, qui, coloré en été comme les roches qu'il habite, est blanc en hiver de façon à se dissimuler facilement parmi les neiges, a plus de chance d'échapper aux oiseaux de proie que toute variété qui conserverait la même teinte pendant l'année entière.

D'autres animaux du Nord ou des régions alpestres, le renard polaire (*Canis lagopus*), le lièvre variable (*Lepus variabilis*), présentent, suivant les saisons, des changements de coloration tout aussi remarquables.

A certains âges. Tout le monde sait que les chenilles des Lépidoptères muent et que ces renouvellements de cuticule sont accompagnés de changements dans la coloration. Or, on a constaté, chez un grand nombre de formes différentes, que les chenilles très jeunes, trop faibles pour se bien cacher et ne mangeant que des feuilles tendres, sont d'un vert plus ou moins clair, tandis que plus tard, devenues fortes et sachant se dérober à la vue des oiseaux, elles revêtent une livrée foncée, parfois à couleurs tranchées.

Permanente. Les faits de mimique permanente sont les mieux connus et les plus nombreux.

Les Diptères du genre *Volucella* entrent dans les nids des Hyménoptères (bourdons, guêpes) pour y déposer leurs œufs, leurs larves carnassières, dévorant ensuite celles des Hyménoptères en question. Un déguisement complet permet aux volucelles de tromper la vigilance de leurs victimes; chaque forme de volucelle ressemble d'une manière remarquable à l'insecte, chez lequel elle introduit frauduleusement ses œufs.

Dans les forêts de l'Amérique du Sud, volent un grand

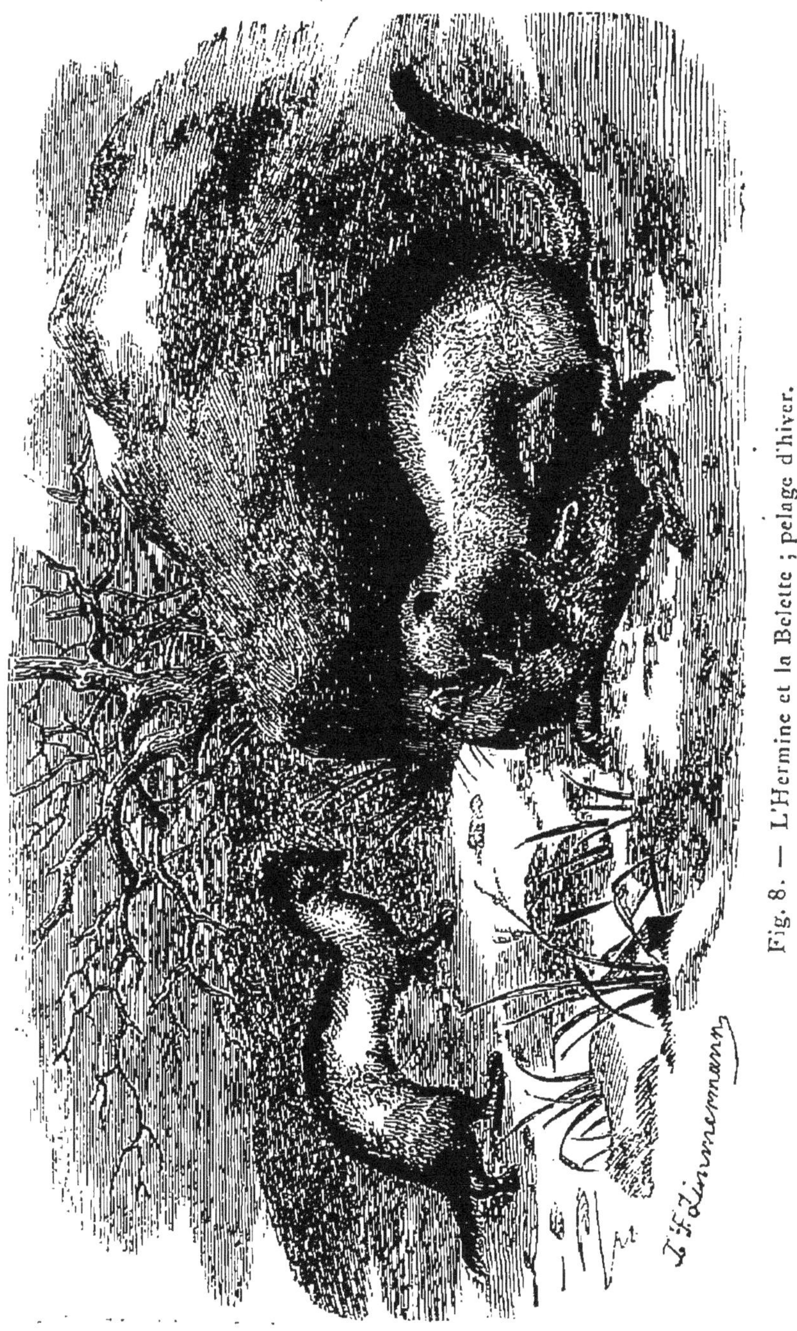

Fig. 8. — L'Hermine et la Belette ; pelage d'hiver.

nombre des papillons du groupe des *Heliconides*, mais que

les oiseaux respectent à cause de leur odeur âcre et désagréable. Parmi les Lépidoptères d'autres familles, qui n'ont pas ce moyen de défense, se trouvent les *Leptalis;* la nature les a pourvus d'un costume protecteur : plusieurs ressemblent extraordinairement aux Héliconides. Un entomologiste ne s'y trompe pas, mais les oiseaux tombent facilement dans l'erreur.

Des insectes ont beaucoup d'analogie avec de petits fragments de bois mort, d'autres ressemblent à des lichens, à des feuilles. De petits Lépidoptères dont les ailes sont découpées en plusieurs branches garnies de balbules, de façon à ressembler à des éventails de plumes, les *Ptérophores*, peuvent être pris, lorsqu'ils volent, pour des akènes de plantes composées, munies de leurs aigrettes et emportées par le vent.

Les poissons Lophobranches qui vivent près des côtes, au milieu des algues ondoyantes, se dissimulent aisément entre les lanières végétales, grâce à la ressemblance existant entre leur couleur et leur forme et celle de plantes marines auxquelles ils se suspendent par leur queue préhensile.

La nature animale presque entière revêt parfois, dans une contrée, un aspect spécial dont la cause première ne peut être que la nécessité où se trouvent les animaux de se cacher le mieux possible. Dans le Sahara, le désert ne présente dans toute son étendue immense qu'une seule couleur, celle du sable. C'est une teinte jaunâtre, tantôt tirant vers le gris et le blanc, tantôt plus foncée ou brunâtre. Ce n'est que dans les oasis clairsemées que le vert uniforme des dattiers fait diversion.

Or, ce qui frappe le naturaliste arrivant du littoral où les plantes toujours vertes dominent, c'est l'absence de toutes couleurs vives, rouges, vertes et bleues, chez les animaux habitant le désert. Sauf quelques exceptions, tous les animaux, depuis les mammifères jusqu'aux invertébrés, présentent des teintes qui se rapprochent de celles du terrain.

Cette adaptation est surtout remarquable chez les oiseaux, les reptiles, les sauterelles... Dans la région des plantes toujours vertes, les espèces sont parées des couleurs les plus vives; dans le désert, les espèces correspondantes sont jaunâtres ou grisâtres.

L'*Uromastix acanthinurus*, — Debb des Arabes, vulgairement fouette-queue, — est un lézard à queue large et plate, garnie d'anneaux d'écailles épineuses. Il est dans l'obscurité d'une couleur sombre semblable à celle de certaines ardoises. Exposé au soleil, l'Uromastix devient toujours plus clair et, à la fin, il a une teinte d'un blanc jaunâtre avec de petites taches rondes d'un noir foncé. Dans cet état, la couleur et le dessin de sa robe ressemblent, à s'y méprendre, à un sable fin mêlé de petits grains noirs.

Une seule catégorie d'insectes fait exception; sauf quelques formes, les coléoptères sont noirs ou paraissent noirs à distance. Comment expliquer cette distinction ? M. Carl Vogt, auquel nous empruntons textuellement ce tableau de la nature saharienne, rappelle que tous ces coléoptères ont une odeur désagréable, les élytres très bombés, le corselet et la tête inclinés ver le sol et que tous font les morts dès qu'ils sentent l'approche du danger. Ainsi contractés, ils ont la plus grande analogie avec les excréments des gazelles, des chèvres et des moutons. On peut donc admettre que cette ressemblance, jointe à la mauvaise odeur, est une protection efficace.

La peur chez le chien et le chat.

La peur — on le voit par ces phénomènes de mimique — est d'une utilité incontestable. Elle tient à l'instinct de la convervation de l'espèce et de l'individu, mais elle peut atteindre des proportions effrayantes.

Le cheval, voyant l'ours pour la première fois, tremble et son cœur se met à battre avec une telle violence que le chasseur l'entend; ajoutons que bientôt — comme chez le conscrit qui affronte le feu — à la peur succède le plus vif enthousiasme.

Un *Quatorze Juillet*, je me trouvai chez mon vieil ami Léon Preux. Son chien, un griffon, au bruit de toutes les fusées, de tous les pétards que depuis le matin tous les gamins du quartier ne cessaient de faire éclater, était dans un état de transe affreux à voir. Les yeux égarés et démesurément agrandis, la pupille dilatée, la langue tendue, la bouche largement ouverte et haletante, le corps agité d'un tremblement convulsif, il n'avait pas mangé depuis la veille et n'avait pas non plus exécuté ses besoins naturels. Même le sucre pour lequel il ferait normalement des bassesses lui était devenu tout à fait indifférent !

U. Van Ende enferma une nuit un chat dans sa chambre à coucher infestée de souris. « La lune dans son plein illuminait la chambre et on voyait son disque se dessiner dans la fenêtre sans rideaux, ni stores. Le chat, dont les yeux flamboyaient malgré cette clarté, se tapissait au bout de la chambre avec des miaulements féroces et s'élançait d'un bond jusqu'à la fenêtre ; il retombait et j'entendais ses griffes sillonner les carreaux, mais il courait de nouveau à son premier poste pour recommencer le même manège. L'excitation de l'animal avait vraiment quelque chose d'effrayant. » L'auteur attribue à la lune l'épouvante du chat.

Cet animal, lorsqu'il est affolé, retrouve toutes les allures de sauvagerie qui caractérisent les félins ; et il est de tradition à la campagne de ne jamais battre un chat dans une pièce fermée, si l'on ne veut se faire aveugler ; dans sa terreur, il ne connaît plus rien, son maître ou les étrangers seraient tout aussi bien les victimes du courage que lui donne la peur.

Un tout petit crustacé (*Linceus sphericus*), témoigne le aussi des sentiments de crainte, il sert de proie aux larves aquatiques de Coléoptères (*Naïs*) et les petits dès qu'ils ont conscience de la présence de leurs ennemis, se serrent contre l'armure de leur mère.

La peur inspirée par le lion.

Le lion, le roi des animaux, est loin, lui aussi, d'être absolument dépourvu de peur, et les voyageurs éprouvent une sorte de déception à la vue des habitudes étranges, nocturnes, peureuses que prennent les anciens souverains du monde qui disparaissent en présence des engins meurtriers de l'homme. Cependant, dit Brehm, « il est impossible de se faire une idée de l'effet que produit la voix du lion sur les autres animaux. A cette voix, en effet, l'hyène cesse un instant de hurler, le léopard de grogner; les singes poussent de hauts cris et se sauvent avec effroi sur les cimes les plus élevées; le silence de la mort remplace les bêlements du troupeau ; les antilopes fuient effarées à travers les buissons; le chameau se met à trembler, n'obéit plus à la parole du chamelier et cherche son salut dans une fuite rapide; le chien, qui n'est point dressé pour la chasse au lion, cherche en gémissant un refuge auprès de son maître. L'homme lui-même, lorsqu'il entend pour la première fois ces terribles rugissements au milieu des ténèbres de la forêt vierge, se demande avec anxiété si son courage ne faiblira pas devant celui qui les pousse. Les animaux éprouvent les mêmes angoisses et les mêmes terreurs lorsque, sans entendre la voix du lion, ils s'aperçoivent de sa présence et même lorsqu'ils le sentent sans le voir, car tous savent que son voisinage est la mort pour eux. »

Le tigre, l'ours et parfois même leurs cadavres inspirent à peu près la même frayeur aux autres animaux.

Au cri terrible du tyran des jungles indiens, du tigre, tous les animaux tremblent, s'enfuient ou se taisent, et le lion lui-même agite sa crinière avec une colère mêlée d'inquiétude. Et cependant, comme tous les félins, il se tapit dans les fourrés et ruse avec sa proie. Il n'a pour ennemi que le boa qui l'enserre de ses nombreux replis, l'étouffe et l'avale péniblement.

Les animaux domestiques s'écartent à peine sur le passage d'un bœuf, qui s'avance de sa démarche nonchalante, tandis qu'un taureau qui charge tête baissée, fait fuir tout ce qu'il rencontre.

Les grands oiseaux de proie tiennent parmi la population ailée la même place que les précédents.

L'approche du loup rend les chevaux inquiets et impatients, les autres animaux prennent la fuite aussitôt. L'odeur du renard provoque chez le lièvre de véritables accès de folie. La fouine terrorise les volailles au point qu'après une de ses visites il est impossible de les faire rentrer et de les retenir sous l'abri préparé par l'homme.

La peur inspirée par les serpents ou ophidiophobie.

Les peurs qui précèdent sont motivées en ce sens que le danger est réel pour les animaux qui l'éprouvent, mais il est une autre terreur répulsive et instinctive même pour l'homme, c'est celle des ophidiens (couleuvres, vipères) et des batraciens (crapauds).

Nous la trouvons sous la forme agressive chez le serpentaire, le geai et la cigogne, le jungle-fowl, qui détruisent les serpents avec acharnement; le chat, le renard, le putois, la mangouste, le hérisson, la taupe, le porc font de même. Quelques-uns les mangent, mais beaucoup d'autres se bornent à les tuer.

Mon excellent ami Stéphane Mathey, artiste peintre (1), au cours de ses excursions faites en vue d'étudier

(1) Le salon des Champs-Élysées de 1890 contenait de ce peintre un portrait de l'auteur.

la nature, a été témoin d'un fait curieux de lutte entre un hérisson et une vipère. Il allait couper en deux un de ces reptiles endormi au soleil, quand il vit un hérisson glisser prudemment sur la mousse et s'en approcher sans bruit. Le spectacle fut alors des plus intéressants. Le hérisson, à peine à portée de sa proie, la saisit par la queue avec les dents et, plus rapide que la pensée, se roule en boule. La vipère réveillée par la douleur se retourne, aperçoit son ennemi et lui lance un coup terrible. Le hérisson ne bronche pas. Affolée, la vipère le traîne et le roule; elle se débat, siffle et se tord dans d'affreuses convulsions. Au bout de cinq minutes, elle est en sang; sa gueule n'est qu'une plaie; elle tombe épuisée sur le sol; encore quelques soubresauts, puis les dernières convulsions de l'agonie, et elle expire. Quand le hérisson l'a bien sentie morte, il la lâche et se déroule tranquillement. Sans doute, il allait se mettre à table séance tenante et dévorer cette proie qu'il avait en quelque sorte obligée à se tuer elle-même sur ses piquants, quand la vue de l'artiste le mit en déroute. Le hérisson se repelotonna alors, pour revenir, sans nul doute, à son festin quand il fut seul.

L'*ophidiophobie* produit une paralysie de l'appareil moteur pouvant aller jusqu'à la raideur cataleptique.

Diversité des manifestations : la fuite, l'arrêt, ou la lutte.

Comme l'homme, l'animal est susceptible de combattre la peur en prenant l'habitude du danger. Le triomphe devient d'autant plus facile que le succès a affermi davantage la conscience individuelle ou héréditaire de sa force. Mais le développement même de cette confiance enlève le courage qui présidait à l'origine aux actes de l'animal : car, pour nous, il n'y a de courage qu'avec la connaissance du danger et la pensée de ce même danger au moment de l'accomplissement de l'acte qui va au-devant.

La peur cède aux besoins physiologiques : faim, rut, « La faim chasse le loup du bois ».

Dans certains cas, elle détermine la lutte, l'animal qui fuyait se retourne brusquement et tente un dernier effort pour repousser l'ennemi. C'est ainsi que, si nous sommes menacés de la chute d'un corps pesant, notre premier mouvement est de nous en éloigner, mais si nous comprenons qu'il est trop tard, nous étendons les bras au-devant du danger et nous essayons de l'écarter de nous.

La peur excite donc ou paralyse l'animal ; il tremble ou il crie et son cri parfois perçant peut, en effrayant momentanément son adversaire, l'empêcher d'attaquer ou permettre au premier animal de se mettre sur la défensive.

Assaillant et assailli essayent de s'intimider mutuellement : le lion applique sa gueule contre terre pour augmenter l'effet de son rugissement ; le gorille redresse la touffe de poils qui garnit le sommet de sa tête et se martèle la poitrine à coups de poing.

Ces réactions, fuite, immobilité, frissons et cris sont communes à l'homme et à l'animal. Elles sont produites par le danger, ou même l'apparence seule. Les orages produisent une inquiétude vague, inexprimable, une sorte de terreur muette où la peur se joint à l'énervement.

Les conditions les plus favorables à la production de la peur sont l'inconnu, la solitude et l'obscurité.

La crainte de l'inconnu ou *misonéisme* — dont nous parlerons bientôt — est surtout très nette chez les animaux, ils ne s'en approchent qu'avec méfiance et encore préfèrent-ils s'en éloigner généralement. Les *éclipses* leur ont parfois été fatales par la peur mortelle qu'elles ont produite. Arago a vu en 1842 un chien affamé refuser la nourriture tant que dura l'occultation. Les bœufs qui paissent se rangent en cercle et s'adossent comme pour une défense commune. Les moutons dispersés serrent leurs rangs. Les oiseaux se cachent ou meurent de peur : sur trois linottes d'une cage on en trouva une morte de terreur à la suite de l'éclipse du 8 juillet 1842. Des poules abandonnèrent leurs graines et se cachèrent dans une étable. Un pigeon qui volait se laissa choir, pour ne se relever que l'éclipse finie.

On se sert d'objets brillants ou insolites pour épouvanter les oiseaux, afin qu'ils ne mangent pas les fruits.

Quoi qu'il en soit, que cette crainte soit parfois raisonnée comme chez l'homme, ou toujours instinctive, elle protège — nous le répétons — l'animal contre ses propres ennemis qu'elle lui indique tacitement.

Il ne faut pas non plus oublier que c'est la peur qui a servi à la domestication des animaux ; ceux-ci ne se sont pas soumis à l'homme par affection, ils ne l'ont fait que par crainte d'un être supérieur qui les avait déjà une fois domptés. Nous serions donc bien mal fondés à médire de ce sentiment, que d'ailleurs nous partageons et qui nous a donné nos meilleurs domestiques et parfois, dans la suite, de fidèles soutiens et amis, comme le chien.

Le courage d'un lapin.

Il n'est souvent — dit un proverbe populaire — qu'un poltron pour être brave quand il se mêle de l'être. Dans ce cas, la peur devient du courage et elle implique un certain raisonnement qui a fait vaincre à l'animal son caractère hésitant et timide.

C'est ainsi que le docteur Laborde (1) a narré les exploits d'un vulgaire lapin de chou, qui a été légendaire au vieux laboratoire de physiologie de la Faculté de Médecine de 1877 à 1881. « Sa réputation s'était même étendue assez loin, au dehors — dit le Dr J.-V. Laborde — car il était devenu l'objet de la curiosité publique, presque à l'égal du musée Dupuytren, devant lequel on le voyait souvent stationner ; si bien que le gardien d'alors, — concierge de l'Ecole pratique et ancien militaire — offrait presque toujours à ses visiteurs Bertrand comme dernier régal, autant dans l'intention de montrer un phénomène que d'arrondir très probablement son pourboire. »

Soumis à une section du tronc du nerf facial, il eut un abcès dont il venait se faire soigner si on l'oubliait; il en conserva une hémi-paralysie de la face, c'est-à-dire la chute presque complète d'une oreille, l'autre gardant ses mouvements et son attitude. Les muscles de la joue s'atrophièrent, tandis que ceux de l'autre côté eurent une prédominance d'action. Aussi avait-il un *facies* des plus comiques, surtout quand il examinait — méfiant et scrutateur — une personne venant au laboratoire pour la première fois.

Il était terrible pour les chiens — sauf les deux du laboratoire, avec lesquels il vivait en bonne intelligence.

S'il rencontrait un chien aux abords du laboratoire, il se précipitait délibérément sur lui, quels que fussent sa taille et sa force, battant du tambour avec ses pattes, sur son nez et sur son dos, jusqu'à ce qu'il l'eût mis à la porte, le pourchassant parfois jusque dans la rue. Nous l'avons vu, un jour, aux prises avec un énorme chien de

(1) Laborde, *Revue scientifique*.

montagne, qui appartenait au chef du matériel de l'Ecole, et qui ne passait pas pour commode. Bertrand ne fit, avec ses pattes, qu'une bouchée de ce molosse, qui s'enfuit piteusement, la queue entre les jambes, et en poussant des cris de frayeur. Il ne revint jamais au laboratoire, quoique habitant tout à côté.

On a vu aussi le lièvre élevé en domesticité soutenir vaillamment et victorieusement le combat avec son plus terrible ennemi, le chien de chasse.

L'idée du danger et les précautions qu'elle inspire.

La peur peut — singulier et logique paradoxe — développer le courage. L'animal ennuyé d'avoir toujours peur et de trembler cherche à mieux connaître le danger et à l'affronter. Le loup en arrive à attaquer l'homme même lorsque plusieurs de ses compagnons ont été tués (fig. 9).

L'idée du danger et les précautions nécessaires pour l'éviter ou le dompter dérivent nécessairement de cet état d'esprit. Les castors, par exemple, évitent l'homme — quand ils sentent son voisinage — en ne montrant pas leur industrie et en se creusant un terrier. Les mêmes animaux peuvent être asphyxiés dans leurs huttes lors des grandes crues ; dans ces cas ils en crèvent avec leurs dents la partie supérieure et s'échappent. La pie, pour dépister ses ennemis, se construit plusieurs nids ; s'empresse avec une ostentation voulue vers eux et travaille au véritable berceau seulement quelques heures par jour. Les abeilles ont également un ensemble de précautions — sans doute instinctivement créées par l'idée du danger ; — ainsi la *melipona geniculata*, de l'Amérique du Sud, place ses rayons dans le creux d'un arbre ou dans une fente de rocher, obturant toutes les crevasses, et ne laisse subsister qu'un trou circulaire servant d'entrée. Et encore chaque soir cette porte est fermée par une mince cloison, enlevée le matin. Un essaim donné au Jardin d'acclimatation fut examiné en 1874 par M. Drory et permit de constater ces faits. Si une ouvrière était en retard, elle perforait la cloison et le trou était aussitôt rebouché.

Nos abeilles agissent de même pour se défendre d'un gros papillon nocturne, le *sphynx tête de mort* qui est très friand de miel. Huber remarqua lors d'une sorte d'épidémie de ce papillon en Suisse, le fait de quelques ruches ne présentant à leur base qu'une étroite ouverture percée dans de la cire; pour d'autres, une série de murs parallèles en avant d'elles afin que l'instrus ne pût circuler entre les corridors tortueux ainsi formés. Ces barricades ne sont faites que lors des invasions des sphynx.

A l'Exposition de 1855 on voyait une ruche artificielle fermée par un vitre et un volet de bois. Celui-ci était constamment soulevé par les curieux, les abeilles le mastiquèrent avec du propolis, substance fabriquée avec la résine de différents arbres et désormais personne ne les troubla plus.

Le *Nelicourvi Baya* est un oiseau de l'Amérique du Sud qui se défend des serpents — très amateurs des couvées — en éclairant son nid avec des vers luisants.

La peur est instinctive et ce qui le prouve ce sont les faits de terreur éprouvés par des animaux et que ne justifient nullement leurs sensations antérieures. Ainsi un jeune chien qui n'avait jamais vu de loup entrait dans de véritables convulsions à l'odeur d'une peau de cet animal. On peut faire souffler et cracher des petits chats aveugles en les caressant d'une main dont on vient de toucher un chien (Spalding). L'odeur du lion

Fig. 9. — Le loup. Il attaque l'homme.

a terrorisé les chevaux et les bœufs, dans le voisinage d'une ménagerie de Berlin, sans qu'ils aient jamais pu avoir aucune relation avec des fauves de cette espèce (Hartmann).

La peur, motivée par la mobilité, le son, les différences d'attitude.

Pour U. Van Ende la peur réside dans l'idée de danger, d'ennemi, dans la notion de l'être. Les diverses particularités morales — timidité, douceur, ruse, courage, colère, haine, férocité — sont dues exclusivement à la peur. Sauf quelques exceptions motivées, tout être qui peut se mouvoir et agir est pour l'animal un ennemi naturel. L'ensemble des phénomènes de terreur, surtout de l'inconnu, se rattache à l'idée de l'être et crée un état mental plus pénible que la crainte d'un danger précis. La curiosité, l'imitation et même la religiosité dérivent de la peur.

Cet ensemble de propositions a besoin d'être développé et c'est ce que nous allons faire en suivant U. Van Ende.

La notion de l'être existe, elle est *intuitivement* comprise par l'animal — nous l'avons démontré plus haut. — Le passage d'une ombre pousse l'huître à refermer ses valves. Les crevettes se dispersent à l'approche d'un corps de grande dimension. L'abeille et certaines fourmis attaquent l'intrus. Il y a donc idée de force et qui plus est de force dangereuse. L'immobilité éveille en quelque sorte l'idée inverse ; c'est ainsi que le pêcheur à la ligne, le chasseur à l'affût ou au furet (fig. 10) utilisent cette notion et en profitent.

Beaucoup d'oiseaux restent indifférents à la vue d'un homme immobile et sont effarouchés de ce qui se dé-

Fig. 10. — Chasse au furet.

place. Un chapeau jeté en l'air rend la mésange charbonnière folle de terreur ; la vue perçante de certains oiseaux leur décèle le moindre indice de mouvement, — pour eux — signal de fuite. L'hippopotame en course, en revanche, se jette sur tout ce qui bouge. Le chien des prairies se terre.

Le son est un signal d'alarme, il décèle la présence d'un ennemi. Celui-ci utilise parfois cette notion. Le pic épeiche frappe contre une petite branche et court de l'autre côté attraper les insectes effarouchés. La mésange charbonnière agit de même. Les poissons ne se laissent prendre que dans le silence. L'appel de la poule, même enfermée dans une boîte, fait accourir les poussins nouveau-nés. Les jeunes marcassins font de même pour le grognement de leur mère. Le cri du faucon paralyse même le dindonneau qui ne l'a jamais vu. Tout bruit insolite — et ici entre la notion de l'inconnu — effraye l'animal. La bête qui veut surprendre sa proie, se glisse inaperçue et sans bruit. Le héron feint le sommeil, l'engoulevent fait de même pour tromper le chasseur ; le renard assis sur ses pattes de derrière, celles de devant croisées sur sa poitrine, cherche à imiter la forme et l'immobilité des élévations du sol. (Noé, d'Alger).

Les différences d'attitudes sont également des signaux d'alarme. L'hoploptère épineux est, pour toute la gent emplumée, une sentinelle précieuse. La fuite d'un nandou communique la terreur à des troupeaux de bœufs et de chevaux. Le tok, par ses cris, annonce l'ennemi aux oiseaux et aux mammifères d'une forêt. Le courlis et le chevalier avertissent les oiseaux du rivage.

Certains oiseaux préviennent des mammifères. L'oiseau des plaies *(Hyas egyptiaca)* est-il inquiet, l'hippopotame regagne l'eau. Il en est de même pour l'ani *(Buphaga africana)* et le *Texter erythorynchus* vis-à-vis du rhinocéros et du buffle.

L'être animé est donc dangereux pour l'être animé. L'état de nature est une hostilité sans merci (Espinas); la méfiance est le propre de l'état sauvage (Darwin). Nous avons développé ces notions en étudiant les qualités et les défauts des animaux; nous n'y reviendrons pas. De la peur et du sentiment de son impuissance à se défendre seul naît, pour l'animal, l'idée de l'association; d'où, les bandes ou réunions d'animaux similaires ou même dissemblables, oiseaux et mammifères.

La peur formant le caractère, inspirant le courage et les massacres inutiles.

De l'impossibilité de fuite dans un cas donné a dû naître l'idée de vendre chèrement sa vie, de se défendre, de disputer pied à pied le terrain. L'idée existe-t-elle réellement dans le cerveau de la bête? La réponse est impossible, mais on pourrait dire, en voyant les faits, ce que Newton disait de sa fameuse loi de la gravitation universelle : *Les choses se passent comme s'il en était ainsi.*

Si la défense est ainsi venue, si le succès en a couronné les vaillants efforts, si l'animal en a conservé le souvenir, ce courage a dû s'acquérir et se conserver. On pourrait le diviser, comme la mémoire, en courage individuel et en courage héréditaire; et on expliquerait ainsi d'apparentes contradictions comme le cas du lapin Bertrand dont nous avons raconté l'histoire, comme ceux des animaux que la faim ou des aptitudes sexuelles rendent braves.

La famille n'existe que par la terreur qui en réunit les membres, terreur due à la tyrannie d'un seul (U. Van Ende). L'idée est tout au moins originale. La crainte du danger extérieur est le véritable ciment des sociétés animales. Les races voisines se détestent : les faucons exécrent les aigles ; le pseudaète attaque tous les autres rapaces, et parmi ceux-ci, les diurnes ont une haine connue contre les strigiens. Le corbeau noir est traité d'ennemi par les corvidés, le cygne chanteur hait le muet. Chez les échassiers et les mellirostres, les grandes espèces tyrannisent les petites et détruisent leurs jeunes. Le colin se bat avec les pigeons et les coqs. Les colibris ont des antipathies analogues, le lampornis mango est leur persécuteur. Les hamadryas et les geladas sont deux espèces de babouins ne se rencontrant jamais sans se livrer des batailles rangées. La viudita craint toutes les autres petites espèces de singes. Le chien et le loup se détestent, mais s'accordent pour détester le renard ; de même pour le guépard et le léopard, le furet et le putois. Le surmulot chasse et détruit son cousin le rat noir. Le phacochère captif attaque les cochons domestiques ; pareillement le yack et le bison chassent de l'étable les bœufs domestiques. L'élan et le cerf se jalousent. Les delphinidés se combattent et l'épaulard est la terreur des autres dauphins. Les animaux, comme les hommes d'ailleurs, oublient facilement, si tant est que cela soit, leur communauté d'origine !

La terreur est donc un sentiment universel, elle domine tout et tous. Cependant un contact fréquent use et arrondit sans doute les angles des caractères et les arêtes vives de la peur car il existe de nombreux exemples d'animaux vivant côte à côte sans se fuir ni s'attaquer. La méfiance disparaît ou plutôt s'endort. Un cheval mordu par un jaguar a peur de tout (Brehm). Des animaux domestiques ou captifs et habituellement doux fondent à l'improviste et sans raison apparente sur leurs gardiens ou sur d'autres êtres dont ils avaient jusque-là accepté la proximité (U. Van Ende).

La *combativité* est une dérivée de la peur; et il se produit aussi de véritables combats homériques et disproportionnés où le plus faible triomphe, la mygale arrive à vaincre l'oiseau (Bates).

Dans ce dernier cas, il est peut-être possible d'attribuer la peur à des rêves, à des illusions, à certaines maladies (rage) qui donnent des hallucinations terrifiantes comme nous le verrons dans le chapitre du sommeil. L'imagination joue alors un rôle considérable, celui d'agrandir démesurément les effets réels des choses. Nous avons vu que parmi les phénomènes de la terreur les plus remarquables sont inspirés par le lion et par son rugissement. La peur peut parfois produire la catalepsie et même la mort; chez l'homme le fait a été souventes fois signalé, et il existe aussi chez les animaux. Romanes l'a observé sur un écureuil, il croyait en déposant sa capture, que cet animal faisait le mort; il attendit un peu, puis vit qu'il avait réellement trépassé.

La peur du fort et la peur du faible.

Tout animal en craint en général un plus grand ou plus volumineux que lui, fût-il pacifique. C'est ainsi que les grands pachydermes sont universellement craints. Il est aussi une terreur vague, « celle qu'inspire au colosse l'insecte qui le ronge » comme dit

Zola (1), et où le rapport de taille est inverse : le terrifié est géant; le terrifiant, pygmée!

La fable *du Lion et du Moucheron* de La Fontaine est vraie. Pour le colibri, l'araignée est un ennemi très sérieux; la souris naine met dans ses luttes contre les mouches autant d'acharnement que si elle combattait un lion. Les serpents et les sauriens inspirent une terreur instinctive que nous avons décrite. Les abeilles défendent leur miel. Les abeilles et les fourmis sont craintes des jeunes dindons (Spalding). L'apparition d'une seule mouche à bétail fait fuir des troupeaux entiers dans une panique indescriptible. Des ennemis plus petits encore sont de véritables fléaux, justement redoutés. Les oiseaux se roulent dans la poussière pour se délivrer de leurs parasites; la grue s'enduit de terre au moment de la ponte. Les porcs et les rhinocéros se couvrent de boue, les buffles se plongent dans l'eau jusqu'au nez, les chiens et les chats chassent leurs parasites avec les dents, le singe avec les ongles, le renne émigre au loin.

Le fort et le faible sont donc aussi à craindre l'un que l'autre, l'animal l'apprend à ses dépens et de là l'idée de massacres inutiles destinés à le débarrasser d'êtres qui pourraient devenir des ennemis! De là encore des attaques inutiles et injustifiées, des provocations sans mobile, des combats sans résultat appréciable. Les fourmis ont entre elles de redoutables luttes que ne justifie pas le besoin de vivre. Le céréopsis attaque tout être vivant sans toucher aux victimes qu'il a faites. Le cygne tue sans raison des oiseaux d'espèces plus faibles. La cigogne se livre à une destruction platonique de crapauds. Un gibbon

(1) Zola, *La Bête humaine.*

hylobate saisit parfois, — a vu U. Van Ende — un oiseau au vol et lui arrache la tête d'un coup de dent pour la recracher aussitôt en rejetant sa proie. La viudita entre en rage à la vue d'un oiseau et l'égorge sans le manger. Le chien fait de même pour les hérissons et les tatous, le lion tue le soko, le cerf de Virginie enlève la tête des poulets et des canetons, l'hippopotame charge les bœufs, le pecari poursuit les chiens, le rhinocéros se rue sur tout ce qui bouge, les porcs déchirent le chien, l'épaulard en fait autant pour la baleine, les buffles attaquent les grands carnassiers et l'homme, l'ours marin poursuit tout ce qui passe, et tout cela sans but apparent.

Le misonéisme ou néophobie, la peur de l'inconnu.

L'inconnu effraye. Toute apparition inaccoutumée stupéfie le chevalier; il en est de même pour les gallinacés, le crave, l'huîtrier, l'œdicnème, le vanneau, la bécasse, qui examinent scrupuleusement tout nouvel être ou le fuient. « Tout est source d'effroi pour l'ouistiti. Le bourdonnement d'une mouche suffit pour éveiller les lémuriens, le coassement d'une grenouille pour faire fuir le lièvre. Le kanguroo géant a peur des plus petits oiseaux; l'alactaga, des animaux les plus inoffensifs. Il en est de même des hystricidés. L'apparition d'un sanglier fait fuir tout un troupeau d'éléphants; pour eux une souris, une mouche sont une cause d'effroi. Le daman se sauve devant une pie, un pigeon, une hirondelle » (U. Van Ende).

C'est évidemment là de l'instinct et non une habitude héréditaire de fuir tous les êtres. Il en est beaucoup, parmi eux, d'inoffensifs et ne justifiant aucune crainte, ni aucune fuite. Et nous partageons cet instinct avec les animaux. Nous avons horreur du nouveau, en même temps que soif de l'inconnu. La curiosité puise son origine à la même source que la peur. Un objet est-il petit? il nous intrigue. Est-il gros, il nous effraye. Ce n'est que par le raisonnement que nous nous rendons compte de l'étrangeté des choses ou des êtres qui nous étaient jusque-là inconnus.

Un cri plus retentissant que d'ordinaire, un aspect insolite; en voilà souvent plus qu'il n'en faut pour effrayer les êtres vivants. Brehm rapporte l'histoire d'un bouc qui, voyant un Anglais endormi balancer la tête dans son sommeil, le réveille brusquement en le chargeant à coups de cornes. Darwin cite un babouin qui entrait dans une telle fureur lorsque son gardien faisait mine de lire devant lui une lettre ou un livre, qu'il en arrivait à se mordre la jambe jusqu'au sang. Romanes raconte qu'ayant essayé de faire des grimaces à son chien, sans y joindre aucune démonstration de colère, l'animal en éprouva néanmoins une véritable terreur qui le fit se réfugier sous un meuble en tremblant. Il en a été de même — nous l'avons vu en étudiant l'imagination — pour le chien dont l'os semblait s'être animé. Ramel décrit l'effroi de son cheval et de ses chiens à la première vue d'un émou. Il en est ainsi pour l'ornithorynque vis-à-vis des chiens et des chats; pour toute espèce de tatous vis-à-vis des chiens.

C'est là le *misonéisme*, — la haine du nouveau — terme que le professeur Ch. Richet (1) propose de remplacer par celui — plus étymologique — de *néophobie*.

(1) Richet, *Revue des Deux-Mondes*, 30 juin 1886.

C'est, — dit le professeur Lombroso — « la difficulté et le malaise qu'éprouve le cerveau de tous les animaux, aussi de l'homme et surtout de l'homme primitif ou de l'homme faible d'esprit dans la perception de toutes les sensations qui sont nouvelles. » Bret-Harte a publié l'histoire de ce chien qui s'acharnait contre toutes les nouveautés modernes, le gaz, les chemins de fer. Les chiens aboient à tous les étrangers. Le cheval se cabre parfois contre le cavalier qui a changé de visière. Le docteur H. de Varigny — le traducteur de l'*Évolution mentale des animaux*, de Romanes — a démontré que le misonéisme chez les chats est très net :

> Je me rappelle toujours, dit-il, les airs effarés et navrés que prenait un chat à nous appartenant, lorsqu'il voyait le salon disposé pour la danse. L'exode des meubles et du tapis le mettait hors de lui : il miaulait plaintivement et suivait chaque membre de la famille tour à tour, comme pour lui demander des explications.
>
> La vue de la danse le déroutait plus encore.

Une poule peinte en vert, par plaisanterie, fut repoussée de ses compagnes. J'ai vu une poule égarée, rentrant quelques jours après dans sa basse-cour, être battue par les autres ; était-ce misonéisme — faute d'être reconnue — ou châtiment de sa désertion ! Un singe affublé d'oripeaux, fruit de sa captivité fut poursuivi par les siens : Darwin rapporte l'épouvante de son cheval à la vue d'un séchoir mécanique recouvert d'une bâche et abandonné en plein champ. J'ai vu fréquemment à la campagne des chevaux avoir peur des trains de chemins de fer ou même refuser de passer sous un pont.

L'agrandissement de l'idée du danger avec la nuit.

La crainte a des degrés selon que l'animal sait ce qu'il redoute, connaît le danger ou ignore ce qui le menace, ce qui est le cas, lorsqu'il est en présence de l'inconnu. Il est alors affecté d'un fond d'inquiétude latente alimenté par l'imagination. Tout est troublé, repos, sommeil, comme le décrit La Fontaine à propos du lièvre; il en est de même de la marmotte. L'hibernation semble impuissante, chez le lérot, à couper court à ce travail maladif. Le grand jour le dissipe parfois, mais les ombres de la nuit le rétablissent. Toute perception nette est impossible, les objets ont une forme vague et indécise, les bruits semblent mystérieux et intenses, la double volupté du silence et de l'ombre pèse sur la nature alanguie et endormie; l'imagination non distraite est plus active et prête aux mille riens qui s'imposent à elle une importance exagérée que ne peut rectifier la vue ni les sens; le danger semble planer dans l'air, bruire aux oreilles, frôler les corps; la peur se change en épouvante. La vue hallucinée croit voir, dans son ombre parfois, des fantômes, des ennemis à taille fantastique; elle les voit réellement, ils approchent, ils sont là, et l'animal effaré, terrifié, hagard, est inerte, il est cataleptisé, il est mort! tel l'individu éprouve dans la nuit ces sensations désordonnées qui peuvent avoir un dénouement fatal.

Combien d'animaux quittent, le soir, leur retraite pour ne reparaître que le lendemain. Ils ont besoin de mouvement pour diminuer leur imagination et la tuer par la fatigue, tel le voyageur, attardé dans la forêt, chante pour se persuader à lui-même, — et il en a besoin — qu'il est brave!

Spallanzani a observé la disparition mystérieuse et quotidienne des martinets qui ne perchent jamais à terre pendant la nuit, et s'élèvent régulièrement dans les airs tous les soirs après le coucher du soleil, pour ne revenir que le lendemain matin. Les terreurs nocturnes des vaches ont donné lieu à la légende populaire de l'enlèvement du troupeau. Le chien le plus paisible devient féroce une fois la nuit tombée, et c'est ce qui le rend un fidèle gardien de nos habitations. Le saïmiri n'ose pas se déplacer pendant la nuit; de même les cimarrones ou chevaux des pampas. Les mustangs ont pendant les heures nocturnes des mouvements de terreur inexprimable et incompréhensible : ils fuient alors par milliers et se précipitent en aveugles à travers les feux des campements, franchissent des rochers et des précipices où beaucoup d'entre eux se tuent.

Cette terreur vague fausse le jugement; l'ours gris fuit toujours lorsqu'il n'a fait que percevoir l'odeur de l'homme, tandis qu'il n'hésite pas à l'affronter lorsqu'il le rencontre.

La peur source de la curiosité et la curiosité.

L'animal incarne sa pensée, il crée une chimère qu'il va combattre, il voit dans un objet inerte un ennemi et s'affole. Les vaches qui découvrent ou qui flairent les intestins d'une compagne arrivent dans leur agitation à se combattre entre elles. On a constaté le même fait chez des bisons enfermés dans une cage commune et transportés par mer, chez les buffles qui flairent la piste d'un tigre.

Wundt cite un canari qui, terrorisé par une secousse de tremblement de terre, fondit sur son compagnon de captivité, comme s'il s'en prenait à lui de la commotion ressentie. La fouine, le renard se coupent eux-mêmes la patte prise au piège (fig. 11). Les loutres de mer, ainsi attrapées, « se désespèrent au point, dit Brehm, de se mordre entre elles d'une manière épouvantable. Quelquefois elles se coupent elles-mêmes les pattes, soit par rage, soit par désespoir. »

Et cependant la terreur est souvent dominée par la curiosité. Y a-t-il fascination? attirance vers l'inconnu? attraction vers le mystérieux? sympathie irrésistible vers l'insondable? Quelle que soit la réponse, il est certain que les cynocéphales regardent de près les animaux qui leur inspirent le plus de frayeur. Brehm dit qu'ils ouvrent des boîtes de fer contenant des serpents, lorsqu'on leur en apporte; ils jouissent pour ainsi dire de leur propre terreur!

Darwin a fait des observations analogues sur les singes du jardin zoologique de Londres. Le kanguroo poursuivi regarde ses ennemis. Le lièvre d'Ethiopie, l'éléotrague, le cerf, le guanaco s'arrêtent dans leur fuite pour regarder le chasseur. Les petits oiseaux et les quadrupèdes s'arrêtent près des serpents qu'ils redoutent. Le paralcyon géant se perche au-dessus des camps et examine la façon d'allumer le feu. Les vieux gnous restent des heures à regarder se mouvoir d'autres animaux. Une belette apprivoisée s'approchait dès qu'on prenait un livre ou un papier (Wood). Un marsouin, amené au Jardin zoologique de Londres, était avidement regardé par les cygnes, les oies et les canards inquiets et stupéfaits. Un raton laveur palpait un épagneul et un blaireau (Beckmann).

La peur est donc la mère de la curiosité, de l'*idée du vrai*. Le chat ou le chien mis devant une glace vont voir derrière ce qu'il y a. L'animal se dit peut-être en lui-même ce que nous nous disons parfois quand nous avons peur, que c'est bête et qu'il vaut mieux s'approcher pour se rassurer. Et en effet c'est souvent le meilleur moyen. La curiosité est donc la mère de tous les raisonnements et de tous les progrès; et, comme

Fig. 11. — Renard pris au traquenard.

elle est fille de la peur — mère du courage — celle-ci est donc l'origine de toute industrie et de toute conquête sur la nature. Si ce n'est pas là réhabiliter la peur et la curiosité, ces charmants défauts qu'on prête si gratuitement à la plus belle moitié du genre humain, je ne sais ce qu'il faudrait faire pour y arriver. Et dans ce cas désespéré je laisse à mes lecteurs, surtout à mes lectrices — si j'en ai — le soin de répondre !

CHAPITRE VII

LA MORT ET LE SOMMEIL

Idée de mort. — L'animal différencie le mort du vivant. — Le mouvement caractérise la vie. — Modes d'enlever la vie à la proie. — Simulation de la mort, Romanes, Couch, Jesse, Bingley, de Rochas. — Prescience de sa fin chez l'animal, U. Van Ende. — Le suicide des scorpions, discussions, la négative semble s'imposer, Dr de Varigny. — Le suicide chez les aigles et les mammifères. — Le sommeil. — Simulation du sommeil. — Les rêves, les illusions et les hallucinations. — La mort et les scènes de deuil. — L'affection fait confondre la vie et la mort. — Les funérailles des fourmis. — Le culte des morts.

Les animaux ont-ils les notions de vie et de mort? Bien des auteurs les leur refusent. Darwin traitant de l'indifférence des animaux pour leurs semblables se demande ce que pourraient bien ressentir les vaches lorsqu'elles entourent et fixent une de leurs camarades morte ou mourante. Hartmann admet que le chat sent *par instinct* sa fin prochaine. Romanes cite de nombreux cas de simulation de la mort sans admettre que cela en implique l'idée.

Avant de répondre à la question de cessation de la vie, demandons-nous si l'animal perçoit celle-ci et fait une différence entre l'être qui la possède et celui qui ne la possède pas. Suivons U. Van Ende dans ses exemples.

L'animal différencie le mort du vivant.

Un être qui a cessé de vivre a beau garder sa structure, l'animal ne s'y trompe pas. La charogne la plus fraîche est néanmoins une charogne pour les espèces qui s'en nourrissent et elle l'est également pour les prédateurs qui recherchent la chair vivante. Le condor, d'après Tschudi, suit les troupeaux sauvages et domestiques pour s'abattre immédiatement sur les bêtes qui périssent. Leisler — parlant du vautour qu'il élevait — dit que les animaux en pleine putréfaction étaient dévorés par lui avec autant de plaisir que les bêtes récemment tuées. Une martre, à qui l'on avait jeté un chat encore chaud, lui sauta à la gorge, mais l'abandonna aussitôt qu'elle s'aperçut qu'il était mort. Naumann raconte qu'un œdicnème captif, qu'on nourrissait d'ordinaire d'animaux vivants, se montra extrêmement irrité, lorsqu'on lui offrit un jour un oiseau mort.

Le mouvement caractérise la vie.

Il semble y avoir une perception distincte de ce qui est la vie, de ce qui est la mort. Est-ce le mouvement qui est l'attribut différentiel?

Leisler, raconte que son vautour dévorait les animaux morts, mais ne touchait pas aux animaux vivants : « Si après avoir attaché un chat mort à une ficelle, on l'agitait de côté et d'autre, son premier mouvement était de fuir ; puis il revenait, donnait un coup de patte à la bête morte, se sauvait de nouveau et répétait ce manège, jusqu'à ce qu'il se fût convaincu que le chat était bien mort. »

Le bison, qui a frappé le chasseur de ses cornes, se couche auprès de celui-ci s'il est tombé évanoui, attendant un signe de sa part pour l'achever. Les nandous restent auprès d'un compagnon blessé tant qu'il s'agite.

Le mouvement spontané de la vie *semble* nécessaire à l'animal pour qu'il la perçoive.

Dans une scène de férocité que nous avons précédemment racontée, l'aigle s'était acharné sur le chat, jusqu'à ce qu'il l'ait vu expirer. Les félins, dit Brehm, saisissent leur proie par le flanc ou la nuque et la mordent; puis, desserrant les dents, la regardent pour voir si elle est morte; sinon, ils la mordent encore.

Saisissent-ils donc le dernier souffle, le dernier râle, le dernier mouvement agonique? Qui le sait? Constatons, mais ne concluons rien!

Dans ce même ordre d'idées, nous trouvons cité par Darwin un chien qui voulait rapporter à son maître deux canards blessés; mais qui, empêché par leurs mouvements, en tua un qu'il déposa à terre et qu'il revint ensuite chercher, après avoir rapporté l'oiseau vivant. Darwin raconte également qu'un chien, qui rapportait une perdrix blessée, en rencontra une autre sur son chemin; il ne pouvait s'emparer de celle-ci sans lâcher la première, qu'il prit aussitôt le parti de tuer pour rapporter les deux.

Comment l'animal enlève la vie à sa proie.

Si l'on étudie la façon dont les prédateurs tuent leur proie, on voit qu'ils paraissent connaître la source des manifestations de la vie; ils semblent percevoir le mécanisme des phénomènes respiratoires qu'ils veulent supprimer. Précisons par des exemples.

Le lion saisit sa proie par la nuque, parfois aux naseaux ou au flanc. Livingstone vit deux lions attaquer un buffle : l'un lui sauta sur l'échine, l'autre le saisit à la gorge. Le jaguar s'attaque à la gorge ou à la nuque, le tigre plutôt à la nuque. Le puma ouvre ordinairement la gorge, mais il crève les yeux au caïman. La martre prend sa proie par la nuque ou le cou ou lui broie le crâne. Le furet saisit sa victime par la gorge ou bien par la nuque, lui trouant avec ses canines la moelle allongée. L'hermine égorge les oiseaux en leur broyant le crâne; pour les rats, elle leur saute sur le dos et les mord au cou. L'ours s'attaque généralement à la nuque. Le chien, sauf de rares exceptions, vise sa proie à la gorge. Le renard arrose le hérisson pour le faire se dérouler, puis le saisit au museau. Le hérisson lui-même broie la tête des serpents. Le phalanger ouvre le crâne. Les rats font de même et dévorent la cervelle. Le singe siamang de Bennett saisissait un oiseau pour lui arracher la tête. Un cerf de Virginie, captif, en agissait de même avec les poulets et les canetons qu'il poursuivait dans la cour. Le hamster tue les oiseaux par un coup de dent à la tête. Le corbeau crève les yeux aux agneaux. Nous avons vu un aigle crever d'abord les yeux au chat qu'il tenait en son pouvoir. Ce mode d'attaque est d'ailleurs très commun chez les oiseaux. Le chocard fend le crâne et mange la cervelle. Le geai, le saurosthère broient la tête des reptiles; c'est aussi à la tête que visent le toucan et le commandeur huppé. La harpie frappe à la tête, et puis au cœur qu'elle déchire. Quelques autres prédateurs ouvrent également la poitrine pour dévorer le cœur.

Est-ce là de l'instinct ou une éducation basée sur l'expérience et due aux parents? Est-ce encore parce que les parties attaquées sont les plus exquises? On se heurte à des hypothèses multiples et non vérifiées. Connaissent-ils le mécanisme exact de la vie? Ainsi un hyménoptère, le sphex fait aux insectes ses victimes une ou trois, ou bien de six à neuf piqûres à des endroits déterminés, selon le nombre de ganglions nerveux qu'il s'agit de paralyser. Est-ce simple coïncidence ou conscience exacte des phénomènes? Problème insoluble!

Simulation de la mort, Romanes, Couch, Jesse, Bingley, de Rochas.

Tout le monde sait que les animaux simulent parfois la mort pour échapper à un danger pressant. Quelquefois la prétendue simulation n'est que de la catalepsie due au saisissement de la peur; d'autres fois elle paraît consciente. Romanes raconte d'après son ami le Dr W. Brydon et d'après Thompson (1) deux exemples de singes simulant à la perfection tous les symptômes de l'agonie et de la mort pour inspirer confiance à des corbeaux — l'un d'eux se voyait dépouillé de sa nourriture par ces oiseaux — sur lesquels ils sautaient brusquement, dès qu'ils avaient réussi à les attirer et qu'ils plumaient ensuite consciencieusement. Il cite, d'après sir E. Tennent (2) et Cripps, le cas d'un éléphant récemment capturé et se laissant tomber loin du *corral* comme mort. On enlève ses liens et on abandonne le cadavre. L'éléphant se relève bientôt avec la plus grande vivacité et court vers la jungle en criant à tue-tête. Il cite — d'après G. Bidie — le cas non moins curieux d'un bœuf brahmine, qui — s'étant aventuré dans un pâturage réservé, — faisait le mort chaque fois que les gens de la maison venaient le chasser — ce qui, vu son poids, rendait l'expulsion matériellement impossible — pour se relever aussitôt ses persécuteurs partis, et se remettre tranquillement à brouter. On s'en débarrassa en couvrant ses reins de cendres chaudes, un jour qu'il s'était laissé choir.

(1) Thompson, *Passions of animals.*
(2) Tennent, *Natural History of Ceylan.*

La simulation ou ce qui semble tel n'est parfois pas autre chose que de la catalepsie et nous l'étudierons avec le sommeil provoqué chez les animaux, ou encore des phénomènes d'inhibition dus à la peur et déjà cités. Couch (1) attribue à ces causes la surprise du loup qui se laisse attacher, emmener et frapper sur la tête ou qui, égaré, se laisse attaquer presque impunément. Cependant on ne peut admettre cette explication lorsque l'animal saisit juste — pour en profiter — le moment opportun de la fuite.

Empruntons des exemples à Romanes.

« Parmi les poissons, l'esturgeon captif demeure immobile et passif dans le filet, tandis que la perche fait la morte et flotte couchée sur le dos. »

D'après Wrangell (2), les oies sauvages de Sibérie — dérangées à l'époque de la mue et alors incapables de voler — se couchent tout de leur long à terre, en se cachant la tête, de façon à paraître mortes et à tromper le chasseur.

Couch a vu le râle de terre, l'alouette des champs et d'autres oiseaux se comporter de même. « L'opossum de l'Amérique du Nord, dit-il, est si célèbre par son habitude de faire le mort que son nom est passé en proverbe pour exprimer ce genre de tromperie ». Il cite encore des faits identiques, observés chez des souris, des écureuils et des belettes.

Pour les loups et les renards, le fait est très commun. Le capitaine Lyon raconte que — dans son expédition au pôle, — un loup fut attrapé dans un piège dressé par M. Griffiths : on crut le tuer et on le traîna à bord. « Toutefois, comme il était couché sur le pont, on le vit cligner des yeux chaque fois que l'on plaçait

(1) Couch, *Illustrations of instinct.*
(2) Wrangell, *Travels in Siberia.*

quelque objet auprès de lui ; on jugea bon de prendre alors quelques précautions ; les jambes ayant été liées, on le souleva la tête en bas. A notre grand étonnement, il fit alors un bond vigoureux vers ceux qui étaient près de lui, puis se recourba plusieurs fois sur lui-même, tâchant d'atteindre la corde par laquelle il était suspendu, pour la ronger et la couper ».

M. Blyth (1) a vu un renard, surpris dans un poulailler, s'efforcer de personnifier une carcasse sans vie, se laisser tirer au dehors par la queue et jeter sur un tas d'ordures. « Mais ceci fait, il se dressa sur ses pieds et prit ses jambes à son cou, au désappointement profond de sa dupe ». Un autre renard se laissa « porter pendant plus d'un mille, pendu à l'épaule, la tête en bas, jusqu'à ce qu'enfin il reconquit sa liberté au moyen d'un coup de dent ».

M. Morgan raconte — d'après M. Corall White, d'Aurora (New-York), « dont la véracité est impeccable » — le cas d'un renard trouvé un matin, dans un poulailler et en apparence mort d'indigestion. Il fut porté au dehors et abandonné. Aussitôt le renard de quitter le théâtre de ses déprédations.

Couch cite beaucoup d'exemples analogues et il les résume en disant :

Lorsqu'il est subitement surpris par l'homme, on le voit souvent feindre l'apparence de la mort et se laisser manier et même maltraiter, sans manifester sa sensibilité par un seul signe, le haut degré de simulation et de dissimulation a été attribué à une sagesse consommée qui, lorsqu'elle ne voit pas de meilleur moyen d'échapper, le pousse à feindre d'être incapable de se défendre ou de fuir, jusqu'à ce qu'il ait désarmé les soupçons et, par conséquent, fait cesser les sentiments hostiles.

(1) Blyth, *Loudon's Mag. nat. hist.*

D'après Jesse :

Les serpents, eux aussi, font le mort et demeurent immobiles, tant qu'ils pensent qu'on les observe et qu'ils se croient en danger; mais dès qu'ils pensent que tous les ennemis se sont retirés et que le danger est passé, ils se sauvent avec la plus grande vélocité vers le plus proche trou ou abri.

Parmi les oiseaux, le râle des champs est très remarquable pour ce genre d'art; un de ces oiseaux fut rapporté par un chien à son maître; l'oiseau paraissait complètement mort. Le *gentleman* à qui le chien l'avait apporté le retourna de son pied, comme il était là à terre, et fut convaincu qu'il était mort. Mais après quelque temps, il le vit ouvrir un œil; il le reprit; mais la tête pendait, les pattes étaient flasques, l'oiseau paraissait totalement mort. Il le mit alors dans sa poche; et, au bout de peu de temps, le sentit s'agiter, essayant de s'échapper; il le retira de sa poche; l'oiseau sembla aussi dépourvu de vie qu'auparavant. Il le posa alors à terre et se retira à une petite distance pour le surveiller; au bout de cinq minutesenviron, l'oiseau releva la tête avec précaution, regarda autour de lui et décampa à toute vitesse.

Bingley (1) dit :

Ce stratagème est, parait-il, employé par le crabe commun, qui, lorsqu'il appréhende un danger, reste immobile, comme s'il était mort, attendant une occasion pour s'enfoncer dans le sable, ne laisant sortir que ses yeux.

L'animal qui simule la mort, est aussi capable de se laisser prendre à ce stratagème.

Mon ami, le colonel Albert de Rochas, administrateur de l'Ecole polytechnique, a publié (2) le fait suivant qu'il m'a d'ailleurs raconté tout récemment :

A propos de la mort simulée chez les animaux, M. Romanes aurait pu rappeler le bloc *enfariné* de la

(1) Bingley, *The Natural history of the Corncrake.*
(2) Alb. de Rochas, *Revue scientifique.*

Fontaine, qui, très vraisemblablement, n'a point été imaginé par le fabuliste, au moins dans le fait principal, mais voici une anecdote personnelle qui me semble corroborer l'opinion que certains animaux se font une idée abstraite de la mort.

Etant enfant, je jouais dans un pré avec mon frère et une petite chienne griffonne très intelligente que nous possédions ; mon frère m'ayant fait tomber en me poussant, j'eus l'idée de faire le mort pour savoir comment agirait la chienne. Celle-ci commença par me gratter avec ses pattes, puis elle me souffla dans l'oreille ; voyant que je ne bougeais pas, elle se mit à hurler pour appeler du secours. Mon frère voulut alors s'approcher, mais elle lui montra les dents, et, me couvrant de son corps, elle le tint à distance en continuant ses hurlements jusqu'à l'arrivée de ma mère.

Si la chienne avait été simplement inquiète de mon attitude anormale, elle n'aurait point manifesté de sentiments hostiles envers mon frère ; il y avait donc, dans son esprit, relation entre mon état qu'elle jugeait fâcheux et le coup qui m'avait été donné. Cependant je ne me souviens pas qu'elle ait gardé rancune au coupable, comme le chien de Montargis, quand elle m'eut revu sur mes pieds.

Prescience de sa fin chez l'animal, U. Van Ende.

L'animal non content d'avoir remarqué les phénomènes de la mort et de les imiter, les pressent parfois.

Le cercopithèque, qui tombe mortellement blessé, reste assis sans pousser une plainte. Un hurleur femelle qui, grièvement atteint, emportait son petit, s'arrêta au moment d'expirer, pour le jeter de toute sa force dans un fourré d'arbres, en vue de le dérober aux poursuites du chasseur. L'atèle ou le saï, qui sentent la mort venir, enroulent leur queue autour des branches et attendent leur fin ainsi suspendus. Tennent a vu un éléphant mourant signaler la conscience de son agonie en se couchant et se couvrant de poussière qu'il arrosait en même temps de sa trompe. Un chien que son maître avait par mégarde blessé revint vers lui, lui posa les pattes sur la poitrine et, poussant un hurlement lugubre, tomba mort à ses pieds. Un macaque mortellement atteint par le capitaine Johnson descendit jusqu'à la branche inférieure de l'arbre où il s'arrêta court et montra au chasseur sa plaie saignante : quelques instants après il était mort.

Le suicide des scorpions, discussions, la négative semble s'imposer, Dr de Varigny.

Après le pressentiment de la mort que les animaux *paraissent* — nous sommes obligés de nous servir toujours de ce mot, car la certitude n'est pas et ne peut pas être du domaine que nous explorons — avoir, vient la question du *suicide*.

Pas de théorie, des exemples :

La *Revue scientifique* a publié une série d'intéressantes observations sur le suicide de certains articulés du groupe des Arachnides, les *scorpions* (fig. 12). Le fait ayant été signalé, d'après G. Bidie, par G.-J. Romanes (1), son traducteur, le Dr H. de Varigny répéta l'expérience. Il fit un cercle de braise chaude, rouge encore, d'environ 40 centimètres de diamètre, et il y introduisit, l'un après l'autre, une quinzaine de scorpions.

Chacun d'entre eux se comporta d'une manière à peu près identique. Après quelques secondes d'immobilité au centre du cercle, chaque scorpion commença par faire un petit voyage d'exploration : il alla buter contre la barrière, obliqua d'un côté ou d'un autre, retrouva le même obstacle, et revint vers le centre, après un ou deux tours. Alors il se mit sur le pied de guerre, c'est-à-dire se dressa sur ses pattes, pinces écartées et ouvertes, abdomen recourbé en avant, sur le dos, de façon que l'aiguillon se trouvât au-

(1) Romanes, *Évolution mentale des animaux*.

dessus de la tête, ou même en avant de celle-ci. Avec une intrépidité digne d'un sort plus doux, il se lança contre les charbons, agitant sa queue de tous côtés, s'en servant pour écarter les obstacles, cherchant à piquer, mais jamais il ne chercha à se piquer lui-même. J'approchai parfois un charbon enflammé du dos de l'animal : il chercha à l'écarter avec la queue, mais ne se toucha pas le dos une seule fois. En somme, sur les quinze scorpions ainsi torturés, pas un ne se suicida, pas un ne m'a paru vouloir se suicider. Je crois néanmoins qu'involontairement, et croyant piquer l'obstacle qui l'irrite, un scorpion peut fort bien se suicider, mais il le fait par suite d'une erreur d'appréciation, et non volontairement.

Le Dr Bougon relève — à propos du suicide de scorpions américains — le passage suivant de Piron (1) qui contredit le Dr de Varigny :

Un soir, à peine venais-je de me mettre au lit, que je ressentis une vive douleur, produite par une piqûre. Cette intolérable souffrance m'arracha un cri. Pedro qui avait éteint la lumière et qui s'était couché aussi, se releva et accourut. La bougie rallumée nous montra dans nos draps un scorpion qui s'enfuyait, la queue perfide en l'air.

Pedro le saisit avec dextérité à l'aide d'une tenaille, ouvrit une fenêtre, appela la cuisinière et se fit apporter sur une plaque de tôle de la cendre chaude, mêlée de charbons ardents. Au milieu de cette cendre, il creusa un assez grand espace vide, et y plaça le venimeux insecte, celui-ci essaya de s'échapper; il courut avec anxiété partout où il espérait trouver une issue; mais voyant qu'il était entouré d'un cercle de feu, il se tint immobile au centre durant deux secondes; puis, saisi de désespoir, il se suicida en s'enfonçant son dard dans la tête...

A cela le Dr de Varigny répond que des faits nombreux ont été signalés par M. G. Bidie, chirurgien de l'armée anglaise, par le docteur Allen Thomson, membre de la société royale de Londres, par M. Hut-

(1) Piron, *L'Ile de Cuba*.

chinson (de Peshawor)... Le feu ou la lumière brusque portent le scorpion à se piquer « peut-être simplement — dit M. Bidie — pour se débarrasser d'un en-

Fig. 12. — Le Thélyphone à queue.

nemi imaginaire ». MM. Ray Lankester, Morgan et Joyeux Laffuie — au laboratoire de Zoologie expérimentale de Banyuls — ont essayé infructueusement l'expérience.

Des expériences faites, les premiers observateurs avaient conclu que : 1° la lumière amène l'animal à se tuer de désespoir ; 2° que l'action du poison sur la tête est rapide, probablement par son effet sur le ganglion cérébral ; 3° que l'intensité et le caractère fatal des symptômes se produisent immédiatement.

A cela d'autres observateurs ont répondu qu'il y avait non suicide, mais erreur d'interprétation et M. E. Alix, qui a habité Biskra, écrivait (1) à la date du 17 janvier 1885 que le scorpion grillé se contorsionne et meurt, non de s'être piqué, mais d'être cuit!

Nous avons donné tout au long cette sorte de polémique pour bien montrer l'extrême réserve et la prudente sagacité qui doivent présider à l'étude de ces phénomènes troublants de zoo-psychologie.

Le suicide chez les aigles et les mammifères.

Kowalesky cite l'opinion des montagnards des Carpathes sur l'aigle, qui, trop vieux, se laisserait à dessein tomber sur les rochers pour en finir avec la vie. On a vu un aigle captif se laisser mourir de faim après avoir été châtié.

Büchner mentionne un cas de suicide bien constaté chez le singe. Brehm cite également un cercopithèque femelle qui, ayant perdu son petit, refusa tout aliment.

La souris — raconte-t-on au Monténégro et chez les Bouriates de Sibérie — se suicide par une morsure au cou lorsqu'on lui a enlevé sa provision de noisettes ou de racines. Combien — et je tiens le fait de mon ami Frantz Boivinet, *avocat*, qui l'a constaté à la campagne — d'ânes maltraités qui se sont jetés à l'eau sans que rien, sauf les mauvais traitements, motivât ce suicide. Combien de chiens morts de faim sur la tombe de leur maître? et d'autres allant aboyer lugubrement et sinistrement sur l'endroit où

(1) E. Alix, *Revue scientifique.*

avait été enterré leur compagnon habituel ; c'est ainsi

Fig. 13. — La Hyène rayée.

qu'une petite chienne nommée « Follette » — et dont

Mademoiselle Marie Lebœuf m'a communiqué l'observation — allait souvent passer de longues heures sur la tombe d'un chat, au moins les premiers jour après la mort; l'oubli vint ensuite peu à peu. Combien de gens imitent les bêtes dans ce sens!

M. Arbousset, missionnaire protestant dans le pays des Bassoutos (Afrique australe), perdit un fils âgé de sept ans et qui aimait beaucoup un chat. Celui-ci devint inquiet, refusa toute nourriture, furetant partout, puis il disparut. On le retrouva mort sur la tombe de l'enfant.

Madame Andrée Wegl — l'éminente statuaire — m'a fait constater le cas suivant de son chat « Loulou ». Sa mère vint à mourir — en ces derniers temps — et son magnifique angora noir, qui montait sur le lit de la malade, n'y monta plus après la mort, il ne cessait ou de regarder son ancienne maîtresse ou d'aller brusquement se cacher sous le lit. Pendant huit jours, il ne cessa, non plus, de chercher dans tout l'appartement, ne dormant plus le jour — ce qui était absolument contraire à ses habitudes indolentes. Il n'osa plus rester seul dans une pièce pendant tout ce laps de temps.

L'animal concevrait-il la mort ? Que sais-je ? comme dirait Montaigne.

Le sommeil. — Simulation du sommeil. — Rêves et hallucinations.

Continuons ce chapitre par l'étude du *sommeil*. C'est là un fait trop familier et trop apparent pour que l'animal le confonde avec la mort.

Cependant l'hyène dont la nourriture préférée est la charogne (fig. 13) dévore parfois la figure de l'homme endormi; les porcs, celle des animaux également plongés dans le sommeil. Un ours traita un homme endormi comme un cadavre en l'enterrant pour se ménager un repas.

On a vu une mouche mâle s'accoupler à une femelle morte dès les premiers froids.

D'autre part, le bison ne s'y trompe pas, nous l'avons vu. Le cynocéphale de Brehm taquinait un chien en le tirant par la queue pour le réveiller aussitôt qu'il s'endormait.

L'animal cherche parfois à réagir contre cette torpeur ou — s'il ne le peut — il choisit, comme le serpent, des retraites secrètes et inaccessibles pour éviter les dangers qui le menaceraient alors.

Le sommeil — aussi bien et mieux que la mort — se simule chez les animaux. Le chat — qui veut accomplir un méfait ou enlever un excellent morceau qu'il convoite — fait à merveille semblant de dormir. Ainsi un chat de mon ami, Lucien Genty, « Gollo » renommé à la campagne pour ses déprédations, avait au moment de les commettre l'air le plus innocent que l'on pût rêver et en apparence le sommeil que peut seule donner une conscience pure !

Les animaux *rêvent* en dormant. Le chien rêve de chasse, le sommeil du furet est hanté par les lapins, l'ornithorynque endormi reproduit les mouvements de la natation...

Depuis longtemps on sait que les chiens rêvent : Sénèque et Lucrèce l'avaient remarqué. Le docteur Lauder Lindsay dit que les frissons et le tremblement du cheval montrent que celui-ci rêve aussi. « Ces phénomènes — dit ce dernier auteur — sont les concomitants ou les résultats d'un état naissant d'excitation, de crainte, d'ardeur, d'impétuosité ou d'impatience. C'est à juste titre, par conséquent, que Montaigne et d'autres ont conclu que ces sentiments et conditions mentales se développent pendant le sommeil et les rêves et s'associent probablement, chez le cheval de course, avec des courses imaginaires; comme chez le chien de chasse, à des poursuites et à des chasses imaginaires (1) ».

Les oiseaux sont capables de rêver. Tel est l'avis de Cuvier, Jerdon, Houzeau, Bechstein, Bennett, Thompson, Lindsay et Darwin. Ce dernier auteur dit que « parmi les oiseaux, la cigogne, le serin, l'aigle et le perroquet, et parmi les mammifères, l'éléphant, le cheval et le chien sont excités pendant qu'ils rêvent. » Bennett a remarqué que les oiseaux aquatiques remuent leurs pattes pendant le sommeil, comme pour nager; et Hennabe a entendu le hyrax pousser un léger cri. Bechstein a décrit le rêve chez le bouvreuil; ses rêves paraissaient avoir le caractère de cauchemars, car « la terreur éprouvée pendant le sommeil était telle qu'il fallut l'intervention de sa maîtresse pour prévenir des résultats fâcheux. Il tombait souvent de son perchoir, mais la voix de sa maîtresse le tranquillisait et le rassurait immédiatement. » Houzeau affirme que les perroquets parlent parfois durant leur sommeil.

A côté des rêves — effets de l'imagination surexcitée et dont l'étude est légitimement placée avec celle du sommeil — on doit parler des illusions, des hallucinations qui sont — en quelque sorte — des rêves dans la veille, des extériorisations de sensations, dues à la peur, à certaines maladies comme la rage....

Les illusions de la vue chez les animaux prennent, — dit le docteur Lauder Lindsay — comme chez l'homme, la forme de spectres et de fantômes,... de personnes, d'animaux et d'objets imaginaires. En outre, il semblerait

(1) Lauder Lindsay, *Mind in the lower animals.*

que la nature des images spectrales qui se produisent fût la même chez les animaux et chez l'homme, dans la rage canine que dans la rage humaine par exemple.

A ce sujet, Flemming écrit : Il (un chien enragé) parut être hanté par quelques fantômes horribles... Par moments, il semblait guetter les mouvements de quelque objet placé à terre et s'élançait subitement en avant et mordait dans le vide, comme s'il poursuivait quelque chose qui lui inspirât un sentiment d'hostilité.

Dans les exemples de peur extraits de Romanes, notamment dans celui du chien troublé par la vue d'un os desséché remuant grâce à une ficelle, on peut admettre une perversion de l'entendement, une hallucination consistant à donner la vie à un objet inanimé.

La mort et les scènes de deuil.

La mort — cette grande inconnue de la vie — éveille — soit par elle-même, soit par les souffrances ultimes qui la précèdent — la terreur chez les animaux. Elle surexcite l'imagination et peut produire, comme le sommeil, les hallucinations.

Chez les espèces qui vivent en société, c'est la fuite, ou un désespoir commun qui les rassemble et dans lequel ils présentent le spectacle de l'agitation. Les fourmis même — nous l'avons vu dans les expériences de Hague à propos du langage — semblent avoir conscience de la mort. Quelquefois ces réunions désespérées donnent beau jeu au chasseur (perroquets, mésanges, cardinaux, orites, hoccos, hydrochélidons, moqueurs, gazelles, oréotragues...); ce sont alors des cris d'angoisse, des courses effrénées autour du cadavre, des mugissements...

Souvent rien ne manque aux scènes lugubres, qui chez nous suivent le décès d'une personne aimée, ce sont les navrantes douleurs, les folles espérances, les tentatives stériles pour rappeler une étincelle de la vie évanouie... A côté de cette touchante poésie, on tombe soudainement dans un réalisme décevant et brutal : d'autres espèces mangent le défunt...

L'affection fait confondre la vie et la mort.

Citons quelques exemples où l'animal confond la vie avec la mort ou croit encore à des restes de vie, exagérant peut-être par l'affection, semblable à l'homme qui ayant perdu un être aimé refuse de croire à la disposition de la vie.

On a vu des freux visiter un compagnon tué et suspendu comme épouvantail. La femelle d'un pigeon qui avait subi le même sort, resta sur les lieux de l'exécution, tournant incessamment autour du pieu ; au bout de quelques jours, ses pas avaient tracé un sentier autour de l'oiseau mort. Réduite a un véritable épuisement, cette veuve touchante ne renonça néanmoins à son manège que lorsque l'épouvantail eut été enlevé. Un ara, dont on avait tué la femelle, suivit le chasseur jusqu'à sa maison de ville et là, se précipitant sur le cadavre, il resta plusieurs jours ainsi, se laissant même prendre avec les mains. Les lamas, les guanacos, qui fuient aussitôt qu'une femelle est tuée, bravent les coups des chasseurs pour rester auprès du cadavre du mâle, comme s'ils considéraient que le lien qui rattache le troupeau au guide n'est pas rompu par la mort.

On connaît l'histoire, rapportée par Sonini, du chien qui, ne voulant pas quitter le tombeau de son maître enterré au cimetière des Innocents, demeura là plusieurs années malgré les intempéries des hivers et nourri seulement de la charité des visiteurs. Un autre chien s'obstina également à rester auprès du corps de son maître fusillé à Lyon sous la Terreur.

Un cercopithèque, qui avait montré la douleur la plus vive à l'occasion de la mort d'un singe, son ami, rapporta le cadavre de celui-ci qu'on avait jeté par-dessus le mur, et lorsqu'on eut enfin pris le parti de l'enterrer, le cercopithèque disparut aussi.

Le culte des morts.

Le dernier trait montre un certain soin des cadavres.

Les fourmis se débarrassent des morts étrangers et enterrent les leurs. Mac Cook décrit longuement les mœurs funéraires des fourmis. Il vit mettre à mort huit fourmis étrangères introduites dans une nouvelle colonie, les colons promenèrent un peu partout les cadavres, se demandant sans doute où ils pourraient bien les déposer. Ils firent une petite fosse qui devint le cimetière de la colonie. Quelquefois les cadavres étaient déterrés et les fourmis choisissaient un endroit plus convenable. Dans tous les cas, à chaque décès, le mort n'était porté au cimetière qu'après avoir été promené de tous côtés.

Toutes les espèces se comportent de même *(F. barbatus et crudelis...)*.

Mac Cook les étudia dans des bocaux et les vit porter au dehors leurs morts en s'aidant de la surface glissante du verre, s'y reprenant à plusieurs fois si elles tombaient.

Mme Treat a observé les mêmes faits. Elle a vu des monceaux de carcasses d'esclaves (fourmis noires) apportées par des fourmis sanguines et enterrées à part des leurs. Des préjugés de classe, de race ou de religion chez les fourmis, c'est une trouvaille!

Mme Hutton, de Sydney, a communiqué ses observations à la Société linnéenne de Londres, en 1861. Ayant tué quelques soldats d'une tribu de fourmis, elle vit celles-ci enlever les cadavres — en se mettant deux fourmis pour en porter un — et marcher en cortège au nombre de quarante; deux cents autres marchaient pêle-mêle et relayaient parfois les porteurs. Arrivées à un endroit sablonneux les fourmis creusèrent une fosse par cadavre et recouvrirent le tout de sable ; quelques-unes ayant essayé de se dérober à cette lugubre besogne furent ramenées de force, mises à mort et jetées dans la fosse commune.

Le révérend W. Farren White (1), cite le témoignage de Mme Hutton et le confirme. Il a vu des enterrements, des exhumations et même des caveaux de fourmis.

Les bouvreuils font des efforts visibles pour emmener avec eux un compagnon tué. Les morses plongent avec les cadavres de leurs petits qu'ils enlèvent aux pêcheurs pour les transporter à une grande distance. Les chiens des prairies, les viscaques entraînent dans leur terriers les corps de leurs compagnons.

Les cynocéphales, les orangs-outangs emportent également leurs morts.

Romanes cite un récit de J. Forbes au sujet d'un chasseur qui, ayant tué un singe et emporté son cadavre dans sa tente, s'y trouva cerné par toute la bande, quelques coups de feu mirent en fuite le gros des assiégeants, mais le chef s'avança jusqu'à l'entrée de la tente, passant de la menace à la plainte avec accompagnement de gestes expressifs. Pour se débarrasser de lui il lui remit le cadavre qu'il prit dans ses bras

(1) Farren Whlte, *Leisure Hour*, 1880

avec sollicitude et qu'il rapporta à ses compagnons.

Que fait l'animal du corps de son congénère? On l'ignore. La putréfaction l'empêche de le garder. Songe-t-il à l'ensevelir? Certains auteurs affirment le fait pour les éléphants.

Et l'animal isolé, que devient-il? Toujours est-il que l'on ne trouve jamais de cadavres de chats (Hartmann). J'ai vu — et en outre cela m'a été maintes fois raconté, notamment par un vieil ami, Désiré Lambert — des chiens décrépits allant mourir dans un endroit écarté et solitaire, dérobant ainsi à la maison où ils avaient grandi et vieilli, le spectacle de leur agonie.

Quels insondables problèmes zoopsychologiques paraissent s'imposer et quel appui peut et veut y trouver la théorie évolutionniste! Evidemment l'imagination de chacun peut embellir un peu ces faits et leur faire dire ce qui concorde avec ses propres idées. On ne voit d'ailleurs que ce que l'on veut voir. Lorsqu'on regarde au travers d'une substance transparente colorée on voit tout le monde de la même couleur. Il en est bien souvent ainsi dans la science et il faut se défier des idées préconçues. Mais quel que soit le point de vue auquel on se place — transformiste ou non — les phénomènes sont suffisamment intéressants par eux-mêmes pour les faire connaître et les étudier sans parti pris.

CHAPITRE VIII

LE SOMMEIL PROVOQUÉ

Le magnétisme et l'hypnotisme, théories. — Faits de sommeil provoqué chez les animaux, le P. Kircher, Binet et Féré, A. de Rochas. — Les aïssoüas, les fakirs, la fascination des serpents. Jacolliot. — La fascination et l'action de la lumière. — Les dompteurs. — Les états hypnotiques. — La simulation de la mort due à la catalepsie. Couch, Preyer, Romanes, Duncan, Darwin, Wrangel. — L'hibernation, le loir et le Dr Forel. — La zoothérapie.

Il s'est créé — ou plutôt il a été retrouvé — dans ces derniers temps, une série de sciences, appelées autrefois *mystérieuses* ou *occultes*. L'une d'elles est l'*hypnotisme* et étudie la science du sommeil provoqué. Il est vrai que les disciples de Mesmer qui sont légion — ils l'ont démontré à leur Congrès Magnétique international de 1889 — revendiquent hautement la nouvelle science qu'ils déclarent ancienne et nomment *magnétisme*. Nous n'avons pas ici à mettre d'accord les diverses écoles, ni à les discuter, nous l'avons fait ailleurs (1); nous dirons seulement qu'on peut diviser les partisans de cette science — qui consiste à provoquer le sommeil — en trois groupes :

1° Les négateurs du fluide, attribuant tout aux phénomènes physiques (Charcot et l'Ecole de la Salpétrière);

2° Les partisans de la suggestion à outrance et pour qui, comme conséquence, l'imagination du sujet entre

(1) Foveau de Courmelles, *Le Magnétisme devant la loi*, mémoire lu par l'auteur, vice-président du Congrès magnétique international de 1889, à la séance de ce congrès du 22 octobre 1889. Le même, l'*Hypnotisme* (Bibliothèque des Merveilles) 1890.

seule en cause (Bernheim, Beaunis, Liégeois et l'Ecole de Nancy);

3° Les partisans du juste milieu, conciliant les deux opinions précédentes (Luys et l'École de la Charité);

4° Les partisans d'une force spéciale et encore semi-inconnue (Société de recherches physiologiques, Ch. Richet, Crookes, de Rochas, Ochorowicz, les magnétiseurs, les spirites même...).

Il en est d'autres qui servent, en quelque sorte, de liens de transition entre ces diverses catégories.

Il était nécessaire d'énoncer les théories pour que le lecteur put tout au moins essayer — en présence de l'exposé des faits — de se former une opinion.

Les animaux, dans cet ouvrage, entrent seuls en cause. Nous avons dit déjà — que la peur peut provoquer une sorte de sommeil, image de la mort — qui trompe l'ennemi et le fait s'éloigner.

Voyons maintenant les phénomènes voulus par les expérimentateurs.

Sommeil provoqué chez les animaux, le P. Kircher, Binet et Féré, A de Rochas.

Cette voie d'investigation a été suivie, dès 1646 — au moins d'une façon authentique — par le P. Kircher, l'ingénieux inventeur de la harpe éolienne et des appareils à fantasmagorie. Il endormait des poules en leur liant les pattes et en les plaçant devant une ligne tracée à terre. Cela rappelle le *cercle magique* du fameux magnétiseur baron du Potet, qui traçait sur le sol et à la craie ou au charbon, une figure géométrique quelconque que ses sujets ne pouvaient franchir. En effet, le P. Kircher venait-il à débarrasser la poule de ses entraves, celle-ci restait immobile.

Binet et Féré (1) citent une curieuse pratique des fermières du pays de Caux. Pour faire couver une poule, on lui place la tête sous l'aile et on la balance doucement. La poule s'endort et restera au réveil sur les œufs qu'on lui aura ainsi donnés. Cette méthode peut servir, soit à faire couver une poule qui n'en a pas envie, soit à mettre une poule d'un nid dans un autre sans qu'elle retourne à l'ancien.

Notre ami, le colonel du génie Albert de Rochas cite (2) divers cas curieux d'hypnotisme appliqué aux animaux. Nous allons les énoncer et les compléter.

En 1881, à Boston, Bérard cataleptise des animaux par la peur, une lumière vive, la fixation des yeux, la musique, les passes magnétiques.

Antérieurement, en France, le magnétiseur Lafontaine anesthésiait, en séances publiques, des chats, des chiens, des écureuils, des lions, au point de les rendre complètement insensibles aux piqûres et aux coups. Sur des lézards, il obtenait un sommeil de plusieurs jours.

Les aïssouas, les fakirs et la fascination des serpents.

Les Harvys ou Psylles de l'Egypte réussissent, à l'aide d'une pression sur la tête de la vipère rayée, à la jeter dans une sorte d'état tétanique qui lui donne les apparences d'un bâton (E. W. Lane).

Les fakirs donnent la raideur cataleptique à des serpents par une musique douce et monotone suivie de l'action du regard et des passes.

(1) Binet et Féré, *Magnétisme animal*. 1 vol. de la Bibliothèque scientifique internationale.

(2) A. de Rochas, *Les Forces non définies*. 1 vol. in 8°.

Empruntons à M. Jacolliot quelques pages (1) sur les *aïssouas* ou charmeurs de serpents de la province de Sous (Maroc) et que l'on a d'ailleurs pu voir à l'Exposition universelle de Paris, en 1889; il rapporte les mêmes faits dus aux fakirs :

Les aïssaouas ont pour instruments de longs roseaux en forme de flûtes, percés aux deux bouts dans l'un desquels ils soufflent en produisant des sons mélancoliques, qu'ils prolongent d'une façon harmonieuse.

... Le principal enchanteur, dans une sorte de danse frénétique, se mit à tourbillonner avec vélocité autour d'un panier de jonc contenant les reptiles que recouvrait une peau de chèvre. Tout à coup le jongleur s'arrête, plonge un bras nu dans le panier et en retire un *cobra-capel*, ou plutôt un *haje*, effrayant reptile qui peut gonfler sa tête en écartant les plaques qui la recouvrent, et qu'on croit être l'aspic de Cléopâtre, le serpent d'Egypte. On le nomme *buska* dans le pays. L'enchanteur plie, replie, contourne comme une souple mousseline ce corps verdâtre et noir; il l'enroule, en turban, autour de sa tête, continuede danser, et le serpent conserve sa position, paraissant obéir à tous les mouvements et à toutes les volontés du danseur.

Le buska fut ensuite posé à terre, et, se dressant sur sa queue, posture qu'il prend le long des chemins déserts pour attaquer les voyageurs, il commença à se balancer à droite et à gauche en se conformant à la mesure de l'air. Pirouettant alors en cercles de plus en plus rapides et de plus en plus rapprochés, l'aïssaoua plongea de nouveau sa main dans le panier pour en tirer successivement deux des plus venimeux reptiles des déserts de Sous, serpents plus gros que le bras d'un homme, longs de deux à trois pieds, dont la robe brillante et écailleuse est tachetée de noir et de jaune et dont la morsure fait pénétrer dans les veines un feu qui brûle et qui consume; c'est probable-

(1) Jacolliot, *Voyage au pays des perles; Afrique Mystérieuse; Le charmeur de vipères à Laghouat,* tableau de A.-E. Dinet, au Salon du Champ de Mars, 1890.

ment le *torrida dipsas* des anciens. Les Européens l'appellent *leffah*.

Les deux leffahs, plus ardents et moins dociles que le buska, se tenant à demi roulés, la tête penchée de côté, prêts à l'assaut, suivaient d'un œil étincelant les mouvements du danseur......

Les charmeurs hindous sont encore plus extraordinaires, car ils jonglent avec une dizaine de reptiles d'espèces différentes qui vont et viennent, sautent, dansent, se couchent au son d'un sifflet comme les animaux les plus dociles et les mieux privés, et ils ne sont jamais mordus par eux.

Voilà pour la fascination des serpents; eux, à leur tour, domptent leur proie par le regard, jusqu'à ce qu'épuisée elle vienne se livrer à eux. Combien de fois, dans les campagnes, avons-nous entendu dire — sans avoir eu l'occasion de le vérifier — que la vulgaire couleuvre (fig. 14) se livre à ce charmant exercice près des oiseaux de petite taille qui finissent fatalement par se jeter dans sa gueule. La peur qui produit ce sentiment ou *ophidiophobie* est générale chez l'homme et les animaux, et elle peut atteindre chez quelques petites espèces et spécialement chez le lézard (fig. 15) un état particulier de torpeur passive. Dans cet état, le cerveau est en *inhibition*, en arrêt absolu, l'appareil moteur est paralysé et la raideur cataleptique peut se déclarer.

Dans une lettre à sir E. Tennent — que celui-ci a publiée — M. Reyne raconte qu'un charmeur de serpents qui lui offrait ses services et qui ne cachait sur lui aucun serpent apprivoisé, le conduisit près d'une fourmilière, qu'il savait habitée par un énorme cobra (*Naja*). Au son du fifre, le reptile se montra et dansa non sans avoir mordu au genou le charmeur qui se soulagea en appliquant sur la plaie une « pierre à serpents ».

Le major Skiner connaît à Negomba une famille qui

Fig. 14. — La Couleuvre lisse.

se sert de cobras comme chiens de garde, lesquels circulent dans les appartements sans jamais faire de mal aux gens de la maison.

J.-C. Houzeau ne croit pas à la possibilité de fasciner les serpents. Il prétend que les charmeurs ont enlevé les dents venimeuses de leurs bêtes, qu'ils ne les quittent jamais du regard et qu'on voient parfois celles-là se révolter. Il a vu, en 1862, à Matamoros, un Indo-Espagnol charmer un serpent à sonnettes; celui-ci était, paraît-il, un vulgaire serpent, non venimeux, auquel l'industriel avait attaché les castagnettes d'un crotale, dont l'animal ne se servait pas bien entendu. Broderip a vu les mouvements de défense des reptiles.

La fascination et l'action de la lumière.

Houzeau raconte qu'on ne peut attraper un pigeon, si on se dirige en droite ligne vers lui, mais qu'il devient possible de le faire, si on tourne en spirale autour de lui. Le pigeon tourne sur lui-même, ne quittant pas de l'œil l'expérimentateur et — comme il semble avoir perdu la notion de l'espace, — on peut bientôt le saisir.

Romanes, Pennant, Thompson, Le Vaillant, croient à la fascination ou plutôt à l'action de la peur exercée par les serpents sur les petits animaux. Ils ont vu des cas de mort (écureuil, pie grièche, souris). Sir Joseph Fayrer dit que le mot *fascination* est seulement synonyme de *peur*. Le docteur Barton, de Philadelphie, est très sévère; il dit que la fascination n'existe pas et que le danger qui menace leurs nids fait seul peur aux oiseaux.

La fascination — doublée peut-être d'un sentiment de curiosité — peut aussi se produire pour le feu, la lumière. Un papillon nocturne vient se jeter contre une lampe. Le cheval du Paraguay, l'âne africain

Fig. 15. — Lézard des murailles.

accourent aux feux des campements. Les dauphins sont attirés par les feux des pêcheurs. Les oiseaux migrateurs dévient de leur route nocturne pour planer en masses serrées au-dessus de la clarté des grandes villes, autour des phares et des incendies. La nature de cette fascination peut devenir toute émotionnelle lorsqu'on voit des moutons affolés de peur se précipiter dans une étable embrasée.

Cette fascination hypnotique a été souvent utilisée par l'homme. C'est ainsi que Balassa, en 1828, indiquait pour ferrer les chevaux les plus vicieux de les fixer dans les yeux: que Rarey domptait les chevaux rétifs par des passes sur le cou ou le nez avec la répétition incessante de paroles prononcées avec la même intonation flatteuse; que Czermak, en 1873, cataleptisait divers oiseaux, des salamandres, des écrevisses, des lapins par simple fixation d'un objet (doigt, allumette), placés devant leurs yeux et en maintenant l'animal immobile.

Les dompteurs.

Mais là où on fait de l'hypnotisme en grand, là où on en faisait avant que ce mot même existât, c'est dans les ménageries de bêtes féroces. L'art du dompteur n'est pas autre chose que la suggestion à l'état de veille, comme on en fait sur l'homme et qui est non pas l'implantation d'une volonté étrangère à la sienne — comme on définit communément la suggestion — mais bien la mise en jeu de son imagination troublée. Seulement ici c'est toujours la même idée qui est suggérée à l'animal par la peur, celle d'une puissance supérieure à la sienne.

La suggestion faite par le regard plus ou moins

puissant — lisez plus ou moins brillant — du dompteur est aidée par des moyens mécaniques de correction ou d'intimidation; et — disent les magnétiseurs — par le fluide. On affaiblit les animaux par la privation de sommeil et de nourriture, ou la distribution choisie d'aliments à la fois abondants et débilitants. Mais, avant tout, il faut le sang-froid, la fixité du regard et l'audace impérieuse et tranquille chez le dompteur. D'autres moyens lui viennent en aide, ce sont les regards d'une foule braquée sur le lion qu'elle intimide et sur l'homme qu'elle surexcite; c'est une vive et soudaine lumière qui aveugle l'animal placé en face; c'est encore une musique enfiévrée, damnée, toujours la même, qui assourdit le félin. L'homme apparaît : tout bruit cesse, comme à l'arrivée d'un maître, alors l'animal tremble inquiet et se soumet devant l'inconnu, qui s'avance d'un pas ferme, frappe sur les barreaux un coup brutal avec la cravache plombée qu'il tient à la main, entre ou sort, les yeux toujours fixés sur la bête.

Cela va quelque temps, parfois longtemps ainsi, l'animal docile obéit, puis un beau jour on apprend que le dompteur est dévoré; ou encore, comme dans le récent procès de Béziers, qu'une jeune fille, hypnotisée et introduite dans une cage, a eu les membres arrachés.

L'animal a pris sa revanche. C'est triste, mais c'est naturel. Que l'on supprime les ménageries, si l'on ne veut plus de semblables accidents.

Les états hypnotiques.

Les hypnotiseurs, — ou plutôt l'École de la Salpêtrière, car l'École de Nancy n'est pas du même avis — ont divisé le *grand hypnotisme* en trois phases bien tranchées, trois états bien distincts. Ce sont : la *léthargie*, — avec inertie, flaccidité des muscles et leur contracture par le contact ; — la *catalepsie*, — avec conservation des attitudes imposées et raideur généralisée ; — le *somnambulisme*, — avec entendement et parole. Il y a encore le *petit hypnotisme* du docteur J. Luys, membre de l'Académie de Médecine (1886), qui est un mélange de ces trois états généralement produits par la *fascination* (1). L'art du dompteur rentrerait dans cet ordre d'idées connu depuis longtemps dans le monde des magnétiseurs sous ce même nom. La catalepsie est généralement l'effet produit par la fascination. Elle est fréquente chez les animaux. Certains auteurs (Dr Ph. Tissié) ont montré les analogies qui existent entre le sommeil physiologique et le sommeil hypnotique. Le Dr Tissié a vu un chardonneret apprendre à siffler en l'entendant dans son sommeil (2).

La simulation de la mort due à la catalepsie, Couch, Preyer, Romanes. Duncan, Darwin, Wrangell.

La simulation de la mort, dont nous avons parlé, paraît souvent volontaire, mais elle est souvent aussi une conséquence de l'arrêt instantané de tout ou partie des fonctions du cerveau. Citons des cas qui semblent justifier cette hypothèse :

Dans une bibliothèque, placard obscur, — dit Couch, — il y avait certains objets alimentaires plus au goût des souris que les livres, et, comme une fois en plein jour on ouvrit la porte subitement, on vit une souris sur un des

(1) Luys, *Hypnotisme expérimental, les Émotions*. Paris, 1890.
(2) Dr Ph. Tissié, *Les Rêves*, Paris, 1890.

rayons; la petite créature était si bien fixée sur place qu'elle manifesta tous les signes de la mort, ne remuant pas un membre quand on la prit dans la main. Une autre fois, en ouvrant une porte du salon, en plein jour, on vit une souris fixe et immobile au milieu de la chambre; en s'approchant d'elle, on vit que son aspect ne différait en rien de celui d'un animal mort, sauf, cependant, qu'elle n'était pas renversée sur le côté. Aucune de ces créatures ne fit le moindre effort pour s'échapper; on les ramassa à loisir; elles n'avaient aucun mal, aucune lésion, car elles manifestèrent bientôt tous les signes de la vie et de la santé.

Il n'est guère aisé de trouver une belette endormie ou qui ne soit pas sur ses gardes; mais ce qui semble moins vraisemblable encore, c'est qu'une belette se laisse impunément rouler, manier, piétiner par un chat. Il arriva pourtant que, tandis que Minette était tranquillement allongée, semblant ne s'occuper en rien du monde qui l'entourait, une belette passa d'une façon tout à fait inattendue, fut prise en un clin d'œil et emportée, pendante, vers la maison située à une petite distance. La porte étant fermée, Minette, déçue par l'état apparent de mort de sa victime, la déposa sur le seuil et miaula comme de coutume pour qu'il lui fût ouvert. Mais, à ce moment, l'alerte petite créature avait repris ses sens; elle planta ses dents dans le nez de son ennemi. Il est probable que, outre la surprise de la capture, la façon dont le chat tenait la belette par le milieu du corps avait empêché celle-ci de tenter une résistance quelconque avant ce moment, car, en les prenant de cette façon, nos petits quadrupèdes, qui mordent si férocement, peuvent être tenus sans qu'on ait crainte d'être blessé; mais on peut à peine supposer que la belette ait eu l'intention de duper le chat tout le temps qu'elle fut dans la bouche.

Y a-t-il conscience, passivité ou inhibition des fonctions? Il faudrait renouveler maintes fois l'expérience et surveiller l'animal. Si aussitôt abandonné il reprenait ses sens, l'hypothèse de la catalepsie serait à rejeter; et celle de la simulation serait à adopter. Si le repos se continuait encore un certain temps, on serait en droit d'admettre la première idée; on ne pourrait en effet supposer que l'animal voulût ainsi endormir la prudence de son ennemi. On peut accorder de l'intelligence à la bête, mais pas trop n'en faut!

Le professeur Preyer a fait des recherches sur l'hypnotisme des animaux et il a vu que la peur est une cause prédisposante puissante de la *cataplexie* (ou sommeil mesmérique) chez les animaux. Ce savant attribue même exclusivement à la catalepsie l'apparence des insectes qui « font le mort ». Cette influence produit un état analogue dans le système neuro-musculaire des animaux supérieurs — jusqu'à l'écrevisse même que l'on a pu faire se tenir sur la tête, en état hypnotique, — il était logique d'attribuer la feinte de la mort, chez les insectes, à la même cause.

La mort et la mort simulée diffèrent essentiellement pour un animal déterminé dans toute la série des êtres.

Les insectes, les araignées, les mille-pattes, l'horloge de mort, l'écrevisse tombent en état complet d'insensibilité (catalepsie) dès qu'ils sont alarmés, « mais en sortent, dit Romanes, aussitôt que la source d'excitations inquiétantes a disparu. »

Duncan (1), après avoir remarqué que les araignées qui font le mort « se laisseront piquer avec des épingles et mettre en pièces, sans manifester le moindre signe de terreur », ajoute que si la cause en était, comme on le suppose souvent, « une sorte de stupeur provoquée par la terreur, » l'animal ne devrait pas se remettre aussitôt que l'objet de sa terreur a disparu. Il en est réellement ainsi, et la catalepsie dure même après que la cause d'excitation n'existe plus. Le hibou, mis sur le dos, est insensible et reste

(1) Duncan, *On Instinct.*

tel, encore qu'on l'ait remis dans sa position naturelle.

Pour qui a vu la catalepsie chez l'homme, — dans le sommeil provoqué par l'homme ou la maladie — on peut craindre en voyant le sujet raidi qu'il se brise comme verre, si on essayait de le plier. N'y a-t-il pas un phénomène analogue chez ce petit reptile à membres rudimentaires cachés sous la peau, l'*orvet*? Ne sait-on pas que ce petit animal, tenu à la main, se casse parfois, absolument comme le ferait une baguette de verre?

Darwin (1), l'auteur de la théorie de l'évolution, écrit :

C'est un instinct très remarquable — ce me semble — que celui qui pousse les animaux à simuler la mort, c'est-à-dire un état inconnu à toute créature vivante. Je suis d'accord avec les auteurs qui croient qu'il y a eu beaucoup d'exagérations à ce propos; je suis persuadé que l'on a pris parfois pour une simulation de la mort un évanouissement ou l'effet paralysant d'une terreur extrême; j'ai moi-même vu un rouge-gorge s'évanouir dans mes mains. Les insectes sont remarquables à cet égard. Il y a chez eux une série complète dans le même genre (ainsi que je l'ai constaté pour le curculio et le chrysomèle) depuis l'espèce qui ne simule que durant une seconde, et quelquefois imparfaitement, remuant encore ses antennes (les *histes*, par exemple), et qui ne simulera pas une seconde fois, quel que puisse être le degré de l'excitation, jusqu'à des espèces qui, selon de Geer, se laisseront rôtir à petit feu, sans faire le moindre mouvement; jusqu'aux espèces, enfin, qui resteront immobiles pendant vingt-trois minutes, comme je l'ai vu pour le *chrysomela spartii*. Quelques individus de même espèce de *ptinus* prirent une position différente de celle des autres. Sans aucun doute, la manière et la durée de la simulation est utile à chaque espèce; par conséquent, il

(1) Darwin, *Essai posthume sur l'Instinct*, in *Évolution mentale* de Romanes.

n'y a pas plus de difficulté à ce que, par la sélection naturelle, cette attitude héréditaire soit acquise plutôt que toute autre. Néanmoins, je fus frappé de cette coïncidence et de voir que les insectes en fussent venus à prendre la position qu'ils ont lorsqu'ils sont morts. Aussi je notai avec soin les attitudes prises par dix-sept espèces différentes d'insectes (y compris un iule, une araignée et un *oniscus*) appartenant à des genres différents, les uns bons, les autres mauvais simulateurs; puis je me procurai des échantillons des mêmes insectes, morts de mort naturelle; j'en tuai d'autres au moyen du camphre, leur infligeant ainsi une mort facile et lente; le résultat fut que l'attitude fut exactement dans deux cas la même; dans plusieurs, l'attitude des simulateurs et celle des vrais morts étaient aussi dissemblables que possible.

La question est des plus complexes. Que l'instinct — puisqu'instinct il y aurait! — ait poussé l'animal à simuler une fois la mort et que — cela lui ayant réussi — il continue, soit; mais que dire des cas où — cela ne lui servant à rien — il le fait encore? Je crois plutôt à l'arrêt des courants nerveux, à l'inhibition de Brown-Séquard, à la cataplexie de Preyer. En effet quelle conclusion autre à tirer des faits suivants :

Wrangell rapporte (1) que les oies émigrent vers la Tundra pour y opérer la mue et qu'elles sont alors incapables de fuir. Elles simulent si bien la mort — en cas de danger — que « les jambes et le cou sont étendus raides; » il les laissa tranquilles, les croyant mortes. Cependant les indigènes, et même les renards, les loups..., ne s'y laissent pas tromper. Cela les protège-t-il contre les éperviers? La réponse est à faire.

Darwin rapporte encore (2) qu'un lézard effrayé, —

(1) Wrangell, *Travels* in *Sibéria*.
(2) Darwin, *Journal of researches*.

en Patagonie, — simula la mort sur le sable dont il avait la couleur. « Il étendit les pattes, s'aplatit et ferma les yeux; si on le dérangeait encore, il se nichait rapidement sous le sable. »

L'hibernation du loir. Remarques du Dr Forel.

La *catalepsie* semble — par les faits précédents — irréfutable chez les animaux; la suggestion sans sommeil, sorte de *somnambulisme*, est une espèce de fascination propre au dompteur; reste la *léthargie*, sorte de sommeil avec inertie qui existe dans l'*hibernation*. Les longs jours et les longs mois que passent endormis les marmottes, les loirs, les chauves-souris,... doivent, il me semble, rentrer dans ce groupement des phénomènes du sommeil provoqué.

Appeler l'état hibernant, sommeil cataleptique — comme l'a fait le docteur Liébeault (1), — me semble exagéré; a-t-on vu dans ces cas une raideur spéciale propre à cette phase de l'état hypnotique? Y voir de la suggestion — comme le docteur Auguste Forel de Zurich, — me paraît au moins aussi exagéré :

> L'accumulation de la graisse dans les tissus paraît rendre l'homme somnolent et pourrait bien être la cause organique de la suggestion hypnotique du loir, comme cela a dejà été supposé. L'amaigrissement provoquerait alors finalement la suggestion du réveil. Ce qui parle surtout pour l'action suggestive, c'est le passage relativement brusque de la veille au sommeil et *vice versa*, ainsi que certaines intermittences du sommeil observées avant le réveil définitif.

Cet expérimentateur a constaté des mouvements réflexes chez le loir endormi, il a vu que, suspendu à

(1) Liébeault, *Le sommeil*.

une branche dans cet état, il en descendait instinctivement et sans se réveiller.

Il n'y a d'ailleurs rien d'extraordinaire — pour qui cherche à pénétrer l'intimité des phénomènes — à comparer l'hibernation de l'animal au sommeil provoqué chez l'homme. Chez celui-ci, il peut — dans des cas anormaux, il est vrai, mais déjà assez nombreux — durer plusieurs jours et même des mois. Il y a eu des exemples dans les hôpitaux et d'autres bien constatés par des médecins dans leur clientèle. Dans ce cas, le malade ne mangeait plus et dormait. La question de durée qui — de prime abord — semblerait impliquer de grandes différences entre l'homme et l'animal, n'a donc qu'une légère importance. Certains médecins anglais ne nous ont-ils pas raconté, — avec détails minutieux — les inhumations de fakirs ou yoghis indiens sur les tombeaux desquels on fait une récolte d'orge et qui ressuscitent après !

Quant à expliquer ces phénomènes, il n'est pas temps encore, — je crois, — de le faire, car bien que les observations soient multiples et multipliées, le sujet est si complexe, comporte tant de causes d'erreur qu'on ne peut émettre que des hypothèses à bases chancelantes. Que ce soit la peur, la fatigue physique de l'animal regardant une personne ou un objet brillant, l'imagination, le fluide magnétique,... ou tout ce que l'on voudra, les faits s'imposent avec leur précision mathématique. De nombreuses études se font et ont été discutées au *Congrès des recherches physiologiques de* 1889.

La zoothérapie.

On a même fondé sur elles une véritable thérapeutique, — la zoothérapie; on aurait observé, paraît-il, que des chiens et des chats se couchant sur les jambes de leurs maîtres auraient enlevé, à leur profit, les rhumatismes des gens à qui ils servaient d'édredon. Tout n'est-il pas contagieux ici bas depuis la cartouche de dynamite qui explose et produit le même phénomène sur une autre placée dans son voisinage; depuis le cheval qui bute et en fait buter un autre; depuis le grand arbre qui profite aux dépens du petit (de Jussieu)...; aussi cette *contagion de la santé*... (1) pour les maîtres, cette contagion de la maladie... pour les animaux est séduisante — pas pour ces derniers cependant — bien qu'il n'y ait pas là, à proprement parler, échange de bons procédés! Elle méritait d'être signalée, car elle trace peut-être la route à l'investigation féconde et humanitaire!

(1) Dr Foveau de Courmelles, *Le Magnétisme devant la loi.* Le même, *L'Hypnotisme* (Bibliothèque des Merveilles), 1890.

CHAPITRE IX

PRÉVISION ET NOTION DU TEMPS

Les influences météorologiques. — Le malaise physiologique et la mémoire. — Troubles phychologiques. — Précautions contre les variations atmosphériques. — Les animaux (par lettre alphabétique) dans leurs rapports avec le pronostic du temps. — La notion du temps. — L'horloge ornithologique. — La chaleur et le soleil comme moyens de comparaison. — Le chien et le chat. — Les migrations. Lois des migrations, Darwin. — L'orientation et la notion de lieu.

Dans quel ordre de facultés placer la notion et la prévision du temps? Intellectuelles ou de divination? Intuitives, au sens ordinaire du mot? De raisonnement, grâce à certains indices qui nous échappent? Ou toutes ces causes réunies entrent-elles en jeu? Je ne puis me prononcer, mais constater, voilà tout.

L'animal a une relation incontestable avec les phénomènes météorologiques; il n'est pas, vis-à-vis d'eux, un être passif. Il se montre parfois tel à l'égard du vent ou de la pluie. Cependant jetez de l'eau à un chien, dirigez un soufflet sur lui, il fournira des témoignages non équivoques de déplaisir, il cherchera à s'enfuir ou à vous mordre, tandis que les mêmes sensations dérivées d'une source atmosphérique le laissent en apparence impassible (U. Van Ende).

Et pourquoi supposer les animaux moins sensibles que les objets inanimés qui s'allongent ou se raccourcissent selon l'état de l'air ambiant (hygromètre à capucin ou à cheveu,...)? L'homme des champs, le sauvage, le marin,... sentent la tempête et ce n'est que par la civilisation et l'éloignement de la nature que nous perdons cette faculté.

D'ailleurs, sans sortir du cycle des expériences journalières, il est très facile de se convaincre que, — aussi bien chez les animaux domestiques que chez les animaux sauvages, — l'impassibilité n'est jamais qu'à la surface.

Le malaise physiologique et la mémoire.

Les animaux ne ressentent pas seulement le mauvais temps; il est avéré qu'ils le pressentent et beaucoup plus que l'homme, dont l'instinct semble faussé sous ce rapport par un mode d'existence artificiel. Cependant disons, en passant, que les personnes faibles ou nerveuses ressentent bien plus vivement que d'autres les impressions de la chaleur, du froid, ou de l'humidité. Celles qui ont une partie de leur corps affaiblie par une cause quelconque, ou qui ont été anciennement blessées, celles qui sont atteintes de douleurs ou de rhumatismes, celles qui ont des durillons, des cors aux pieds... souffrent ou éprouvent des démangeaisons aux approches du mauvais temps. D'une façon générale, quand, sans autre cause que l'état fatigant de l'atmosphère, on se sent plus assoupi, plus accablé que de coutume, on peut compter que la pluie n'est pas très éloignée.

Pour les animaux, on a pu composer des listes de présages d'intempérie tirées de l'observation des habitudes animales. Le pressentiment d'une variation météorologique a sans doute son origine première dans un malaise d'origine toute physiologique et dont l'animal n'a probablement pas conscience; il y a bien quelques actes de précaution difficiles à rattacher à l'instinct, mais que l'on pourrait plutôt attribuer à la mémoire. Les faits passés laissent leur empreinte dans le cerveau de ces êtres et s'ils se sont bien trouvés des précautions qu'ils ont prises alors, par une sorte d'opération quasi-intellectuelle, il n'y a pas de raison pour qu'ils ne les renouvellent.

C'est ainsi qu'à l'approche du mauvais temps ils se hâtent de regagner leurs demeures ou de chercher un abri provisoire. Ils semblent parfois prévoir des intempéries plus ou moins longues, en accumulant des provisions pour ces périodes.

Les cygnes exhaussent leurs nids de façon à défier les crues d'eau amenées par la saison des pluies. Le gros-bec fabrique une sorte de tissu imperméable pour en construire sa demeure dont le toit forme une pente unie et saillante, favorisant ainsi l'écoulement de la pluie. L'écureuil édifie dans le même but un dôme conique en bûchettes; le bassari, choisit pour son abri quelque tronc creux fermé par en haut.

Troubles psychologiques et précautions contre les variations atmosphériques.

La sphère émotionnelle montre aussi ces faits : l'âne devient triste; l'écureuil inquiet et agité; le glouton trahit sa mauvaise humeur, le coq crie, la marmotte siffle, le renard et le chacal hurlent.

Selon l'intensité des phénomènes, des variations atmosphériques, les manifestations sont diverses; la terreur, la prostration s'emparent des animaux dans les orages, les tempêtes, les ouragans, la pluie, la neige...

Les oiseaux les plus méfiants viennent chercher un abri jusque dans les demeures humaines. Le chameau pose la tête à terre devant l'approche du simoun, comme il le fait sous le couteau du boucher. Le Paresseux se réfugie à la moindre pluie sous le couvert du feuillage et reste des jours entiers suspendu et tourmenté par l'eau qui tombe. L'écureuil bouche l'ouverture de son nid et se cache pendant plusieurs jours. Le raton laveur, par un temps de vent, de neige ou de pluie, reste dans sa tanière sans manger. Un ours gris, transporté à bord, rompit sa chaîne par un jour de pluie pour aller se blottir dans le hamac du pilote, en ramenant sur lui la couverture. Le vent ou la pluie poussent de même l'orang-outang à s'envelopper de la tête aux pieds de feuilles de Pandanus. Les moutons sont portés à se disperser quand il pleut ou qu'il vente, ou bien, s'ils se trouvent à l'abri, ils se serrent l'un contre l'autre jusqu'à s'étouffer...

Si nous considérons les animaux pendant les grandes perturbations de l'atmosphère, nous trouvons l'affolement, l'ahurissement,... devant les tempêtes grandioses des tropiques, le tigre coudoie la gazelle... Plus près de nous, lors de l'orage, le chat domestique se réfugie sur les genoux ou sous les habits; le mouton, le bœuf, le cheval et l'écureuil se sauvent terrifiés...

Il y a là une sorte de promiscuité de consternation, d'épouvante devant un péril mystérieux, vague, indéfinissable, où l'énervement se joint à l'idée du danger.

Les animaux dans leurs rapports avec le pronostic du temps.

Jusqu'à présent nous avons peu ou point étudié la question du *pronostic* du temps, dressons-en maintenant un tableau.

Abeilles. On doit s'attendre au mauvais temps, si l'on voit les abeilles sortir de très grand matin, ne pas s'écarter du voisinage de la ruche, et y rentrer précipitamment sans être entièrement chargées.

C'est signe d'orage lorsqu'elles sont méchantes, et attaquent ceux qui les approchent.

Araignées. Quand le mauvais temps menace, on voit les araignées courir. — L'araignée fileuse des jardins ne suspend sa toile qu'avec des fils très courts, — et l'araignée des murs a la tête tournée vers l'intérieur de son trou.

Si par un temps pluvieux, l'araignée fileuse se met à réparer sa toile, et la suspend à l'aide de fils nombreux et longs; —si l'araignée des murs a la tête et les pattes hors de son trou, on peut regarder le beau temps comme prochain.

Bœufs. Quand on voit les bœufs lever le muffle en l'air, comme pour humer le vent, et se rassembler, on peut compter sur la pluie.

Brebis. La pluie menace, lorsqu'on voit les brebis plus âpres à la pâture qu'à l'ordinaire (cette remarque s'applique à la plupart des bestiaux, mais principalement à la brebis).

Canards. Aux approches de la pluie, les canards s'élèvent sur leurs pattes, battent des ailes, poussent de grands cris, s'agitent, semblent se réjouir de l'arrivée du mauvais temps, et finissent par se plonger dans l'eau.

Chats. Les chats qui se lèchent les pattes et se les passent sur la babine, ou encore qui, en dormant, reposent sur le derrière de la tête, présagent certainement de la pluie.

Si l'on frotte un chat dans l'obscurité, et que l'extrémité de ses poils devienne lumineuse, ou qu'on entende un léger craquement, c'est signe de sécheresse; — ces mêmes expériences en hiver indiquent le froid

Chauves-souris. Lorsque, à l'entrée de la nuit, les chauves-souris volent en foule de côté et d'autre, on peut être assuré du beau temps.

C'est tout le contraire si elles sont en petit nombre, jettent des cris, et entrent dans les maisons.

Chèvres. On peut compter sur la pluie, lorsque les chèvres se querellent entre elles.

Chiens. Toutes les fois que les chiens grattent la terre,

mangent l'herbe, et grattent en aboyant, c'est signe certain de pluie.

Chouette. Lorsque la chouette crie pendant la pluie, elle annonce le retour du beau temps.

Cochons. C'est un présage de pluie, quand on voit les cochons marcher inquiets, brouter l'herbe, ou éparpiller leur manger.

Coqs. Lorsque les coqs chantent le soir, ou à des heures qui ne leur sont pas ordinaires, on doit prévoir la pluie.

Fig. 16. — La rainette verte.

Corbeaux. On peut compter sur le retour du beau temps, lorsqu'on entend les corbeaux coasser fort le matin. — Quand ils s'abattent, de juillet en septembre, dans les vignes des bords du Rhin, les Allemands comptent sur un hiver long et rigoureux.

Corneilles. Lorsqu'il doit pleuvoir, les corneilles font entendre des cris rauques et redoublés; inquiètes, elles se perchent à la cime des arbres, ou, le bec ouvert, voltigent de tous côtés. Il leur arrive aussi, aux approches de la pluie, de se promener le long des étangs, des ruisseaux ou des fossés.

Cousins. Lorsque les cousins se rassemblent, au coucher du soleil, et forment des groupes nombreux semblables à des nuages, comptez sur le beau temps.

Crapauds. Lorsque les crapauds sortent le soir, ou coassent sur les lieux élevés, la pluie approche.

Cygnes. L'arrivée du cygne est l'indice d'un froid plus vif que les froids ordinaires. Si, après avoir quitté la contrée, ces oiseaux reparaissent en volant vers le midi, le froid va reprendre.

Dindons. Il y a presque certitude de pluie, lorsqu'on voit les dindons se rassembler.

Fourmis. La pluie viendra, si vous voyez les fourmis interrompre leurs travaux, se retirer dans leurs galeries souterraines et y entraîner leurs œufs.

Geais. Quand le temps se met à la pluie, les geais crient davantage et plus fort qu'à l'ordinaire.

Grenouilles. On peut compter sur la pluie, quand on entend les grenouilles (fig. 16) coasser le matin (à moins que ce soit le printemps, époque de leur frai). *La rainette*, dans un bocal rempli d'eau, descend quand la pluie est proche, elle est semblable au légendaire Gribouille, qui se cache dans l'eau peur de la pluie; elle remonte pour le beau temps.

Hannetons. Le beau temps est assuré, si les hannetons volent plus qu'à l'ordinaire.

Hirondelles. C'est un signe de mauvais temps, lorsque les hirondelles vont très bas, rasant la surface de la terre et de l'eau. Si elles s'élèvent très haut dans l'air, on peut compter sur le beau temps.

Limaces. Comme les vers de terre, les limaces sortent de leurs retraites aux approches du mauvais temps.

Loche. Quand la loche des étangs trouble son eau, on peut être sûr d'une pluie prochaine.

Moineaux. A l'approche de la pluie, les moineaux s'épluchent, fardent leurs plumes et s'ébattent dans la poussière.

Moucherons. Si, sur la fin du jour, vous voyez les moucherons tourbillonner en nuages, le beau temps est certain pour le lendemain.

Mouches. Quand les mouches piquent et deviennent plus importunes que d'ordinaire, on peut compter sur un orage.

Moutons. Si les moutons jouent, en courant çà et là, ou se querellent entre eux, c'est signe de pluie.

Oies et autres oiseaux aquatiques. Ils se comportent comme les *canards*.

Oiseaux. Lorsqu'il doit pleuvoir, les oiseaux s'épluchent, lustrent leurs plumes en les passant dans leur bec, et se retirent dans le milieu des arbres et des buissons. Même indice encore, quand ils gazouillent et s'appellent pour se rassembler.

Oiseaux de mer. On peut compter sur le beau temps, lorsqu'on voit les oiseaux de mer s'éloigner du rivage.

Oiseaux de passage. Un indice de froid des plus certains est l'arrivée dans nos climats des oiseaux de passage.

Oiseaux de proie. Quand les grands oiseaux de proie volent très haut, c'est un signe certain de beau temps.

Paon. Les cris souvent répétés du paon — et surtout lorsque celui-ci est perché sur un lieu élevé — sont un présage de pluie.

Perdrix. Mêmes observations que pour les *moineaux*.

Pigeons. Lorsqu'il va pleuvoir, les pigeons s'élèvent précipitamment dans l'air, puis redescendent et rentrent dans leurs colombiers pour longtemps. Le soir, s'ils reviennent tard au colombier, ils indiquent la pluie pour les jours suivants.

Poissons. Attendez-vous à la pluie si, par un temps clair, vous voyez les poissons se tenir de préférence à la surface de l'eau, ou sauter fréquemment au dehors. — Les poissons mordent plus vivement à l'hameçon aux approches de l'orage.

Poules. On peut s'attendre à du mauvais temps, lorsqu'on voit les poules se rouler plus que de coutume dans la poussière.

Rainette. Voir *Grenouille*.

Ramier. Lorsqu'on entend les ramiers roucouler plus souvent que de coutume dans la forêt, on peut compter sur le beau temps.

Sangsue. Si elle est roulée sur elle-même et sans mouvement au fond du bocal : beau temps. Si elle monte à la surface de l'eau : mauvais temps, pluie. Si elle parcourt le bocal avec une violence extrême : grand vent. Si elle fait des soubresauts, si elle éprouve des convulsions : tempête.

Taupes. Quand on voit les taupes labourer plus que de coutume, c'est signe de pluie.

Vaches. Même observation que pour les *Bœufs.*

Vers. Si l'on voit les vers de terre paraître à la surface du sol, la pluie se prépare.

La notion du temps.

Indépendamment de la variation météorologique du temps, l'animal semble en avoir la notion exacte, voire même celle de l'heure.

On cite des ourangs-outangs se couchant et se levant à l'heure fixe. Le blaireau rentre dans son terrier quand l'ombre des arbres vient l'atteindre.

Un chat — cité par Brehm, d'après Wood — connaissait les heures où son maître souffrant devait prendre sa médecine ou sa nourriture, et il réveillait régulièrement la garde-malade, sans jamais se tromper de plus de cinq minutes, la nuit comme le jour.

Les chiens connaissent les jours de l'abattoir.

Voici encore d'autres faits qui démontrent l'existence de la notion du temps chez l'animal.

Les communications entre les villes de Vevey et de Lausanne (environ 19 kilomètres) — m'écrit M. Wanner — se font par bateau. Un médecin de Vevey avait un chien qui suivait son maître partout. Ce docteur avait l'habitude de se rendre à Lausanne chaque jeudi par le bateau, partant en été de Vevey à une heure et repartant d'Ouchy (port de Lausanne) à six heures. L'hiver, l'horaire était changé : départ de Vevey à onze heures et retour à cinq heures. Le docteur vint à mourir, mais l'animal continua à faire le même trajet pendant encore deux ans, dans l'espoir de retrouver son compagnon à Lausanne ; il ne s'est jamais trompé d'heure, sachant très bien distinguer l'heure du départ de l'hiver de celui de l'été.

M. F. Joly (1) raconte qu'il a souvent vu le chien de son ami Gérard, avocat à Colmar, attendre, tous les mercredis à trois heures, les baptêmes pour ramasser, avec les gamins, les dragées qu'on leur jetait. *Aussi tous les mercredis et les mercredis seulement*, à l'approche de trois heures, le chien « s'esquivait quand il était libre, pleurant s'il était retenu, afin d'aller profiter des libéralités que ramenait périodiquement ce bienheureux jour. » Quand son maître allait — comme tout le monde en Alsace avant l'annexion — *prendre sa bière* avant souper, et qu'il s'oubliait au cours d'une conversation, on pouvait voir au coup précis de sept heures l'animal apporter la canne de son maître et se planter gravement devant lui.

Le Dr Dubuc raconte qu'ayant pris l'habitude de chasser tous les dimanches et d'emmener sa chienne, celle-ci venait ensuite régulièrement l'attendre le dimanche.

M. Contejean (2) parle d'une chatte « Rose » dont « l'exactitude à l'heure des repas était phénoménale. » Jamais horloge ne fut mieux réglée. Impassible jusqu'à l'heure du dîner, elle accourait bride abattue dès que la cloche du repas tintait, mais si celle-ci était en retard, Rose allait à la cuisine gratter, miauler et faire le gros dos. Elle ne demandait jamais rien tant que le potage n'était pas pris et disparaissait au dessert; elle connaissait donc le moment opportun de sa présence.

L'orang-outang de Smith faisait les mardis et les

(1) F. Joly, *Revue scientifique*.
(2) Contejean, *Revue scientifique*.

vendredis, à onze heures précises, une visite aux matelots, auxquels on donnait ces jours-là du sagou avec du sucre et de la cannelle.

Romanes rapporte que les oies de villages environnants se réunissaient régulièrement deux fois par mois au marché d'une petite ville anglaise pour picorer le grain. Elles firent même corvée, un jour que le marché avait été remis.

Le capitaine Delage — d'après ce que m'écrit sa veuve — avait des poules se couchant à heure fixe et plusieurs jours de suite, pendant qu'on arrangeait leur gîte, les faisant ainsi coucher plus tard que d'habitude, l'une d'elles marmottait d'un air furieux, poussait des cris perçants, serrait dans son bec le bas du pantalon de son maître et le tirait; un jour, impatientée, elle lui sauta à la figure!

L'horloge ornithologique.

On a pu même construire une *horloge ornithologique*, fondée sur le réveil et le chant des oiseaux à heure fixe pour chaque espèce.

Le *pinson*, le plus matinal, devance l'aurore et se fait entendre de une heure et demie à deux heures du matin. De deux heures à deux heures et demie, c'est la *fauvette à tête noire*. Dans la demi-heure suivante, c'est la *caille*, ami des débiteurs malheureux, qui crie : Paye tes dettes, paye tes dettes. De trois heures à trois heures et demie, la *fauvette à ventre rouge* fait entendre ses tristes mélodies.

De trois heures et demie à quatre heures, le *merle noir* lance sa fanfare ; dans la demi-heure qui suit, le *loriot* exerce son gosier peu mélodieux. De quatre heures et demie à cinq heures, la *mésange à tête noire* fait grincer son chant agaçant. Enfin de cinq heures à cinq heures et demie, s'éveille et se met à pépier le *moineau franc*, ce gamin de Paris ailé, gourmand, paresseux, tapageur, mais hardi, vif et amusant par son effronterie.

Quelle plus charmante horloge peut-on trouver que ce concert vivant pour le diligent laboureur ou le matinal touriste !

La chaleur et le soleil comme moyens de comparaison.

La régularité mathématique des animaux peut être attribuée à la chaleur, dont l'incandescence crée un malaise ou un état de souffrance réelle, dont le degré voulu — l'*optimum*, comme disent les botanistes — est bienfaisant, dont l'absence peut être aussi mal supportée que la trop grande quantité... La température est-elle supportable, l'animal s'étale au soleil avec béatitude. Le phoque, le blaireau, les cervidés des régions hautes et désertes, les strygiens qui sont nocturnes deviennent même quelque peu diurnes.

L'heure de la journée où le soleil arrive au zénith est pour beaucoup d'espèces le signal du repos ; pour d'autres, celui d'un surcroît d'animation.

C'est l'aube que le coq, l'hirondelle, l'aigle pêcheur saluent de leurs cris ; l'hédydine métallisé se montre particulièrement vif à midi, l'atèle au moment du coucher, le paralcyon géant crie le matin, à midi et le soir.

Les phénomènes solaires rattachent beaucoup d'actes de la vie animale. Au lever et au coucher du soleil se tiennent les cours plénières des corneilles. Des animaux à habitudes matinales — le galictis taïra — ne sortent que l'après-midi si le ciel est couvert.

Les migrations. Lois des migrations, Darwin.

Et les migrations? Ne caractérisent-elles pas la notion d'une époque? Elles servent pour ainsi de transition entre les faits de notion et ceux de prévision du temps; elles tiennent des deux : de la notion du temps par l'époque à laquelle ces voyages périodiques s'accomplissent; de la prévision du temps, parce qu'il y a coïncidence avec des variations climatériques.

Certains voyages sont courts, ce sont ceux des chenilles ou des vers processionnaires (fig. 17); ce sont encore des changements de domicile, comme ceux des pagures ou bernard-l'hermite; d'autres sont plus considérables et il y a changement complet de climat.

Les hirondelles — ces hôtes aimés et désirés, grâce à une légendaire superstition reliant le bonheur à leur présence — nous quittent à l'approche de la saison froide et des frimas, pour revenir à l'époque du renouveau, du gai printemps. Qui leur annonce dans leur Eden hibernal — où la température ne change pas — que la nôtre est redevenue clémente et hospitalière?

Darwin et Romanes sont arrivés aux conclusions suivantes, régissant les migrations de la gent ailée :

1° Il y a dans les différentes races d'oiseaux un passage complet de ceux qui changent occasionnellement ou régulièrement de demeure dans le même pays à ceux qui émigrent régulièrement dans des contrées distantes.

2° La même espèce émigre souvent, dans un pays, et reste stationnaire dans un autre : ou encore, certains individus d'une même espèce, dans un même pays, sont stationnaires, d'autres migrateurs.

3° L'instinct migratoire se compose de deux facteurs très distincts; il y a une impulsion qui pousse à voyager périodiquement et la faculté de connaître la direction dans laquelle il faut aller.

Fig. 17. — Migration des vers processionnaires.

4° L'homme sauvage manifeste un sens de la direction qui peut être analogue à celui que manifestent les animaux migrateurs.

5° On connaît certains cas de races d'animaux domestiques possédant des instincts véritablement migratoires.

Avec sa théorie, Darwin explique qu'à l'origine le froid, le manque de nourriture, l'apparition d'ennemis... a dû pousser les ancêtres des animaux actuels à émigrer. Peu à peu cette tendance est devenue héréditaire.

Quoi qu'il en soit elle implique une notion exacte et absolue du temps.

L'orientation et la notion de lieu.

Les migrations indiquent encore la notion d'espace et d'endroit précis, l'animal y revenant. D'ailleurs les animaux retournant à leur gîte, le lièvre à son terrier, le pigeon voyageur à son colombier, l'abeille à sa ruche, la fourmi à sa fourmilière... le prouvent.

Un faucon de Henri IV fut trouvé le lendemain de sa fuite à Malte, lieu de sa naissance. Des chevaux vont à leur pâture située à vingt ou trente lieues de distance.

Francisque Sarcey — le prince de la critique, comme on l'appelle communément — a raconté l'histoire d'un âne fuyant avec rapidité — lorsqu'il avait à y passer — l'endroit précis d'un jardin où on lui avait administré une correction soignée.

Spallanzani a vu les anguilles de Comacchio (Venise) aller dans l'obscurité vers la mer. Les grenouilles d'un étang desséché — dans le Connecticut — firent huit kilomètres pour trouver la rivière la plus proche.

La teigne d'Angoumois a deux générations par an, l'une de printemps va vers les épis, l'autre d'automne reste dans le grenier.

Quant aux chiens revenant trouver leurs maîtres, ils sont très nombreux.

Les autres oiseaux migrateurs, les poissons, les anguilles, se déplacent également à époque fixe.

On a voulu voir là une faculté spéciale d'orientation ; il y a aussi de la mémoire, sûrement de l'instinct.

Il faut donc reconnaître aux animaux des aptitudes spéciales ou un instinct particulier — analogues à un mouvement d'horlogerie et se *déclanchant* au moment voulu ! — Qu'ils nous servent de thermomètres, de baromètres et de chronomètres, ce sera là — pour les animaux vis-à-vis de nous — une utilité de plus, ajoutée à tant d'autres !

CHAPITRE X

L'EAU, LE FEU ET LES DÉRIVÉS

La notion de l'eau démontrée par le pronostic du temps, les constructions et les soins de propreté. — La nécessité de l'eau dans le régime alimentaire. — Précautions contre l'élément liquide. — Les poissons. — Les mammifères. — Horreur de l'eau. — Le lavage des gibbons siamangs. — Explication de la peur de l'eau. — Le feu. — La peur du feu. — Curiosité et fascination. — Les insectes et les objets brillants. — Les animaux domestiques et le feu. — Distinction de la chaleur et du feu.

Les variations météorologiques de chaleur et d'humidité nous ont déjà révélé l'aptitude des animaux à distinguer le beau temps de la pluie. Elles impliquent — au moins en germe — l'idée de l'élément aquatique.

Les constructions dans des lieux ayant une humidité suffisante le démontrent également. Ainsi un Batracien du Brésil et des régions chaudes de l'Amérique du Sud — le *cystignatus ocellatus* — creuse, non loin de la berge, un trou dont le fond se remplit par infiltration. Un crabe terrestre du Bengale et des Antilles, le *cordisoma carnifex* agit de même — pour son bien-être personnel; — il habite les lieux bas, voisins de la côte, où l'eau existe à une faible profondeur au-dessous du sol. Les Termites creusent des souterrains, qui — lors des grandes pluies — servent d'égouttoirs et où se déversent les eaux trop abondantes qui risqueraient d'envahir la demeure.

Les soins de propreté, dont quelques animaux entourent les leurs; le chat qui lèche ses petits — nous avons même vu une aïeule de chatte rendre ce service à ses petits-enfants, quand la mère était en promenade; — l'ours agit de même, le chien qui se jette à l'eau et se secoue ensuite, sont encore des faits militant en faveur de l'idée *eau* pour l'animal.

Développons ces divers points.

En effet, l'animal tend, en général, à rapporter les les mouvements, de quelque origine qu'ils soient, à des êtres animés vivant en dehors de lui. Selon les effets produits, il attribue une plus ou moins grande puissance à ces êtres, aussi se montre-t-il défiant et circonspect, jusqu'à ce qu'il ait pu trouver lui-même l'explication. Les plantes sont de nature inorganique, même pour les animaux et ce n'est que par leur côté alimentaire — car elles sont dépourvues d'action, de mouvement, de son — qu'elles réagissent sur la sphère affective des bêtes et encore n'est-ce que dans une mesure aussi restreinte que l'est le régime herbivore.

Mais il est un autre élément qui doit avoir avec l'animal le même rapport que la plante, c'est l'eau. A première vue, cela est vrai, mais il est nécessaire d'établir d'importantes réserves.

La nécessité de l'eau dans le régime alimentaire.

L'eau constitue un élément essentiel du régime des vertébrés supérieurs, et non pas seulement pour un certain nombre de types comme l'aliment végétal, mais pour tous sans exception, tant oiseaux que mammifères, herbivores ou carnivores, et elle répond chez eux à un besoin organique, parfois plus pressant que la faim. La privation d'eau rend le buffle furieux. On a vu des gnous chargés de bagages se tuer en se précipitant du haut des rochers pour arriver à l'abreuvoir, une minute plus tôt. Sous l'empire de ce besoin quotidien, l'animal a dû forcément contracter l'habitude de l'eau et quelques espèces s'y sont même familiarisées au point d'en faire leur milieu habituel.

Précautions contre l'élément liquide.

Parmi les bêtes mêmes dont ce n'est pas le séjour favori ou constant, la plupart ne témoignent généralement ni crainte, ni répugnance pour l'élément aquatique; elles n'hésitent généralement pas à le traverser soit à la nage, soit en suivant le fond et à en utiliser pour leurs besoins leurs attributs caractéristiques, dont beaucoup d'entre elles manifestent une connaissance merveilleuse (U. Van Ende). Cependant les poules domestiques en ont une peur instinctive, que l'on peut surtout remarquer, lorsqu'ayant des canards — au lieu de poussins — elles les voient se précipiter à l'eau.

Les digues et les canaux construits par le castor en sont les exemples les plus connus et les plus intéressants. Cependant quand une crue le menace dans sa hutte, il perce celle-ci par sa partie supérieure.

L'épeire, araignée aquatique, construit d'une berge à l'autre une toile, qui lui sert de pont et d'engin de chasse.

Les poissons.

Brehm parle de poissons, de dactyloptères ou pirapèdes s'élevant hors de l'eau à 4 ou 5 mètres de hauteur, parcourant dans l'espace 100 ou 200 mètres et disparaissant de suite dans l'eau (fig. 18).

La Baudroie — *Lophius piscatorius* — se cache dans la vase et les herbes marines, tout en agitant dans l'eau les filaments dont elle est pourvue au-dessus du

Fig. 18. — Poissons volants.

museau ; d'autres poissons approchent et elle les saisit.

Le *chalmon rostratus* projette de sa bouche avec force et précision une goutte d'eau et en frappe sa proie, insecte, mouche, comme d'une balle.

Certains poissons quittent les étangs qui se dessèchent et voyagent par monts et par vaux à la recherche d'une eau plus abondante.

On a vu des grenouilles en faire autant.

Le docteur Handcock parle des *Doras*, voyageant en bandes très nombreuses et la nuit, se servant comme d'un pied du premier rayon de leur nageoire pectorale qui est très fort et dentelé et se poussant à l'aide de leur queue : ils vont presque aussi vite qu'un homme. Bosc affirme avoir vu, dans les eaux douces de la Caroline, des myriades d'*Hydrargyras*, allant par sauts et sans la voir à la recherche de l'eau la plus proche. Daldorff, à Tranquebar, a vu la perche grimpeuse — *Perca scandens* — grimper sur le palmier éventail chercher des crustacés; elle se suspend par ses ouïes, s'arcboute avec la nageoire caudale contre l'écorce et monte d'un échelon, et ainsi de suite. Sir E. Tennent et Buchanan, croit qu'il n'y a là que des phénomènes accidentels.

Les saumons, les anguilles, les aloses, parmi les poissons et quelques crocodiles recherchent à de certaines époques l'eau salée, la mer; d'autres, l'eau douce, les fleuves et les rivières. La perception semble faire la différenciation de ces liquides.

Les mammifères. — Horreur de l'eau. — Le lavage des gibbons siamangs. — Explication de la peur de l'eau.

Le raton lave toute proie avant de la manger (fig. 19).

Fig. 19. — Le Raton laveur.

Les chiens tueurs de brebis ont soin de laver à a rivière les traces sanglantes de leurs expéditions clandestines. Un ours — que l'on voulait empoisonner et qui le soupçonnait — lavait préalablement à l'eau les appâts qu'on lui donnait. Un chat, dont le poil avait pris feu par le fait d'une lampe tombée, courut se jeter dans un conduit d'eau pour éteindre la flamme. Un coyote, poursuivi par des chiens, prit par le bord de la mer, ayant soin de suivre exactement la ligne où la vague mourante venait balayer ses traces. Le bison creuse la terre des marais, en vue de former des entonnoirs pour l'écoulement de l'eau. La taupe creuse également dans son terrier des puits et des citernes. Des poules d'eau, qui avaient construit leur nid à eau basse, se mirent à y ajouter à la hâte quelques assises, sitôt qu'elles virent une crue subite se manifester dans le bassin.

Un retriever n'entrait jamais dans l'eau à l'endroit où la sarcelle blessée avait plongé, mais courait toujours en aval pour se retrouver sur son passage. Des lièvres ont été observés attendant parfois assez longtemps, pour passer sur une île voisine, le moment précis de la marée où ils pouvaient se risquer à l'eau sans s'exposer à être emportés au large par le courant. Un chien, qui avait à traverser régulièrement un petit bras de mer, suivait en courant la côte, soit vers le nord soit vers le sud, calculant la direction et la force du courant de façon à être toujours porté vers un point fixe de débarquement. Un autre se trouvant à bord et ayant l'habitude de faire tous les jours des courses prolongées, nageait d'abord jusqu'à la côte pour s'orienter, en observant à leur passage des morceaux de bois flottants et des brins de paille, et lorsque ces indices vinrent une fois à lui manquer, on le vit tremper la patte dans la mer et plonger aussitôt qu'il eut ainsi saisi la direction du courant.

Quelques espèces animales semblent donc, dit U. Van Ende, connaître avec précision les phénomènes propres au milieu liquide et parfois l'aimer.

A côté de cela, il en existe d'autres qui, malgré la pression de la soif, en ont une sorte d'horreur. Ainsi, nombre d'oiseaux la craignent et l'évitent, par exemple la caille, le céréopsis, le paralcyon. Si les mammifères sont tous plus ou moins familiarisés avec l'eau, la plupart des singes et notamment les anthropomorphes, ainsi que les autres grandes espèces, font exception sous ce rapport et manifestent à l'égard de l'élément aquatique une véritable terreur. Un observateur dit avoir rencontré une famille de hurleurs se laissant mourir de faim sur un arbre que l'inondation avait entouré d'eau, plutôt que de franchir les quelques brasses qui les séparaient de la forêt voisine.

A côté de cela, et formant un vivant contraste, sont les gibbons siamangs. Les mères ont une manifestation de tendresse, sans analogue dans la vie des bêtes. Elles portent leurs enfants à la rivière, les débarbouillent malgré leurs plaintes, les essuient, les sèchent et « donnent à leur propreté, dit Duvaucel, un temps et des soins que, dans bien des cas, nos propres enfants pourraient envier. »

La peur de l'eau peut s'acquérir, même chez des animaux dont ce liquide est l'élément originel et instinctif. Ainsi une espèce de canards domestiques au Ceylan a contracté pour l'eau une peur indicible et lorsqu'on y plonge ces oiseaux de force, ils se débattent jusqu'à se noyer.

On peut, jusqu'à un certain point, s'expliquer cette

terreur, si on songe à l'influence que doit exercer sur l'animal la réflexion de son image. En effet, il trahit parfois d'une façon non équivoque sa préoccupation d'en éviter la vue. Le cheval de race ne boit pas sans avoir au préalable agité l'eau, du pied ou de la bouche. Un cynocéphale se servait, pour boire, de sa patte de derrière qu'il trempait dans l'eau.

Certains animaux ne peuvent entrer dans l'eau que poussés par une terreur plus grande encore, celle des coups de bâton ou de cravache. Les rapides, les cascades augmentent encore ce sentiment. Et cependant le vison et la loutre les recherchent l'hiver, car l'eau n'y gèle pas.

D'autres bêtes connaissent les phénomènes aquatiques — nous allions dire sous-marins. — Le chien d'Egypte s'interrompt de boire et s'enfuit quand il surprend quelque ébranlement de la surface liquide, car cette circonstance lui fait soupçonner l'approche d'un crocodile. La musaraigne écume l'eau pour faciliter sa pêche. L'ours trouble aussi l'eau dans le même but et y crée des courants, en la remuant avec la patte, pour amener à lui des objets flottants...

Le feu. — La peur du feu. — Curiosité et fascination.

Après l'eau, l'élément contraire, le feu, s'impose à nous. Aucun sentiment affectif ne semble exister de l'animal à l'élément igné qui lui paraît inconnu. De là à la peur de cet élément, il n'y a qu'un pas et il est vite franchi. On a observé la terreur chez les grands mammifères qui semblent n'avoir pas d'ennemi à redouter. Aussi le feu crée une véritable panique chez le lion, le tigre, l'ours, l'éléphant sauvage. Devant les grands embrasements des prairies, on voit fuir pêle-mêle les animaux pacifiques et les redoutables carnassiers, les lions et les léopards au milieu des troupeaux d'antilopes, oubliant, les uns leur férocité, les autres leur terreur héréditaire devant le phénomène qui leur inspire une commune épouvante.

Le contact direct de la flamme leur semble moins à craindre que l'action, l'éclat, le mouvement qui pour eux est l'*inconnu* accompagné de son cortège de lugubres épouvantes et de terreurs indicibles.

De la peur passons au sentiment de curiosité qui l'accompagne toujours et le domine parfois. Le singe capucin de Romanes mettait des copeaux dans la cheminée et les retirait ensuite pour en flairer le bout fumant ; il allumait aussi des bouts de papier qu'il avait tordus en tige et les regardait brûler. Le chocard montre pour le feu le même genre d'intérêt ; il avale des mèches qu'il arrache des lampes allumées ; il aime à voir monter la fumée, et ce penchant singulier le pousse à retirer les charbons du feu ou à jeter sur les réchauds des chiffons et des morceaux de bois ou de papier.

La curiosité et la fascination s'ajoutent dans certains cas, dans l'attraction du cheval du Paraguay, de l'âne africain, près des feux de campement ou des dauphins, près des feux des barques de pêche, la terreur y joue peut-être aussi son rôle.

Les invertébrés et les objets brillants.

Le feu symbolise la lumière ou réciproquement. Beaucoup d'insectes volent vers la flamme, s'y jettent même. Il semble y avoir là un instinct nuisible à l'individu. On peut à cela répondre que la flamme est un phénomène rare, que l'économie générale des insectes les force d'approcher et d'examiner les objets brillants, que ce ne peut être une méprise, vu la généralité de cet instinct, et que par conséquent il y a dans cette psychologie un but qui nous échappe. Les fleurs de couleur blanche, les sphinx à coloration pâle, les objets brillants,... trompent-ils les insectes, les oiseaux, les poissons... ?

Romanes — le disciple aimé du maître — a trouvé dans les manuscrits de Darwin cette note non écrite de sa main, mais très intéressante :

Question : Pourquoi les phalènes et certains moustiques se précipitent-ils sur la flamme des bougies, et pourquoi ne sont-ils pas tous en route pour la lune — au moins quand la lune est sur l'horizon ? J'ai remarqué autrefois que ces insectes volent beaucoup moins autour de la bougie, quand la lune brille : si un nuage cache la lune, ils sont de nouveau attirés par la bougie.

Romanes répond à cela que la lune est un objet familier, que les insectes trouvent tout naturel et pour lequel ils n'ont aucun désir d'examen. Ne peut-on dire encore que leurs ancêtres ont essayé ce plus que long pèlerinage et qu'en voyant l'inutilité de leurs efforts, ils y ont renoncé, acquérant ainsi une notion qu'ils ont transmise à leurs descendants !

J.-S. Gardener raconte qu'il vit des phalènes se précipiter et se noyer dans les grandes cataractes en fer à cheval du Skjalfandafljot, près de Sjosavan en Islande. « Les chutes brillantes semblaient les attirer au moins autant que la lumière artificielle. »

Paul Bert (1) a essayé l'action des couleurs du spectre solaire sur les crustacés cladocères, ce sont les rayons jaunes — les plus éclairants — qui avaient la préférence et dans lesquels ils se plaçaient.

(1) Paul Bert, *Comptes rendus de l'Académie des sciences*, 1869.

L'étoile de mer et les échinides rampent vers la lumière et y restent (Ewart et Romanes).

Les animaux domestiques et le feu.

Pour les individus vivant dans la société de l'homme, on les trouve familiarisés avec les propriétés et les usages du feu, bien qu'ils soient incapables de le produire d'eux-mêmes (Joly).

Passons en revue quelques cas d'animaux domestiques ou apprivoisés dans leur conduite avec l'élément igné.

Un chimpanzé, transporté à bord d'un navire, avait été préposé au service du four, qu'il chauffait régulièrement et sans accident, prenant bien garde de laisser tomber les charbons; il connaissait parfaitement le degré de chaleur voulu et ne manquait jamais de prévenir à temps le boulanger (Van Ende).

Un éléphant profita de l'absence de son gardien pour soustraire du four les galettes de riz que celui-ci y avait mis cuire, enlevant pour cela la couche d'herbes et de pierres qui avait été étendue par-dessus et qu'il eut soin ensuite de rétablir très adroitement à sa place (Romanes).

Un chat semblait appeler avec insistance une personne qui se décida enfin à le suivre à travers un long corridor et une cour jusqu'à une pièce éloignée près d'un placard qu'elle ouvrit et où elle trouva, au milieu d'une abondante fumée, des linges en feu (Espinas).

Distinction de la chaleur et du feu.

La notion de feu est inséparable de la notion de chaleur.

Le lézard, les vieux singes, se réchauffent tout aussi bien au soleil qu'auprès des feux des campements que les voyageurs viennent d'abandonner.

Nos animaux domestiques poussent plus loin la distinction. Ils apprennent facilement à distinguer — surtout le chien et le chat — si les aliments qu'on leur donne sont trop chauds. S'ils convoitent un friand morceau en train de cuire, ils ne l'enlèvent qu'avec infiniment de précautions. Un chat voyant chauffer le lait avait pris l'habitude de tremper sa patte et de la lécher immédiatement; il avait ainsi trouvé le mal et le remède (Lucien Genty); le même chat « Gollo » enlevait les galettes du four encore chaud, au moment précis où la température n'était plus suffisante pour le brûler.

Ces exemples sont pour ainsi dire anormaux, mais le fait de tous les jours c'est que le chien et le chat se chauffent avec plaisir à nos foyers, au point parfois de s'y brûler.

En résumé, les animaux ont les notions d'eau et de feu, ils semblent avoir la première d'une façon distinctive et originelle, la seconde par acquisition et hérédité. Maintenant, quant à dire si ces idées sont bien nettes dans leur esprit, il faudra encore de nombreuses observations avant de se prononcer.

CHAPITRE XI

HABITATIONS ET INDUSTRIES

L'homme et l'animal. — Invertébrés, Batraciens et Poissons. — Nids des oiseaux et industries qui s'y rapportent. — Les rongeurs et le castor. — Singes. — Les abeilles, les fourmis et les termites, propreté et aération des habitations. — Les araignées. — Utilisation de la matière par les animaux.

Si l'on étudie avec impartialité les œuvres des animaux on y constate une sagacité merveilleuse, fruit de l'instinct, de l'expérience et du raisonnement. Ces trois coefficients doivent entrer en ligne de compte, car ils agissent tantôt tous les trois réunis — c'est le cas le plus fréquent —; tantôt l'un d'eux, et dans ce cas c'est l'instinct qui est ou semble être le seul agent.

Nombreux ont été les travaux sur ce sujet ; nombreuses, les discussions pour en tirer des conclusions favorables ou non au transformisme. Citons notamment le livre de M. Frédéric Houssay, maître de conférences à l'Ecole normale supérieure (1).

Les Termites et les Castors — qui ne sont pas, surtout les premiers, les êtres les plus élevés en organisation — sont les architectes les plus habiles de la Création, après l'homme ! Et cependant ils n'ont pas d'organes appropriés.

— Ainsi dit Frédéric Houssay — « la tour Eiffel, le monument le plus élevé dont s'enorgueillit l'industrie des hommes, ne fait que 187 fois la taille moyenne de

(1) Fréd. Houssay, *Industries des animaux*, 1 vol. Bibliothèque scientifique contemporaine.

l'artisan. Elle a 300 mètres ; mais pour atteindre l'audace du Termite, son sommet devrait être à 1 600 mètres. Il risquerait d'être souvent sous la neige, et on pourrait du moins, en été, y trouver quelque fraîcheur. »

On a bien parlé depuis d'une tour de 450 mètres à construire en Amérique ; il y a bien encore la légendaire tour de Babel, dont les dimensions n'ont pas été conservées, mais il est à peu près certain que l'animal aurait encore dominé l'homme de toute sa hauteur, ou si l'on préfère de toute la profondeur merveilleuse de son instinct !

La matière inerte et la nature ont été asservies pour ainsi dire totalement par l'homme — les tours *babélisques* le prouvent — mais l'animal l'y a aidé dans une certaine mesure et souvent l'a précédé dans sa tâche. L'animal a été constructeur avant l'homme. Il a eu — si nous pouvons nous exprimer ainsi — un toit pour abriter sa tête, alors que l'homme en était encore réduit à se cacher dans les fourrés ou à se réfugier dans les cavernes où l'on retrouve ses ossements préhistoriques. Dernier venu dans un monde où il ne comptait que des ennemis, le roi de la création devait le dompter et le soumettre à ses lois. Il l'a fait, mais souvent en empruntant les propres armes et les talents de ses futurs asservis. Voyons ceux-ci à l'œuvre.

Invertébrés, Batraciens et Poissons.

Nous allons passer en revue l'habitation dans le règne des bêtes.

Les animaux les plus inférieurs en sont dépourvus et il faudrait nous élever jusqu'aux Mollusques (escargots, huîtres,...) pour voir une maison, ou plutôt une

Fig. 20. — L'Épinoche aiguillonnée.

coquille dans laquelle ils peuvent se claquemurer.

Certains Batraciens se creusent, non loin de la berge, des trous se remplissant d'eau, où ils abritent leur progéniture.

Quelques poissons s'enfoncent dans la vase ou font de véritables nids comme l'épinoche (fig. 20), d'autres se logent au milieu des coraux (fig. 21).

Nids des oiseaux et industries qui s'y rapportent.

Les oiseaux ont une réputation d'architectes vieille comme le monde ; ils nous fournissent de merveilleux témoignages d'instincts variés.

Quelques oiseaux, comme l'ombrette, établissent dans leur demeure plusieurs compartiments ou chambres complètement séparées, dont l'une est leur résidence de jour, l'autre, leur chambre à coucher ; une troisième enfin sert d'antichambre. D'autres espèces comme le roitelet, le troglodyte, le torchepot construisent un ou plusieurs nids de réserve. Quelquefois, dans un but de prudence, comme chez le baya ou le rémiz, un couloir étroit est ménagé pour l'entrée.

Un choix, aussi judicieux que varié, préside à la réunion et au mode d'emploi des matériaux qui servent à ériger cette frêle bâtisse. Chez le baltimore américain des Etats du Sud, le nid est fait exclusivement de mousse d'Espagne, les parois en sont très lâches pour laisser circuler l'air et il n'est garni à l'intérieur d'aucune substance chaude ; dans les Etats du Nord, au contraire ce nid est soigneusement tapissé en dedans pour garantir la nichée du froid. Le bec-croisé forme la carcasse du sien d'éléments durs et solides : rameaux, chaume, mousse, en le munissant intérieurement d'un lit de plumes et d'herbes.

Fig. 21. — Nid de poissons dans les Coraux.

La garniture intérieure est du reste presque toujours composée de matériaux chauds et moelleux. Les oiseaux captifs, par exemple les spermestes ou ceux qui, comme les corneilles, vivent près des demeures humaines, leur empruntent à cet effet les substances les plus appropriées : laine, soies de porc, plumes, chiffons, fil ou foin.

Souvent les oiseaux transforment leurs matériaux, les cimentent, y introduisent des objets de couleur brillante. Les ptilorrhynques et les chlamydères décorent leurs nids d'objets voyants, ces nids solides et résistants ne servent pas à l'habitation des constructeurs, aussi les a-t-on appelés *nids de plaisance*. Le baya tapisse son nid de lucioles. L'*Amblyornis ornata* dresse devant son habitation un parterre diapré de fruits, de fleurs et d'insectes dont il renouvelle fréquemment la fraîcheur.

Plus près de nous, ces *instinctifs* ouvriers font leurs nids les uns avec de longues pailles, les autres s'emparent du brin de laine que la brebis a laissé suspendu à la ronce. Des bûcherons croisent des branches dans la cime d'un arbre ; des filandières recueillent la soie sur un chardon. Des mineurs, le *Merle de roche*, le *Pétrel*, creusent leurs nids dans les escarpements rocheux. D'industrieux maçons, comme l'*Hirondelle*, scellent leurs nids aux angles des habitations humaines. D'autres, véritables charpentiers, comme le *Pic*, le creusent dans le bois.

Les *Fauvettes*, les *Pinsons*, les *Rossignols*, tressent d'élégantes corbeilles.

Le *Bouvreuil* place l'ouverture de son nid du côté opposé aux vents habituels de la contrée (question d'*orientation*) ; la *Mésange* fait le sien de mousse et de plumes dans la fente d'un arbre ou d'une branche ; la

Pie le construit avec des plantes épineuses, de la terre et des racines.

Le *Loriot* construit, dans les climats chauds, un nid à claire-voie; mais dans nos froides contrées, il le rembourre de laine et l'expose au midi.

La *Fauvette couturière* de l'Inde amasse le coton, en fait un fil, puis avec son bec et ses pattes elle *coud* véritablement les feuilles dont elle forme le toit qui abritera son nid.

A côté de ces merveilles — saisissants et vivants contrastes — sont les nids rudimentaires des oiseaux de proie, lesquels préfèrent leur royaume aérien à la terre qui n'est pour eux qu'un asile momentané. Une crevasse de rocher, un trou, un creux d'arbre leur suffisent dans la majorité des cas.

Rongeurs et castor.

Il en est de même des Mammifères qui passant tout leur temps à terre dédaignent de s'occuper de leur demeure. Maintes espèces n'ont pas de résidence fixe; elles campent où la nuit les surprend et mettent bas dans tout endroit, quelque peu abrité, qui leur est fourni par le hasard.

Les rongeurs et les fouisseurs nous montrent néanmoins parfois dans leurs terriers et leurs huttes le produit d'un travail assez laborieux :

La souris naine se fait un nid qu'elle tisse avec des feuilles de graminées, qu'elle garnit en dedans de duvet et de pétales de fleurs, et qui ne le cède en rien à ceux des oiseaux (fig. 22): on y trouve des chambres nombreuses, un aménagement pour la conservation des réserves alimentairest

La taupe construit même des citernes pour assurer

l'approvisionnement d'eau ; l'intérieur de la taupinière est souvent tapissé des substances les plus chaudes (fig. 23).

L'écureuil érige en bûchettes un dôme de forme

Fig. 22. — La Souris naine.

conique au-dessus de son gîte, pour favoriser l'écoulement de la pluie.

Mais c'est dans les célèbres ouvrages des *castors* que la transformation intelligente de la matière est surtout remarquable ; l'adaptation au régime aquatique a déterminé, chez ces animaux, le développement d'un véritable génie dans l'appropriation de leur demeure à ce milieu spécial. Il leur arrive d'intercepter le cours d'une rivière et d'arrêter le cours de tous les ruisseaux qui s'y rendent, transformant en marais le sol environnant qui se prête alors à leurs travaux. Ils créent

Fig. 23. — La taupinière.

des écluses avec du bois, de la vase, des broussailles, les réparent quand il en est besoin. La vase leur sert de mortier pour joindre et affermir les morceaux de bois et les broussailles. Si les matériaux leur manquent, ils abattent des arbres en les grignotant peu à peu et à tour de rôle. Ils détachent les branches, les coupent en morceaux, les transportent vers l'eau et les font flotter jusqu'à leurs huttes où ils emmagasinent. Leurs habitations sont propres et commodes, ils ont soin de jeter après leur repas dans le courant de la rivière, en aval les morceaux de bois dont ils ont rongé l'écorce, ou encore des tubes verticaux servent à l'animal à les jeter dans l'eau sans sortir de sa demeure. Jamais ils ne permettent l'accès de leur domicile à un castor étranger à la colonie et au besoin défendent vigoureusement leurs habitations.

Singes.

Quelques singes anthropoïdes font exception à l'esprit général d'insouciance des mammifères à l'égard de leur habitation.

Le nid du soko ressemble à celui du pigeon. L'orang-outang et le chimpanzé se construisent des plates-formes pour dormir. Leurs nids supportés par une grosse branche en fourche sont sans toit, formés de branches fléchies ou brisées et entrelacées, et l'intérieur en est tapissé d'herbes et de petits rameaux garnis de feuilles sèches. Le *nshiego-mbouwé* érige le sien de branches attachées aux arbres voisins par des lianes, le surmonte d'un toit en dôme et tasse les feuilles pour assurer l'écoulement de la pluie; tout l'édifice a de six à huit pieds de diamètre.

Voilà les vertébrés passés en revue et certes, si nous en jugeons par leur place dans l'échelle organique, nous aurions dû y trouver des merveilles architecturales. Nous en avons bien trouvé pour les oiseaux, mais les mammifères, plus élevés en organisation, se sont montrés bien inférieurs aux premiers. Ils vont l'être davantage encore vis-à-vis de modestes invertébrés, les insectes.

Les abeilles, les fourmis et les termites ; propreté et aération des habitations.

Les hyménoptères sociaux, abeilles et fourmis, construisent de remarquables demeures que nous allons étudier.

Les insectes — à l'état de chenilles — se creusent des demeures obscures dans les arbres ou s'enferment — au moment de leurs métamorphoses — dans un cocon ingénieusement tissé comme le ver à soie, ou dans une feuille roulée et accolée par leur bave. C'est encore le sol qui leur sert de refuge l'hiver.

Là aucun travail, et cependant des animaux du même groupe — nous allions dire leurs cousins germains! — font ces merveilles à la description desquelles nous sommes arrivés.

Les *abeilles*, qui nous fournissent le miel, vivent en monarchie sous la conduite d'une femelle, qui est la reine. Sous sa direction, toute la multitude des gouvernés, six à huit cents mâles appelés *faux-bourdons* et parfois trente et quarante mille ouvrières — va s'établir dans le creux d'un arbre ou dans une ruche de paille ou de bois qu'on leur présente au moment convenable (1).

Les ouvrières commencent par boucher exactement toutes les fentes avec une sorte de glu qu'elles vont recueillir sur les plantes et partout où elles trouvent ce qui peut leur servir de mortier; elles ne laissent qu'une entrée fort étroite.

Les *cirières* ont — après avoir mangé — les derniers anneaux du ventre chargés de cire; elles la saisissent avec leurs pattes, la portent à leur bouche pour

(1) Voyez Maurice Girard, *les Abeilles*, 3e édition. Paris, 1890.

la pétrir, et l'appliquent patiemment par petites bouchées, en se servant de leur bouche à peu près comme un maçon de sa truelle. Elles commencent leur ouvrage en appliquant d'abord la cire au plafond de la ruche, et elles continuent en accolant les unes au-dessous des autres de petites cellules à six pans, arrangées sur deux rangs dos à dos, en forme de murailles verticales, de manière qu'il n'y ait pas de place perdue.

Elles savent rendre leurs diverses murailles exactement parallèles, et elles laissent toujours la place nécessaire pour passer entre deux. Elles y ménagent même des trous pour éviter les détours.

Après que les cirières ont grossièrement maçonné cette construction, d'autres ouvrières plus habiles viennent égaliser, nettoyer, perfectionner, polir ; enfin elles donnent à tout l'ouvrage une dernière main. Alors les pourvoyeuses se mettent à la besogne pour emplir de miel les cellules qui doivent renfermer la provision d'hiver et que l'on ferme d'un couvercle de cire.

Les cellules sont différentes selon l'habitant qu'elles doivent renfermer, selon que les œufs pondus par la reine deviendront mâles, ouvrières ou reine. Si des murailles de cellules, suspendues à la voûte de la ruche, se détachent et menacent de tomber, les abeilles reconnaissent le danger et savent y remédier, en bouchant les fentes, en élevant des colonnes de cire et en construisant des arcs-boutants qui soutiennent l'ouvrage ébranlé. Si des souris, des serpents, des phalènes s'introduisent dans la niche, elles les font percer bientôt — sans qu'elles puissent fuir — sous leurs piqûres ; et pour que les cadavres de ces ennemis n'infectent pas leur domicile, la force leur manquant pour les porter au dehors, les abeilles les enduisent de propolis et la putréfaction ne se fait point.

Nous avons vu déjà quelques traits curieux des mœurs de ces industrieux animaux, aussi nous ne voulons pas y revenir, continuons d'étudier l'art de la construction dans la série animale.

Cet art semble atteindre le *summum* chez les *Fourmis* et les *Termites*. Ces derniers — de la famille des *Névroptères* — atteignent la perfection des Hyménoptères sociaux.

Dans les vastes plaines de l'Afrique sauvage, — dit Fulbert Dumonteil — le voyageur surpris aperçoit tout à coup un monde de ruches étranges, d'une forme charmante et d'un travail exquis. Il y en a des centaines, il y en a des milliers. Cette ville d'un nouveau genre, uniforme et sans fin, commence à vos pieds pour se perdre à l'horizon. Dans cette cité, aussi vaste qu'originale, plus grande que Pékin et plus merveilleuse que Venise, il n'y a qu'un monument : c'est la ruche, c'est la maison, un prodige qui se multiplie et se répète à l'infini.

A la vue de ces huttes bizarres de deux ou trois pieds de haut, parfois de cinq ou six, on se croirait en face d'une population de nains. Non, les hommes ne bâtissent pas ainsi. Ces stupéfiants édifices ont pour architectes les fourmis d'Afrique. Là règne la plus sage, la plus industrieuse, la plus prospère, la plus laborieuse, la plus patriotique des républiques...

Qu'elles soient d'Afrique avec leurs constructions dépassant de beaucoup le sol, qu'elles soient européennes avec des dimensions moindres, les fourmilières n'en sont pas moins étonnantes par les travaux qu'elles nécessitent.

Les fourmis choisissent le plus souvent un talus exposé au soleil. Les unes creusent de petites galeries tortueuses, en arrachant grain à grain avec leurs mandibules la terre ou le sable, qu'elles entassent en dehors autour des ouvertures; les autres vont chercher aux environs, et souvent assez loin, des brins de paille, ou de petites branches, ou de menus débris qu'elles entassent avec ordre, de manière à prolonger les galeries souterraines. Ces galeries se trouvent ainsi précédées comme par de longs vestibules, qui les mettent à l'abri de la pluie, du froid et de la trop grande ardeur du soleil; et, chose étonnante, les ouvertures sont fermées et soigneusement barricadées tous les soirs.

De la fourmilière, partent différents chemins battus, par lesquels les travailleuses passent toujours pour se répandre dans la campagne. Quand elles se sont écartées de ces grandes routes en butinant, on s'aperçoit que pour retourner à la fourmilière elles hésitent, elles tâtonnent, elles s'avancent avec précaution; mais sitôt qu'elles ont retrouvé un de leurs chemins, elles se mettent à courir et vont droit chez elles. Quelquefois, dans un endroit dangereux, le long d'un mur ou d'un tronc d'arbre, elles construisent avec de la terre gâchée des galeries couvertes en forme de tubes, ou de colonnes creuses, dans lesquelles elles peuvent circuler à l'abri (fig. 24).

A la partie inférieure du palais des termites sont des galeries s'enfonçant sous le palais à plus de $1^{m},50$ et destinées à recueillir les eaux trop abondantes, ce sont de véritables égouts.

Les araignées.

Parlerons-nous des ingénieuses toiles des *araignées?* Non, car à proprement parler ce ne sont là que pièges et engins de chasse.

Cependant certaines araignées, comme les argyronètes ou fileuses d'argent, se construisent sous l'eau un gracieux nid maintenu sec grâce à des bulles d'air qu'elles y ont apportées et que le tissu serré de leur toile empêche de remonter.

Une espèce, nommée mygale, se creuse dans la terre

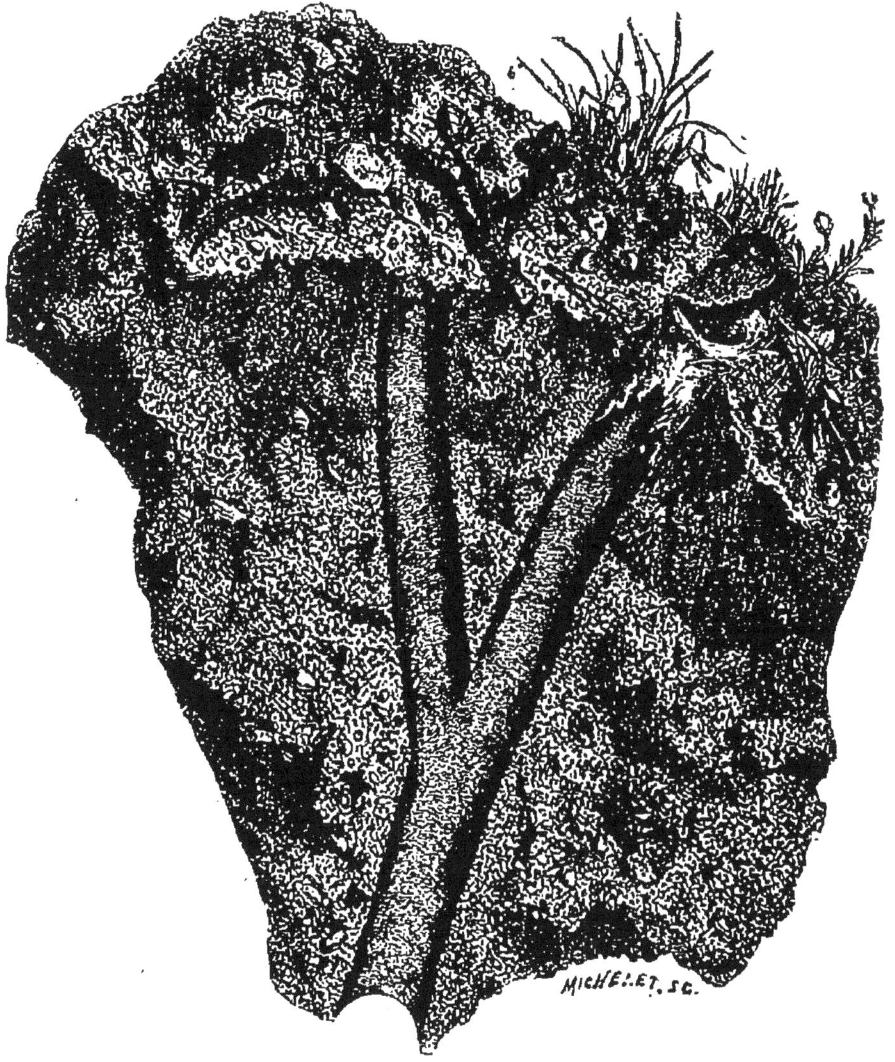

Fig. 24. — Nid de *Nemesia suffura*.

un trou en forme de puits, profond d'un décimètre, le tapisse à l'intérieur avec un fil soyeux, et en ferme l'ouverture avec une porte à charnière, au bord de laquelle elle sait faire une rangée de petits trous pour la retenir avec ses griffes, si quelque ennemi voulait l'ouvrir de force.

Utilisation de la matière par les animaux.

Disons quelques mots de l'accommodation de la matière inerte à l'usage de l'animal.

En dehors du castor qui déblaye sa demeure des immondices qui la peuvent encombrer — ce qui décèle la notion de l'utile et de l'inutile, dans la substance inanimée — on peut encore citer les soins de propreté des habitations chez d'autres animaux.

Le blaireau se construit sous terre une demeure à plusieurs issues, qui lui servent à fuir en cas de danger, et qui en temps ordinaire lui servent à l'aération de la pièce centrale; il fait tous les jours de petites promenades, non pour aller chercher sa nourriture, au contraire!

Nous avons vu que si l'animal sait se débarrasser de ce qui le gêne, il a aussi la notion de la matière inanimée, travaillée ou non par l'homme. Selon que les produits des industries humaines lui paraissent préférables ou non — le premier cas arrive souvent — il sait dans ses constructions les utiliser. Les oiseaux se servent parfois des nids artificiels qu'on leur donne; ou encore ils prennent les lambeaux de vêtements les brins de laine, laissés au buisson...

La distinction semble plus complète et la sagacité plus profonde dans certains cas. L'animal utilise — non plus seulement pour ses constructions, mais encore pour son plaisir, ses voyages,... la matière inerte.

La grue lance de petites pierres ou des morceaux de bois en l'air pour s'amuser; le chien en fait autant avec des pierres et des os. On a vu des souris utiliser la bouse de vache ou la cavité d'un champignon sec comme un radeau pour le transport sur l'eau de leurs provisions. Brehm raconte l'histoire d'un orang-outang apportant une chaise pour ouvrir le pène d'une serrure placée hors de sa portée, ou trouvant la clef requise dans un trousseau de quinze clefs. Romanes cite un singe qui découvrit tout seul l'usage et le maniement du tournevis, un autre qui lançait une couverture sur le battant d'une porte pour en arrêter le jeu. Darwin a vu un orang-outang se servir spontanément d'un bâton comme levier. Un chat ouvrait une porte dont la serrure était à bec de cane en sautant sur celui-ci de la hauteur d'un meuble assez éloigné (Siraud Pugnet, de Moirans, Isère)...

Il y a là des faits quasi intellectuels, dénotant, si l'on veut, un instinct d'ordre supérieur. Mais de l'inégale répartition de ces phénomènes, de leur observation plus fréquente chez les animaux qui vivent au contact ou dans le voisinage de l'homme, on a le droit de n'y voir que des applications de la commune tendance à l'imitation.

Quant aux ingénieuses demeures des abeilles et des fourmis, on ne peut les attribuer qu'à l'instinct; sinon il faudrait — ce qui serait passablement humiliant pour nous et faux à priori — reconnaître à ces êtres une intelligence supérieure à celle de l'homme, puisque sans études préalables et rien que d'avoir été élevé dans leurs maisons — et encore pas toujours — ils les savent édifier de main de maître!

CHAPITRE XII

LA SENSIBILITÉ.

Sensibilité morale : les inclinations et leur classification. — L'amour de la vie. — L'amour de la propriété, les freux, les fourmis, les abeilles... Le vol. — La domestication et la propriété. — La prévoyance, conséquence de l'idée de propriété. — L'égoïsme et l'altruisme en général. — L'hospitalité et l'esclavage, l'amour du luxe et du bien-être. — L'amour-propre et ses dérivés, dignité, vanité, fatuité... — L'ambition, l'autorité et la tyrannie. — La famille et l'amour, dérivés de l'instinct de propriété et d'autorité. — Les agrégations animales, relations de force et de faiblesse. — Sociabilité et ses exceptions. — Égoïsme et altruisme, inclinations différentes, le beau, le bien et l'héroïsme. — Le chat et la bienveillance. — L'assistance publique et la médecine. — La notion du juste et de l'injuste. Les tribunaux des corneilles. — Le remords, la justice et la vengeance. — L'idée du beau mise en parallèle avec le culte et la religiosité. — L'adoration du soleil chez les singes.

Il ne s'agit pas évidemment d'étudier la sensibilité physique chez l'animal. On n'en est plus au temps où Malebranche disait : « Cela ne sent point. »

La sensibilité est la faculté d'éprouver du plaisir et de la douleur et la manifestation sera l'*émotion*. Elle sera différente avec la satisfaction ou non de la tendance vers un objet ou *inclination*. La volition de l'âme pour retrouver la cause de son plaisir ou s'éloigner de la cause de sa douleur détermine les *affections*. Si l'une d'elles s'empare de l'âme et l'occupe exclusivement, c'est la *passion*.

Les inclinations sont égoïstes ou altruistes, personnelles ou sympathiques.

Les appétits sont des inclinations matérielles et personnelles. Une souffrance périodique, soustraite à l'action de la volonté, en rappelle le retour. La faim, la soif, les besoins naturels en sont des exemples et personne ne songe à contester notre ressemblance sur ce point avec les animaux.

Des inclinations un peu plus relevées se rapportent à la partie matérielle et à la partie intellectuelle de l'être, l'amour de la vie, le désir du développement des facultés intellectuelles, l'amour de la propriété.

L'amour de la vie.

L'*amour de la vie* est incontestable dans la série animale, on peut même dire qu'il est instinctif; il est protégé par la peur et nous en avons vu les manifestations diverses, protéiformes. C'est l'instinct de la conservation. Il s'étend à l'espèce et on doit placer ici toutes les précautions des êtres pour assurer la vie de leur descendance.

L'amour de la propriété, les freux, les fourmis, les abeilles. Le vol.

L'*amour de la propriété* implique forcément la prévoyance. Sans citer la fable de la Fontaine : *la Cigale et la Fourmi*, qui est un récit plus ou moins fantaisiste, on peut trouver chez les animaux des accumulations de provisions qui dénotent ou semblent dénoter la crainte de l'avenir ou l'intense désir de garder leurs biens présents.

Le freux est un oiseau — proche parent des corbeaux — qui enfouit des glands et sait les retrouver longtemps après, quand la germination leur a fait perdre leur saveur acerbe. Les freux vivent en société et font un grand vacarme lors de la construction des nids.

Si un jeune couple, encore inexpérimenté — dit H. Fabre — abandonne un moment sa bâtisse pour aller à la recherche d'autres matériaux, les voisins pillent son nid et emportent, qui une bûchette, qui une touffe d'herbe ou de mousse, pour l'employer à leur propre construction. C'est plutôt fait que d'aller au loin les choisir. A leur retour les volés entrent dans des colères bleues, accusent l'un, accusent l'autre, embauchent quelques amis et tombent à grands coups de becs sur les voleurs, si le larcin n'a pas été habilement dissimulé. Pour s'éviter pareil pillage, les couples mûris en prudence ne laissent jamais le nid seul : l'un reste et garde la maison pendant que l'autre va quérir des matériaux.

Les fourmis, qui ne laissent pas pénétrer dans leurs habitations les étrangères, montrent l'instinct de la propriété.

De même — en faisant un saut brusque dans l'échelle des êtres — on sait que le chien ne se laisse pas prendre sa nourriture par les étrangers, parfois difficilement par son maître. Souvent il cache sa nourriture, idée de prévoyance sans doute.

Un rongeur, le Hamster d'Allemagne (*Cricetus frumentarius*) enferme des provisions en masse près de sa chambre à coucher.

Le Bembex, un hyménoptère — étudié par Fabre — fait des provisions pour sa larve, et il les renouvelle de temps à autre, rebouchant à chaque fois son terrier et le retrouvant avec une sûreté merveilleuse.

Les abeilles accumulent le miel, au point de ne savoir qu'en faire et elles défendent leur propriété en tuant tous les intrus qui pénètrent dans la ruche ou se barricadant — comme nous l'avons vu — pour ne pas laisser pénétrer certains ennemis invulnérables.

Les Termites récoltent, chaque jour de la belle saison, des provisions qu'ils entassent. Ce sont surtout des gommes, des sucs de plantes séchés et broyés, de façon à former une poudre impalpable.

Les fourmis agricoles du Texas plantent autour de leur magasin une sorte de gazon portant de petites graines blanches qu'elles recueillent, sèchent et conservent; quelques espèces en détruisent les germes au moyen d'un acide qu'elles sécrètent, afin de les empêcher de pousser en hiver.

Les souris des champs arrachent également les germes du grain emmagasiné.

Le colapte perce les hampes sèches de l'agave pour arriver jusqu'à la cavité centrale qu'il sait y trouver et dont il fait son grenier.

Les Républicains sont des oiseaux ainsi nommés par Le Vaillant et qui construisent un seul nid divisé en cellules. Là où ils s'établissent, de petits perroquets les suivent et les chassent *manu militari*. En moins de deux heures l'habitation peut changer de propriétaires et se remplir de nouveaux hôtes. La raison du plus fort est toujours la meilleure!

La domestication et la propriété.

La domestication développe — notamment chez le chien — les idées de possession et de propriété.

La plupart des carnassiers à l'état sauvage ont — dit Romanes — l'idée que la propriété appartient à celui qui s'en empare, et la manière dont certains animaux de proie carnassiers s'emparent de régions plus ou moins déterminées, pour en faire leur champ de chasse, implique une notion du même genre en voie de formation. L'homme a utilisé et développé le germe fourni par la nature dans le cas du chien, et maintenant l'idée de défendre la propriété de son maître est devenue réellement instinctive chez cet animal. Sans y ête dressés, et même malgré un dressage contraire, beaucoup de chiens aboient et courent après les étrangers passant devant les portes ou grilles qui ferment la propriété de leur maître. On pourrait citer des exemples sans nombre montrant combien les chiens veillent avec soin sur la propriété confiée à leur garde; mais le fait est bien connu. Je citerai cependant une ou deux observations faites par moi-même sur un terrier que j'ai élevé dès le plus jeune âge; je suis parfaitement assuré que, chez lui, l'idée de protéger la propriété est innée et instinctive, et non pas le résultat d'une éducation individuelle. J'ai vu ce chien accompagner un âne qui avait sur le dos des paniers remplis de pommes. Bien que le chien ne sût pas qu'il était observé, il accompagna l'âne tout le long d'une longue côte dans le but de garder les pommes. Car chaque fois que l'âne tournait la tête pour prendre une pomme dans les paniers, le terrier sautait et lui aboyait au nez, et sa vigilance fut telle que, malgré que son compagnon fût très désireux de goûter au fruit, ce dernier ne put attraper une seule pomme pendant la demi-heure qu'ils passèrent ensemble. J'ai vu aussi ce même terrier protéger de la viande contre d'autres terriers habitant la même maison que lui, et avec lesquels il vivait en excellents termes. Plus singulièrement encore, je l'ai vu s'emparer de manchettes à moi appartenant, portées par un ami, à qui je les avais prêtées temporairement : il les reconnaissait comme m'appartenant, sans doute grâce à son odorat qui était excellent.

Très proche de cette idée innée consistant à vouloir protéger la propriété de son maître est l'idée qu'a le chien que lui-même constitue une partie de cette propriété. Cette idée est également innée; je l'ai remarqué dans le cas d'un très jeune terre-neuve, qui me fut donné, pouvant à peine marcher, mais qui, néanmoins, me suivit aussitôt à travers des rues assez encombrées. Pourtant, ce petit chien peut à peine m'avoir distingué des autres personnes qu'il rencontrait, il ne peut m'avoir suivi qu'à cause de son idée instinctive qu'il était ma propriété et la peur de se perdre.

Cependant les petits chiens suivent généralement tout le monde, et rien n'est plus facile que de les voler en les caressant quelque peu.

Cette idée abstraite de propriété — dit encore Romanes — est bien développée chez beaucoup de chiens, sinon tous; aussi n'est-il pas rare de voir que si un maître confie son chien à la garde d'un ami jusque-là inconnu au chien, ce dernier se sentira tout à fait en sûreté auprès d'une personne qu'il a vue comme étant l'ami de son maître. Pour un temps, il est vassal d'un autre suzerain, et l'ami de son maître est pour lui non un étranger, mais un suzerain par procuration.

Cependant on cite des chiens — même bien traités par des amis — et qui abandonnèrent ceux-ci pour aller retrouver leurs maîtres à des endroits où ces derniers n'avaient jamais été. C'est là une preuve de flair de la part du chien. Et — continue Romanes :

Il n'est pas impossible, ce me semble, que l'instinct apparemment acquis de l'aboiement ne soit un rejeton, pour ainsi dire, de cet instinct acquis de la propriété et de l'instinct de se protéger soi-même en tant que propriété, en attirant l'attention du maître sur la proximité d'étrangers ou d'ennemis.

Le chien qui rapporte tout à son maître a, — il me semble, — une idée assez confuse de la propriété, puisqu'il semble croire que son maître est le seul propriétaire du monde!

La prévoyance, conséquence de l'idée de propriété. L'égoïsme et l'altruisme en général.

Mes amis Frantz Boivinet, avocat, et Léon Preux m'ont raconté l'histoire suivante qui atteste les idées de prévoyance et de propriété. Un chien d'aveugle habitué à mendier avait aussi la coutume d'aller chercher du pain chez le boulanger avec les sous que lui confiait l'aveugle. Ce dernier vint à mourir. Le chien continua sa quête fructueuse et alla, tous les jours, chercher la quantité de pain qu'il lui fallait, cachant la menue monnaie qu'il avait en trop. Il fut un jour volé par un homme, qui — n'ayant aucun souci de la propriété... des autres — admirait depuis quelque temps déjà le manège du chien et qui ne voulut pas attendre un plus gros pécule, de peur d'avoir un collaborateur au partage!

La guenon variée (*Cercopithecus mona*) comprend la propriété comme le co-partageant du chien. La caresse-t-on, elle vole dans les poches, tourne les clefs des armoires, délie les paquets... pour s'approprier leur contenu.

L'exquima (*Cercopithecus diana*) se comporte de même.

La prévoyance admet fatalement l'idée de propriété, car il ne peut venir à l'esprit de personne — bêtes ou gens — d'amasser, si ce n'est pour soi ou les siens. L'*altruisme* est un effort violent sur la nature, et par le fait il est rare. L'*égoïsme*, au contraire, ou le sentiment du moi — qui est haïssable, d'après un auteur — existe chez l'animal; son instinct de prévoyance le démontre, il craint — pour lui ou les siens — les jours de misère et de gêne et il cherche à en empêcher le retour. Il pense davantage encore à sa personnalité. Il lui arrive de voler les autres ou de leur faire élever sa propre famille (coucou...). Il lui arrive d'avoir des esclaves qui travaillent pour lui.

L'hospitalité et l'esclavage, l'amour du luxe et du bien-être.

Certaines fourmis (*Formica sanguinea*) ont — en leurs esclaves (*Formica fusca*) — des aides intelligents, qu'ils traitent avec de grands égards, qu'ils portent même lors des émigrations. D'autres ont poussé l'exploitation de l'esclave à un point que l'homme n'a jamais atteint; les *Amazones* (*Polyergus rufescens*) se laisseraient mourir de faim — le fait a été constaté — auprès d'un tas de miel ou de sucre, si une fourmi cendrée n'était pas là pour leur mettre les aliments dans la bouche. Les Amazones battent les fourmis, et s'emparent de leurs larves, qui seront élevées dans l'esclavage; elles aiment le bien-être et chaque Polyergus a un personnel compliqué; les esclaves apportent à manger, lèchent les maîtres pour enlever la poussière qui s'attache à leurs poils, les nettoient, les transportent lors des émigrations. Mais s'endormant comme feu Annibal et son armée dans les délices de Capoue, les Amazones n'ont plus voix au chapitre, quand il s'agit de la colonie. Les serviteurs — sous leur initiative privée et après délibération motivée de l'assemblée des travailleurs — construisent, démolissent, déménagent...

On trouve chez d'autres fourmis l'amour du luxe, de l'inutile au sens strict du mot; en effet on y rencontre de petits charançons aveugles, sans doute gardés pour leur odeur délicate et fine, qui parfume la fourmilière!

Les insectes lumineux (1) servent au luxe, à la défense et à l'éclairage d'êtres plus élevés en organisation; à l'état d'étoiles volantes ou rampantes, ils constellent les forêts vierges.

Le Nélicourvi Baya enchâsse des vers luisants, à l'entrée du nid — dans des boulettes d'argile en guise de bougeoir. Le serpent, effrayé par cette illumination protectrice, n'ose pas entrer. « Le système est ingénieux, — dit Frédéric Houssay — et les empereurs romains, en se servant comme torches de chrétiens

(1) Voy. Gadeau de Kerville, *Les végétaux et les animaux lumineux*. Paris, 1889.

enflammés, n'étaient que les plagiaires de ce petit oiseau, qui pave de suppliciés le seuil de sa demeure d'amour. »

L'amour-propre et ses dérivés, dignité, vanité, fatuité.

Après les inclinations mixtes — comme celles de l'amour de la vie et de la propriété, dont nous venons de démontrer l'existence — on en trouve une notamment qui ne se rapporte qu'à la partie intellectuelle de l'être, c'est l'*amour-propre.* De l'amour-propre chez l'animal, — va-t-on dire — quelle ironie! et cependant rien n'est plus vrai, je n'en veux pour preuve que la confusion que montre le chien à qui l'on adresse des reproches, ou celui qui — sentant qu'il a commis une faute — vient humble et repentant, alors même que le châtiment n'est pas à craindre. Cependant, dans ce cas, et si on ne le punit pas, le chien perd bientôt son attitude contrite. (Marquis G. de Cherville) (1).

... Un bon cheval de course n'a pas besoin de cravache, ni d'éperon. Le célèbre « Forester », voyant son rival « Eléphant » sur le point de gagner le prix, le mordit à la mâchoire. Un vieux terrier jaloux de l'agilité de son jeune fils — question d'amour-propre — l'arrêtait par la queue, sitôt que celui-ci le dépassait.

D'ailleurs ce sentiment louable de la dignité personnelle a des manifestations diverses que nous retrouvons chez l'animal. S'il est accompagné du mépris de ses semblables, c'est l'*orgueil;* de la recherche de louanges, c'est la *vanité;* de la recherche des avantages physiques, c'est la *fatuité;* de l'idée de domination, c'est l'*ambition* et l'animal impose sa tyrannie aux autres.

(1) Le *Temps,* 11 avril 1890.

Toutes ces inclinations sont connexes et ont entre elles des rapports excessivement intimes. Le cheval qui, aux courses, veut dépasser les autres a de l'orgueil.

La vanité, la fatuité, la recherche de la parure existent chez les oiseaux et se remarquent surtout à l'époque des amours ; c'est à qui des mâles éblouira la femelle ; qui par son chant, qui par son ramage, qui par sa force... Il y a en même temps *émulation.*

Le paon qui fait la roue dans la basse-cour ; le mâle qui se pavane devant la femelle, le mammifère qui se lisse le poil, ne méritent pas d'autre qualification que celle de fat.

Les chiens — que cite Romanes — montraient l'existence de l'amour-propre chez eux ; ainsi l'un, touché d'un gant, refuse de suivre celui qui l'avait froissé, le témoignant par son attitude ; l'autre, dédaigné parce qu'il était sale — ne voulant pas se laisser laver malgré les prières, les menaces, les coups — et se soumettant humblement aux soins de propreté pour être considéré par sa maîtresse.

L'ambition, l'autorité et la tyrannie.

L'autorité découle de l'orgueil, du sentiment de sa force, de son courage...

La *magnanimité* existe chez l'animal, qui repu laisse toucher à sa proie ; chez les poules, qui séparent de jeunes coqs se battant avec acharnement, chez le cheval, qui — marchant sur un chien — se jette violemment de côté, au risque de tomber (Houzeau).

L'égalité n'existe pas plus dans le monde des bêtes que dans le monde humain ; les forces sont inégalement dispensées aux êtres de la nature, même à ceux de la même espèce, du même genre, de la même famille.

Et qui dit inégalité de forces dit protecteur et protégé, oppresseur et opprimé, maître et esclave. La forme la plus simple d'autorité consiste dans celle du père de famille sur ses rejetons, sur la femelle. Il n'obtient souvent celle-ci que par la victoire. Les oiseaux choisissent le mâle aux couleurs les plus vives et les plus variées. Dans les autres groupes d'animaux, les mâles se battent, se tuent pour la femelle. Celle-ci, souvent aussi, doit être vaincue. Méfiante, craintive, elle semble vouloir reculer le moment de sa défaite, et se dérober aux poursuites du mâle. Le sentiment physiologique, dont nous venons de parler, exerce une action intense et générale en faveur de l'affinité chez les animaux.

La famille et l'amour, dérivés de l'instinct de propriété et d'autorité.

La famille est, à son origine, exclusivement maternelle et encore souvent elle n'existe pas. La poule n'éprouve ce sentiment que pour les œufs qu'elle couve, non pour ceux qu'elle pond. Les insectes ne voient jamais leur progéniture. L'amour maternel ne semble se développer que par les soins donnés aux enfants. Chez les oiseaux, apparaissent les premiers symptômes de la sollicitude paternelle par l'assistance que l'époux prête à la mère pour le travail de la nidification et de l'incubation. C'est là la continuation de la solidarité conjugale, due probablement — par la persistance de la protection — aux idées d'orgueil et de propriété.

Dans cette sphère d'existence, les rapports de fort à faible trouvent un large développement, une sollicitude qui ne se borne pas toujours aux préoccupations de la subsistance et de la sécurité. La mère se confine généralement dans les soins domestiques et dans le domaine physiologique de la reproduction et de la maternité. Sauf les rares cas où l'incitation directe de ses devoirs maternels la fait sortir de son inertie, elle est portée à s'en remettre au mâle pour tout ce qui concerne l'activité externe de la famille, acceptant par là même, vis-à-vis de lui, un rôle de dépendance passive. Cet exercice plus constant d'aptitudes spéciales crée à la longue une disproportion de forces à l'avantage du mâle et par suite établit de plus en plus sa supériorité matérielle.

S'il défend la famille, c'est qu'il la croit sa propriété. Un rhyticère punit son épouse coupable. Le veau marin ne défend ses petits que sur le territoire de son harem.

Le milieu familial est avant tout, pour le mâle, la sphère où s'exerce son autorité; laquelle ne peut être maintenue qu'avec l'inégalité des forces. Le mâle pendant l'enfance de ses petits les voit croître sans défiance, excite, comme chez les gibbons, les plus batailleurs; mais il arrive un moment où il y a conflit entre jeunes et vieux, les plus faibles doivent céder la place.

Les agrégations animales, relations de force et de faiblesse.

Si l'on cherche à étudier les agrégations animales, on y trouve des divisions dans l'autorité comme dans le travail. Duvaucel constate l'existence d'un chef commun chez les gibbons. Les grues, bien que tendres parents et fidèles époux, ont, pour veiller à la sécurité commune, des sentinelles et des éclaireurs.

Les lapins, progéniteurs communs d'une tribu, y sont entourés d'un grand respect et y jouissent d'une grande autorité (Brehm).

Les animaux sont donc susceptibles de se constituer

en groupes, en agrégats ou, si l'on veut, en véritables sociétés. Les associations ne peuvent exister qu'à la condition que l'égoïsme individuel ne nuise pas aux autres. En outre, si l'individu se soumet, abdique sa part d'autorité, il doit recevoir autre chose en compensation, tout au moins, être assuré de la protection de l'ensemble. D'ailleurs le caractère défensif des associations paraît naturel.

Les laridés sont constamment à se battre, mais tombent tous ensemble sur l'agresseur étranger. Une cigogne domestique se trouvant attaquée par une cigogne sauvage, on vit toutes les volailles de la basse-cour prendre parti pour leur compagne.

La sociabilité et ses exceptions.

Les singes montrent la solidarité la plus complète, la plus constante et la plus variée. Ils se débarrassent réciproquement de la vermine ; ils s'enlèvent, après une course à travers les buissons, les épines qui se sont attachées à leur peau; ils forment une chaîne pour franchir le vide entre deux arbres; ils s'unissent à plusieurs pour lever au besoin une pierre trop lourde; les adultes défendent indistinctement tous les jeunes; ils font une chasse collective et d'audacieuses razzias dans les plantations de l'homme.

De ce contact intime des êtres entre eux, semble naître un besoin d'affection, de dévouement : *la sympathie* pour d'autres êtres paraît s'en dégager. L'émulation et la jalousie se développent aussi côte à côte. L'égoïsme a donc les liens les plus étroits avec l'altruisme.

Suivons U. Van Ende (1).

(1) Van Ende, *Histoire naturelle de la croyance.*

L'ours marin tout couvert de blessures continue à tenir tête, car, s'il recule, il est mordu par ses compagnons.

Un étalon célèbre, surnommé le Napoléon des chevaux, poussait sa bande à chercher l'ennemi, en mordant les juments qui à leur tour mordaient les poulains.

L'orgueil ne peut exister sans l'envie — la basse envie, comme disent les poètes. La sympathie ne peut aller sans l'antipathie, l'amitié sans l'inimitié, la paix sans la guerre. La nature est faite de contrastes, et les mathématiciens ont exprimé cette vérité par une loi : *l'action égale la réaction*. Il faut deux forces égales et de sens contraire pour s'équilibrer. Aussi quelques philosophes ont-ils pensé que l'état de guerre est un mal nécessaire, inévitable et fatal. Et si l'on étudie le règne animal, on trouve l'exemple de cette vérité inéluctable. Les êtres se combattent entre espèces ou genres différents, même entre animaux identiques. Il y a des mangeurs et des mangés, des vainqueurs et des vaincus. L'hominalité a-t-elle pris des exemples de l'animalité ? ou a-t-elle tiré de son propre fond les éléments de discorde qui la divisent? Toujours est-il qu'elle n'en a pas le monopole et que les animaux présentent les mêmes phénomènes.

Il est inutile de parler des combats si connus des fourmis, des luttes défensives des animaux contre les autres. La nécessité de la protection a amené, nous l'avons vu, l'agrégation des êtres, la *sociabilité* et par le fait l'autorité, souvent la tyrannie du plus fort.

Aristote a dit : « Rien n'est plus doux à l'homme que l'homme. » La réalité semble le démentir et dans tous les cas il ne semble pas que l'on puisse le parodier ainsi, nous venons de le démontrer : « Rien n'est plus doux à l'animal que l'animal. » On peut même aller plus loin dans cette voie. La *combativité* vue à propos de la peur en est une application. Les bisons de l'Amérique du Nord qui émigrent en masse culbutent les premiers au passage et les mettent en pièces. Un herbivore blessé, retournant vers son troupeau, est souvent attaqué et tué par ses compagnons. Les intrépides éléphants sauvages attaqueront lâchement un éléphant qui se sera échappé de la jungle, avec ses attaches encore aux pieds. Des pigeons domestiques attaquent et blessent grièvement de jeunes oiseaux malades ou tombés du nid (Darwin).

Les crabes les imitent et, même battus par les vagues, secoués par les lames, ils luttent encore (fig. 25).

Les fourmis, par exemple, montrent un caractère de lutte, de *combativité* développé à un très haut degré. Les fourmis cependant décèlent aussi un esprit d'aide et d'association réellement remarquable. L'idée d'union plus ou moins étendue donne l'idée de la patrie — c'est la fourmilière parfois d'une étendue considérable — l'idée de famille que nous avons étudiée plus haut et sur laquelle nous reviendrons à propos des affections.

Égoïsme et altruisme, inclinations différentes. Le beau, le bien et l'héroïsme. — Assistance publique chez les animaux.

Opposons l'égoïsme à l'altruisme par des faits :

Un cerf qui a déjà été chassé par les chiens, chasse, — par idée de protection individuelle — un compagnon blessé ou poursuivi qui amènerait du danger au troupeau (Darwin).

Sir John Lubbock ayant mis une fourmi (*Formica fusca*) en contact avec du miel, la vit revenir à la substance sucrée sans jamais y amener d'amies. Les fourmis n'appellent d'aide, dans la capture d'une

Fig. 25. — Coup de lame : un combat de crabes.

proie, que quand elles ne peuvent faire autrement.

Les moineaux nourris l'hiver n'amènent jamais de camarades — ce qui suppose, en même temps que l'idée du *moi*, une certaine raison — car ils songent sans doute que ceux-ci diminueraient d'autant leur part.

L'altruisme comporte l'affection, l'aide, l'amitié, l'amour. Il est voisin des inclinations de l'ordre supérieur qui dirigent l'esprit vers le vrai, le beau, le bien. Le désir du *vrai* comporte la notion du juste et de l'injuste, du devoir, de la justice et comme conséquence de la vengeance. Le désir du *beau* comporte l'art et sa réalisation, l'architecture merveilleuse de certains animaux peut en être rapprochée. Le *beau* dans l'ordre moral, c'est l'*héroïsme*. Les exemples chez le chien sont innombrables. Citons « Moustache » dont au dernier Salon des Champs-Élysées (1890) le peintre A. Bloch retraçait l'histoire sur la toile.

A la bataille d'Austerlitz, le porte-étendard venait de tomber frappé à mort; le chien *Moustache* saisit avec ses dents le glorieux haillon couvert de sang, l'arrache des mains d'un Autrichien qui s'en était déjà emparé et le rapporte à sa compagnie. En récompense de cette belle action, *Moustache* fut décoré par le maréchal Lannes (1).

Le désir du *bien* peut figurer dans l'ordre affectif; on peut y faire rentrer l'assistance publique — si j'ose m'exprimer ainsi — chez les animaux, nous verrons en effet les bêtes s'entr'aider dans leur vieillesse ou leur chétivité.

Ces considérations montrent la difficulté d'être très méthodique dans l'examen de ces notions et l'apparente confusion résultant — dans l'exposé des faits — de leur mélange les uns avec les autres.

(1) Lieutenant Jupin, *Les chiens militaires dans l'armée française*.

Fig. 26. — Un Importun, d'après le tableau de P. Rousseau.

L'hospitalité se pratique chez certaines fourmis (*Lasius flavus*), tandis que, chez d'autres espèces voisines (*Lasius niger*), l'étranger est impitoyablement dévoré; là, il est bien accueilli, mais examiné curieusement. Le chien aide son semblable et l'homme : on en a vu couper la ficelle d'un camarade captif; on cite le même fait d'hirondelles qui délivrèrent une des leurs retenue dans un filet; le chat revient parfois avec un autre qu'il héberge, regarde manger, puis reconduit à la porte (C. Jumelin); mais en général il accueille tout importun par une sorte de grognement, et il l'attaque le plus souvent (fig. 26). L'ingénieur Briot, de Scutari, a vu un poulain sauver sa mère entraînée dans un fleuve débordé. Un cheval était tellement amoureux de liberté qu'il se détachait du ratelier, puis délivrait à la file tous ses camarades d'écurie, connus et inconnus. Une femelle de moineau nourrit actuellement écrivait M. J.-J. Eveillé Lagrange (1), le 17 octobre 1885 une nichée de bruants de l'espèce appelée verdier. A la même date, M. J. Hartz (2) racontait le fait d'un petit chardonneret, présenté à deux oiseaux, vivant ensemble en cage, un serin et un chardonneret, adopté par le serin « faisant office de bon Samaritain » et qui, ne pouvant arriver à sustenter le petit, força à coups de bec le chardonneret à le faire.

Corse (3) raconte qu'un éléphant qui s'était échappé d'une fosse aida son compagnon à en sortir.

Le capitaine Sullivan, de la marine royale anglaise, vit pendant plus d'une demi-heure, aux îles Falkland, un canard *logger haded* défendre une oie des plateaux contre les attaques répétées d'un milan. L'oie alla

(1) *Revue scientifique*.
(2) *Revue scientifique*.
(3) Corse, *Asiatic Researches*.

alternativement de la terre à la mer et de la mer à la terre, toujours suivie du canard qui la défendait, et cependant ce dernier n'a en général aucune relation avec l'oie. Est-ce la haine du milan comme le prouvent les réunions de petits oiseaux, ou l'idée de prêter secours à un autre animal dans l'embarras? Le fait n'en est pas moins intéressant.

Les notions de sympathie, d'assistance paraissent donc nées au contact de la souffrance, de la douleur et puiser à la même source que les sentiments identiques chez l'homme.

Darwin cite un pélican, un coq, des corbeaux aveugles nourris par leurs compagnons. Les oiseaux chanteurs secourent leurs malades et leurs blessés.

Les chevaux tarpans, les cimarrones sont portés à libérer les chevaux domestiques, brisant pour cela voitures et harnais. Brehm (1) cite deux chevaux mâchant du foin et de l'avoine pour les donner à un cheval vieux et infirme.

On a vu un chien de salon porter des aliments au mâtin attaché dans la cour, un autre chien lécher un chat malade, chaque fois qu'il passait devant lui (Wegl).

On cite des dons propitiatoires observés chez les chiens, la sollicitude d'une pie auprès d'un enfant qui pleurait.

Continuons ces exemples de sympathie générale :

Les singes mâles et femelles adoptent tous les orphelins; les plus forts chez eux défendent spontanément les plus faibles. Un jeune gibbon s'étant disloqué le poignet, tous ses camarades s'empressèrent pour le soigner, prélevant en sa faveur une part de leurs aliments. Un seul pousse-t-il un cri, les autres

(1) Brehm, *Les mammifères*, Edition française par Gerbe.

accourent le consoler et le prendre dans leurs bras.

Romanes rapporte les soins touchants prodigués par un grand babouin à un singe maltraité.

Devant tous ces faits, notre pauvre humanité, source de tous dévouements comme de toutes bassesses, doit s'incliner. Il n'y a pas de honte d'ailleurs à recevoir des leçons de l'animal, il y en aurait plutôt à ne pas les suivre, quand il s'agit du beau, du bon et du bien !

Le chat et la bienveillance.

Qu'on appelle l'aide portée à autrui *sympathie*, *idée du bien*, *bienfaisance*, *bienveillance*, ou *altruisme*, elle est indiscutable comme nous venons de le voir.

Oswald Fitch dit qu'on vit un chat domestique prendre des arêtes de poisson et les emporter de la maison au jardin.

On le suivit, et on le vit les déposer devant un chat étranger, misérablement maigre et évidemment affamé, qui les dévora ; non satisfait encore, notre chat revint, prit une nouvelle provision et recommença son offre charitable, qui sembla être acceptée avec autant de gratitude. Cet acte de bienveillance accompli, notre chat revint à l'endroit où il prenait d'habitude ses repas, près de l'évier où se lavent les assiettes, et mangea le reste des débris de poisson.

Le docteur Allen Thomson, mais avant madame Wegl, ont vu des chats tirer par leur robe les cuisinières pour les mener à l'endroit où se trouvait un chat affamé. H. A. Macpherson avait en 1876 un vieux matou, longtemps favori, et un jeune chat de quelques mois dont le premier était jaloux et à qui il témoignait une aversion notable. Un jour on réparait le plancher d'une chambre et quelques tuyaux.

Le lendemain le vieux chat entra dans la cuisine — il vivait presque entièrement à l'étage au-dessus — se frotta contre la cuisinière et miaula sans trève ni cesse jusqu'à ce qu'il eût attiré son attention. Alors, courant de ci, de là, il la conduisit dans la chambre où le travail avait été fait. La domestique fut très intriguée jusqu'à ce qu'elle entendit un faible miaulement venant de sous ses pieds. On enleva une planche, et le jeune chat sortit sain et sauf, mais à moitié mort de faim. Le vieux chat surveilla toute l'opération avec beaucoup d'intérêt, jusqu'à ce que le jeune fut remis en liberté; mais, s'étant assuré que celui-ci était sauf, il quitta la chambre aussitôt, sans manifester la moindre satisfaction de le revoir. Ultérieurement, non plus, il ne devint nullement amical pour lui.

La médecine chez les animaux.

En dehors de l'aide portée par l'animal à ses congénères ou même à d'autres êtres totalement différents, comme nous venons de le voir, l'assistance publique contre la souffrance comporte aussi son allégeance matérielle, l'idée de secours de l'art, de la science médicale enfin. L'homme ne croit pas toujours à la thérapeutique — il est vrai que quand il est malade la foi lui vient rapidement — mais l'animal a conscience et confiance dans la médecine.

Aulu-Gelle raconte le fait d'un esclave, Androclès, épargné par un lion dans les combats de bêtes offerts en spectacle au peuple romain par ses empereurs. Le lion était reconnaissant et avait déjà nourri dans son antre l'esclave qui lui avait enlevé du pied une grosse épine. L'animal était venu à l'homme, poussant des gémissements plaintifs et lui montrant sa patte sanglante et blessée. L'histoire ajoute que le lion et Androclès eurent tous deux la liberté et la vie.

Raynal raconte un fait analogue, lors de la fondation de Buénos-Ayres par les Espagnols (1535). Une femme, Maldonata, mourant de faim s'enfuit et entre se reposer dans une caverne où une lionne sur le point de mettre bas, sollicite ses secours et nourrit quelque temps la sage-femme improvisée! Prisonnière, Maldonata fut attachée à un arbre pour y mourir de faim ou victime des bêtes féroces, mais la lionne et ses lionceaux veillaient à ses pieds et la laissèrent délier par les compatriotes de l'esclave.

Voici maintenant des faits qui attestent le raisonnement et l'idée de l'assistance que peut prêter l'homme à l'animal dans les cas de maladie.

Daniel Wilson, évêque de Calcutta, raconte qu'un éléphant appartenant à un officier du génie de son diocèse souffrait des yeux (1).

Depuis trois jours, il n'y voyait plus, lorsque son maître demanda au docteur Wabb, médecin et ami intime de l'évêque, de voir s'il ne pouvait rien faire pour soulager sa bête. Le docteur répondit qu'il voulait bien faire l'essai sur un œil d'une application de nitrate d'argent, remède employé pour l'homme en pareil cas. On fit donc coucher l'animal et l'opération fut pratiquée, non sans un hurlement de douleur de sa part, sous ce coup de la brûlure. Le résultat ayant été des plus heureux, et la vue étant en partie rétablie, le docteur résolut d'opérer sur l'autre œil le jour suivant. Le moment venu, on amena l'éléphant, mais sitôt qu'il entendit la voix du docteur, il se coucha de lui-même, retroussa sa trompe, retint son haleine, comme une créature humaine, à l'instant d'une opération douloureuse, et soupira d'aise lorsque tout fut terminé, témoignant par le mouvement de sa trompe et par d'autres gestes le désir qu'il avait d'exprimer sa reconnaissance.

Bingley raconte aussi qu'un jeune éléphant, blessé à la tête, ne voulait pas se laisser panser, mais que son

(1) Watson, *La faculté de raisonner chez les animaux.*

gardien y était arrivé en le faisant tenir par la mère.

Sir E. Tennent (1) raconte que les éléphants avalent avec obéissance les drogues nauséabondes des médecins indigènes ; le docteur Davy put, par le bistouri, donner issue au pus d'un abcès, sans que l'éléphant fît autre chose que proférer un gémissement sourd et étouffé.

On put aussi enlever un chicot à un singe sans qu'il bronchât (2); de même une tumeur à un chat (madame A. Wegl).

M. H. Wanner, étudiant en médecine à Lausanne, déjà cité à maintes reprises, a « pu suivre les péripéties d'un merle qui s'était cassé la patte droite; comme il ne pouvait parvenir à la panser lui-même, à un cri spécial, ses compagnons accoururent et la pansèrent admirablement au moyen d'une ligature. »

La notion du juste et de l'injuste. Les tribunaux des corneilles.

Les animaux possèdent-ils l'idée du *devoir?* Les faits suivants font pencher pour l'affirmative.

Le chef ou les mâles se font tuer plutôt que d'abandonner les êtres plus faibles qu'ils couvrent de leur corps.

Un ours apprivoisé qui suivait un régiment défendit héroïquement contre les voleurs un fourgon dont la garde lui avait été confiée.

On peut rappeler ici le chien « Moustache » sauvant le drapeau du régiment (3). Romanes cite un chien qui, après avoir été requis pour chasser le bétail étranger d'un pré réservé, s'y rendit de lui-même le lendemain pour exercer la même surveillance, posté devant une brèche de la palissade.

(1) Tennent, *Histoire naturelle de Ceylan.*
(2) Lewin Masseley, *Nature.*
(3) Voyez p. 292.

Le *mal* paraît être compris par l'animal. Il témoigne de la honte d'un méfait ou cherche à en faire disparaître les traces. C'est un éléphant voleur de galettes qui replaçait les choses dans leur premier état; les chiens, voleurs nocturnes de brebis, qui lavent à la rivière les traces de leurs expéditions; un singe qui avait volé un morceau de savon et qui vint le rapporter à sa place. Le lévrier slougui manifeste à la chasse une confusion évidente, lorsqu'au lieu de tuer une des plus belles gazelles du troupeau, il s'est trompé.

L'animal sent-il la réciprocité et la violation du droit à son détriment ?

Arago raconte l'histoire d'un chien qui devait, avec plusieurs autres, faire le service d'un tourne broche d'auberge; un jour qu'on voulut l'atteler hors de tour, il réussit à se dérober, et courant au village, en ramena bientôt le camarade absent, auquel on avait pensé à le substituer.

Lorsqu'un jeune couple de freux, au lieu de rassembler les matériaux de sa demeure, les dérobe aux nids voisins, les autres couples fondent sur le ménage des coupables et détruisent le nid volé; c'est un exemple de justice que nous avons cité plus haut. Goldsmith a vu jusqu'à huit ou dix freux justiciers.

Du moment, dit cet auteur, que la femelle commence à pondre, les hostilités cessent; de tous les habitants du bocage qui la traitaient naguère plus ou moins durement, pas un ne songe maintenant à la molester; elle peut élever sa nichée en toute tranquillité. Ainsi les membres d'une communauté ne sont pas sans en ressentir la sévère discipline; quant aux étrangers, qui essayeraient de s'y faufiler, ils sont fort mal reçus, tout le bocage se lève contre l'intrus et le chasse sans pitié.

D'après Couch (1), il paraît que :

Les malfaiteurs une fois découverts, le châtiment est en proportion de l'offense. La ruine de leur ouvrage leur apprendra à construire avec des matériaux acquis honnêtement et non pas dérobés à autrui, et leur fait comprendre que pour jouir des avantages de la vie sociale, il leur faut se conformer aux principes de la communauté dont ils font partie.

Le remords, la justice et la vengeance.

L'idée de *justice, inclination vers le vrai,* semble exister, d'après les quelques exemples qui précèdent. Multiplions les faits.

Nous trouvons, parmi les proches parents des freux, les corneilles — *Corvus cornix* — qui avec leurs congénères rend une série d'arrêts et les fait exécuter. Le docteur Edmonson raconte (1) que ces oiseaux, qui vivent généralement par couples à de grandes distances les uns des autres et parfois solitaires dans le midi et l'ouest de l'Angleterre, dans les hivers rigoureux se rassemblent quelquefois.

Dans leurs quartiers d'été, aux îles Shetland, ils viennent de différents côtés se réunir sur une colline ou dans un champ. Il faut un ou deux jours pour que l'assemblée soit au complet; quand tous les députés sont arrivés, il se produit une grande clameur; après quoi, juges, avocats huissiers et auditeurs se jettent sur les deux ou trois prisonniers à la barre, et les rouent de coups jusqu'à ce que mort s'ensuive. Après quoi, la foule se disperse en silence!

Dans le nord de l'Écosse et aux îles Feroë, on remarque de temps à autre des rassemblements inusités de corneilles. Elles se réunissent en grand nombre comme après une convocation; il en est quelques-unes, dont la tête affaissée indique l'abattement, d'autres sont graves comme des juges, d'autres enfin sont toutes en mouvement

(1) Couch, *Illustrations of Instinct.*
(2) Edmonson, *View of the Shelland Islands.*

et fort bruyantes. Au bout d'une heure environ, l'assemblée se sépare, laissant assez souvent deux ou trois cadavres derrière elle. Quelquefois les délibérations se prolongent pendant un jour ou deux, et il arrive constamment des corneilles de différents points. Quand l'assemblée est au complet, il se fait un bruit général et peu après la foule se jette sur quelques individus, les met à mort et se disperse ensuite tranquillement.

Le langage et la justice sont deux faits qui semblent s'imposer. Dans ce sens, l'évêque de Cardiole vit une corneille, au milieu de freux en train de la juger selon les apparences.

Jack, dit-il, fit un discours, auquel les freux répondirent par une salve de croassements ; le silence s'étant fait, il reprit le développement de ses idées et parut satisfaire ses auditeurs, car après une nouvelle acclamation de leur part, l'on se sépara amicalement, Jack s'en retournant à son domicile sur la tour de la cathédrale d'Ely, tandis que les freux regagnaient leurs bocages.

Les mêmes corneilles ont encore prêté à une intéressante observation que son auteur, le général sir George Le Grand Jacob (1) a communiquée à Romanes. Le général était assis sous sa vérandah aux Indes, lorsque trois ou quatre corneilles vinrent se percher sur un toit, non loin de lui et se mirent à croasser avec une intensité de son telle qu'il les regarda curieusement :

Bientôt, dit-il, il s'en présenta de tous les côtés en si grand nombre que le toit en fut couvert. Après un tapage inouï, l'assemblée parut entrer en consultation. Les croassements allèrent leur train pendant quelque temps, puis la troupe entière s'éleva dans l'air, formant cercle autour d'une demi-douzaine de leurs concitoyens dont l'un était évi-

(1) Le Grand Jacob, *Nineteenth Century*, juillet 1881.

demment condamné, car les cinq autres lui portaient des coups incessants, sans qu'il trouvât moyen de s'échapper. Il finit par tomber à terre à environ 30 mètres de moi, et je me levai pour l'aller ramasser. Malheureusement, tout endommagé qu'il était, il réussit à me glisser entre les mains, et vola péniblement et presque à ras du sol vers des buissons, au milieu desquels il disparut. Pendant ce temps, les autres m'avaient entouré en jacassant sur un ton qui me paraissait celui de la colère; quand je revins à ma chaise, ils s'envolèrent dans la direction qu'avait prise leur victime.

Est-ce la réalité des faits ou une erreur d'interprétation due à l'imagination des spectateurs? Je ne puis me prononcer; que l'on se rappelle la longue discussion sur le suicide des scorpions et l'on verra de combien de causes d'erreur peut être entachée l'interprétation des faits! Quoi qu'il en soit, ils n'en sont pas moins importants à signaler pour que de nouvelles observations les confirment ou les annulent.

Ne cite-t-on pas encore le cas d'hirondelles ayant muré dans leur nid un couple de moineaux qui s'en étaient emparés?

La justice et la vengeance sont des idées connexes, et la seule différence qui semble exister entre « dame Thémis » et le « plaisir des dieux » consiste dans la sanction qui se fait, l'une par la société, l'autre par l'individu et souvent, par celui-ci, l'exagération de la peine, étant donné le motif de haine. Dans les exemples précédents, les animaux réunis en groupe s'étaient faits justiciers, ce qui comporte le langage, le raisonnement et l'idée du juste et de l'injuste. Souvent encore, sans aller jusqu'à condamner à mort leurs congénères, les bêtes exilent les coupables ou les mettent en quarantaine: c'est ainsi qu'on trouve des éléphants parias ou des castors solitaires. C'est ainsi encore qu'a pu arriver l'histoire suivante publiée par le professeur J. Delbœuf, de Liège (1) :

Dans une ferme de Limbourg, il y avait un troupeau d'oies et un paon. Les oies n'aimaient pas le paon et n'en étaient pas aimées. C'était continuellement des prises de bec. Dans une de ces querelles, le paon éborgne une oie. Dès ce moment, celles-ci ne rêvèrent plus que vengeance, et un beau jour elles acculèrent le coupable contre le bord de l'étang, et, resserrant de plus en plus leur ligne de bataille, l'y noyèrent.

Je ne commente pas. Je ne puis me défendre d'un doute. Comment celui qui a vu la manœuvre du troupeau n'a-t-il pas deviné son intention et n'a-t-il pas volé au secours du paon?

Romanes raconte le cas d'un perroquet appelant, avec un ton affectif, un chat à qui il en voulait et profitant du mouvement de son ennemi qui le regardait pour lui renverser son bol de lait.

Il y a là justice et surtout vengeance, puisque le châtiment dépassait la faute. A ce dernier point de vue, on connaît les cas d'éléphants, punissant les méfaits dont on s'était rendu coupable à leur égard. Un cordonnier, s'étant amusé une fois à piquer de son alène la trompe d'un éléphant qu'il caressait d'ordinaire, se vit asperger de la tête aux pieds au retour de celui-ci. Un autre, piqué dans un cirque par un dandy, lui enleva son chapeau et le déchira (Romanes).

L'idée du bien — également une dérivée des inclinations de l'ordre supérieur — amène l'altruisme dont nous avons cité des exemples, et sur lequel nous reviendrons dans le chapitre des affections.

(1) Delbœuf, *Revue scientifique*.

L'idée du beau mise en parallèle avec le culte et la religiosité.

L'*idée du beau* doit exister, mais les faits qui peuvent la démontrer sont passibles de tant d'interprétations et présentent tant de coefficients étrangers qu'il vaudrait presque mieux la laisser dans l'ombre jusqu'à ce qu'elle en sorte par son évidence.

En effet, doit-on étiqueter sous ce nom la prétention à la beauté de certains animaux? Doit-on y placer la musique, comme celle des oiseaux ou encore des singes frappant des arbres creux avec des bâtons, l'architecture de certains oiseaux et des Hyménoptères? la perfection du corps par la lutte chez quelques êtres? On a vu des chiens s'exerçant à sauter, de jeunes fourmis se livrant au pugilat (Huber).

L'esthétique semble présider au choix de la femelle par le mâle ou *vice versa* et aux exercices du corps : les chevaux courent à fond de train dans les forêts vierges, les jeunes coqs se livrent à des combats simulés, les chiens et les chats s'ébattent, les mâles paradent devant les femelles, les coqs de bruyère dansent, les animaux recherchent les couleurs éclatantes, les oiseaux ont un chant mélodieux.

Il y a toute une série d'oiseaux à la Nouvelle-Guinée qui collectionne les objets de coloration éclatante, les fleurs à couleurs vives, et s'en débarrassent, dès que leur fraîcheur a disparu. Les berceaux, où les mâles déploient les splendeurs de leur plumage et se livrent à des démonstrations remarquables, sont embellis de même en captivité (Gould, P. Strange, docteurs Sclater et Becari).

Doit-on rattacher à l'idée du beau celle de l'Être supérieur, d'un être à qui toutes les qualités et toutes les vertus sont attribuables? Ou bien cette idée n'est-elle née que de la banale terreur qui consiste, faute d'expliquer les phénomènes, à personnifier un être imaginaire? Les matérialistes voient cette dernière cause comme génératrice de la *religiosité*. Faute de savoir où placer celle-ci dans le règne animal, je la placerai à côté des aspirations vers le beau. On peut y trouver des aberrations, symptômes de *folie*, mais cela n'en empêche nullement l'existence, au contraire.

Commençons par l'égarement qui peut être produit par la terreur, la crainte du châtiment, la trop grande affection. L'idolâtrie, l'adoration d'objets matériels, ne sont-ils pas chez l'homme des indices de désordres mentaux? Pourquoi n'en serait-il pas de même chez l'animal?

Arrivons aux faits.

Romanes raconte qu'il lui a été communiqué celui-ci :

Un pigeon à queue en éventail, blanc, demeurait avec sa famille dans un colombier de la cour de l'écurie. Lui et sa femelle venaient du Sussex; ils avaient vécu, respectés et admirés de tous, pour voir leurs arrière-petits-enfants, quand tout à coup il devint victime de la folie que je vais décrire.

On ne remarqua aucune excentricité dans sa conduite jusqu'au jour où il m'arriva de ramasser quelque part, dans le jardin, un cruchon à bière en grès, brun comme tous les cruchons. Je le jetai dans la cour ; il tomba sous le colombier. Aussitôt le pigeon de voler à terre, et à mon grand étonnement, de commencer une série de génuflexions, rendant évidemment hommage au cruchon. Il tournait et retournait autour, faisant des courbettes, s'avançant et reculant, roucoulant et accomplissant les cérémonies les plus ridicules que j'aie jamais vu accomplir à un pigeon enamouré. Il ne les cessa que lorsque la bouteille eut été retirée; et, ce qui prouve que cette singulière aberration de l'instinct était devenue une idée fixe, chaque fois que la bouteille fut jetée ou placée dans la cour, qu'elle fût couchée ou dressée, peu importe, le pigeon arrivait au vol avec autant d'agilité que lorsqu'on lui jetait ses pois pour dîner et continuait ses courbettes tant que la bouteille restait là. Ceci pouvait durer des heures, les autres membres de sa famille considérant ses évolutions avec une indifférence méprisante et ne prêtant aucune attention à la bouteille. Cela finit par devenir un amusement régulier que nous offrions à nos visiteurs, que la vue de ce pigeon lunatique, faisant la cour à l'intéressant objet de ses affections, et ce divertissement ne fit jamais défaut, durant tout cet été du moins; avant que l'été suivant fût venu, ce pigeon était mort.

L'idée qu'a l'animal d'un Être supérieur à lui, que ce soit son maître ou même un autre animal, amène la crainte d'un châtiment ou le désir de se concilier ses faveurs par tous ses moyens d'animal!

D'après Romanes et U. Van Ende, ce ne sont que des manifestations de terreur. Cela amène le culte, la propitiation ou l'idée de braver le danger, trois modes différents d'action. Lorsque le chien croit avoir encouru les colères de son maître ou, en général, de quelque être à ménager, il lui arrive d'apporter à celui-ci comme gage de paix, soit quelque aliment, soit tout autre objet à sa portée. Ainsi, d'après Romanes, M. Badcock a vu son chien offrir un biscuit à un autre chien dont la veille il s'était séparé brouillé. Un chien habitué à rapporter du gibier à son maître lui apportait ensuite toutes sortes d'objets, avec des gestes d'humble soumission qui témoignaient d'une sorte de culte qu'il lui rendait.

Les chiens domestiques, dans les prairies de l'ouest des États-Unis, aboient à la lune, est-ce une manie ou un culte?

L'adoration du soleil chez les singes.

Certains êtres *semblent* rendre un hommage au soleil, en cela semblables aux hommes, adorateurs de cet astre :

Les gibbons, dit Brehm (1), ont pour habitude de saluer le soleil à son lever et à son coucher par des cris épouvantables, qu'on entend de plusieurs kilomètres et qui de près étourdissent, lorsqu'ils ne causent pas d'effroi. Par compensation, ils gardent un profond silence pendant la journée, à moins qu'on n'interrompe leur repos ou leur sommeil.

Les hurleurs se réunissent en assemblées :

« Dès mon arrivée — dit Schomburgk, cité par Brehm — j'entendais au lever et au coucher du soleil les effroyables hurlements des singes, mais je ne pouvais réussir à découvrir les animaux eux-mêmes. Un matin, je me dirigeai vers la forêt vierge, muni de mon attirail de chasse ; les hurlements se firent de nouveau entendre dans la profondeur du bois et vinrent rallumer mon ardeur. Je courus dans la direction du bruit, à travers les ronces et les broussailles et, après de grands efforts, de patientes recherches, j'aperçus la bande sans être vu. Les individus qui la composaient étaient assis sur un arbre placé devant moi et exécutaient un concert si formidable qu'on aurait pu croire tous les animaux de la forêt engagés dans une lutte meurtrière ; cependant leurs cris présentaient une espèce d'accord. Par moments, toute la bande se taisait ; l'instant d'après, l'un des chantres faisait de nouveau entendre sa voix discordante, et les hurlements recommençaient. On voyait le tambour osseux de l'os hyoïde, qui donne à leur voix la puissance qui la caractérise, s'élever et s'abaisser pendant qu'ils criaient. On m'avait dit que chaque bande possède un chef d'orchestre, se distinguant par sa voix criarde et plus aiguë des voix de contrebasse du reste de la bande ; on prétendait même que son

(1) Brehm, *les Mammifères*, édition française par Z. Gerbe.

corps est plus élancé et plus distingué de forme. J'ai pu vérifier l'existence d'un directeur du chant, mais j'ai cherché en vain à apercevoir un singe plus gracieux et plus élancé.

« On n'entend pas, dit encore Brehm, les hurleurs pendant la nuit, ou le froid, ou la pluie. Les mâles hurlent généralement les premiers et sont les plus ardents à continuer le concert, les femelles et les petits les accompagnent seulement par moments. Lorsqu'ils crient, toute la compagnie reste immobile dans la même position : les mâles perchés sur les arbres les plus élevés, les femelles placées plus bas. Brehm cherchant la cause de ces hurlements n'y voit que deux causes, l'idée pour les singes d'adresser leurs hommages au dieu Soleil ou de s'égayer entre eux; mais cette dernière hypothèse n'est pas admise par Schomburgk, car, dit-il, « ces messieurs à longue barbe se regardaient d'un air sérieux et imperturbable. »

Savage et Livingstone ont relevé, chez deux autres espèces simiennes du type anthropoïde, les chimpanzés et les sokos, un usage à peu près analogue. Ces singes se réuniraient pour battre la caisse avec leurs mains ou avec des bâtons sur des arbres creux, tout en produisant un concert de hurlements. Il serait curieux de savoir s'il y a coïncidence avec quelque phénomène extérieur; peut-être trouverait-on là une relation de cause à effet.

Quoi qu'il en soit, non seulement il est difficile de classer les différentes aspirations de la sensibilité morale et intellectuelle de l'animal, mais il est encore plus difficile d'attribuer sûrement tel ou tel fait à telle ou telle inclination ou même à l'instinct. Les observations ont besoin d'être multipliées et surtout d'être rigoureusement faites sans imagination ni lyrisme!

CHAPITRE XIII

LES ÉMOTIONS

Origine, but et différenciation. — Exemples généraux. — Le plaisir et la douleur. — Classification des émotions. — Les fourmis. — Expériences de sir John Lubbock. — Les abeilles. — Les araignées, leur goût pour la musique expliqué par Boys. — Les poissons, les batraciens et les reptiles. — Lee oiseaux. — Le perroquet de sir William Napier. — Le lion et les mammifères.

Les émotions sont agréables ou désagréables; elles proviennent des inclinations satisfaites ou non ; elles s'expriment par une mimique constituant à elle seule un véritable langage : cris, soupirs, gestes. Elles se rapportent au corps dans les cas de jouissance ou de souffrance : la faim satisfaite donne l'épanouissement de la face; la souffrance, l'expression de la douleur. Elles se rapportent à l'âme et sont dues aux sentiments, à la sensibilité morale, c'est la joie, la tristesse. Les sensations soumises à l'organisme sont localisées en une partie du corps et s'émoussent par l'habitude. Les sentiments, au contraire, se développent et deviennent vivaces par leur activité même, ils peuvent s'affiner jusqu'au nervosisme, ils n'agissent pas sur une partie déterminée du corps mais sur l'organisme tout entier, c'est l'influence si sûre et si profonde du moral sur le physique. L'âme est passive dans l'émotion, elle est active dans l'affection ; elle subit le fait dans le premier cas, elle le provoque dans le second.

Exemples généraux.

Comme exemples généraux de manifestations des émotions, on peut citer tous les cas de mimique, le langage émotionnel n'étant pas autre chose qu'un ensemble des représentations sentimentales diverses; il en est de même de certains actes de bienveillance, de vengeance, de vanité. Donnons encore d'autres faits :

Les fourmis rousses — *Formica rufa* — frottent délicatement de leurs antennes la mère fécondée et la portent même en triomphe sur leur dos.

L'oiseau chante les douceurs de l'hyménée, les plaisirs de vivre dans l'air pur, d'aspirer à longs traits le parfum des fleurs et de recevoir à flots la lumière.

L'oiseau-mouche — *Trochilus colibris* — de la Floride plonge son corps avec délices dans la bignone sarmenteuse — *Bignonia radicans* — souvent au point de s'y laisser prendre.

Le chien témoigne son chagrin de l'absence de son maître ou sa joie de son retour, par des mouvements de tout son corps, des aboiements, des attitudes tristes.

Un chimpanzé chauve présentait la main en signe de remerciement quand on lui avait donné quelque chose. Les singes rient et les graves peuples d'Orient voyant rire les Européens les ont assimilés à ces animaux.

Un cerf pleure avant de mourir — ses larmes étaient même utilisées dans l'ancienne médecine —; l'ours pleure aussi (Linné).

Le plaisir et la douleur.

La sensation et la perception sont les causes primordiales des émotions. Elles amènent le plaisir ou la douleur. On a essayé de définir ceux-ci. On a même vanté la douleur. « La douleur, dit Feuchtersleben (1), n'est pas seulement l'assaisonnement du plaisir, elle en est la condition nécessaire. La nature sait toujours ce qu'elle fait, il n'y aurait pas de joie sans la douleur ». Qu'on mette donc à l'épreuve, a dit un autre philosophe, les partisans de cette belle théorie.

Beaunis (2) montre que la douleur physique peut être due au repos, à l'exagération ou au brusque arrêt de l'activité d'un centre nerveux. Les centres psychiques sont aussi en mouvement et on aura de même les douleurs de fatigue, d'arrêt ou d'inhibition, de besoin ou d'inaction. N'avons-nous pas vu les douleurs morales des animaux perdant un être cher, ou soumis à la peur?

L'antipode de la douleur, ou ce qui semble tel, est le plaisir. C'est un mouvement doux, a dit Aristippe, par opposition à la douleur qui est un mouvement rude. C'est un mouvement conforme à notre nature (Platon); c'est la conscience de ce qui favorise la vie (Kant); la douleur étant le contraire, bien entendu.

Classification des émotions.

Les émotions, en dehors des deux causes primordiales que nous venons d'étudier, sont dues à un ensemble de phénomènes que l'on peut y faire rentrer, mais qui se subdivisent. Plusieurs ont déjà été examinés, ce sont, dans l'ordre gradatif ascendant, la timidité, la surprise, l'étonnement, la peur, la conservation de l'individu et de l'espèce, les attractions sexuelles, l'affection paternelle, l'instinct batailleur, la reconnaissance de la progéniture, la sociabilité, la

(1) Feuchtersleben, *Hygiène de l'âme*, 3e édition, Paris, 1870.
(2) Beaunis, *Sensations internes*.

jalousie, la colère, le jeu, l'affection, la sympathie, l'émulation, la vanité, le ressentiment, l'amour de la parure, la terreur, le chagrin, la haine, la cruauté, la bienveillance, la vengeance, la rage, la honte, le remords, la tromperie, le sens du risible.

Cette dernière émotion. sens du risible, existe bien que rare; le rire et l'ironie se rencontrent notamment chez les perroquets et les singes : mon ami A. Parquin a vu à la campagne, dans l'Aisne, un cheval bloquer un de ses ouvriers dans un poulaillier en s'adossant à la porte. Il s'y maintenait en raison même des efforts faits pour sortir. Y a-t-il là simple hasard ou idée drôlatique? je pencherai plutôt pour cette dernière hypothèse.

Les fourmis. — Expériences de sir John Lubbock.

Selon la place de l'être dans l'échelle zoologique, on lui trouve tout ou partie de ces émotions; et encore ne faut-il pas trop se hâter de les attribuer aux animaux chez lesquels elles semblent exister. Ainsi, sir John Lubbock croyait, et en cela il était d'accord avec une idée en vogue, que les frottements des antennes des fourmis étaient dus à la sympathie; il vit qu'il n'en était rien. En effet, ayant enterré à différentes reprises des *Lasius niger* et des fourmis diverses sur le passage de leurs congénères, il constata que jamais celles-ci ne leur portaient secours. Engluait-on une fourmi dans du miel, la noyait-on, aucune autre n'y prenait garde. On peut les chloroformer, les enivrer, les autres y sont indifférentes ou un peu étonnées. Poussant plus loin les investigations, on voit les fourmis jeter à l'eau les leurs chloroformées — confusion de la mort et du sommeil — et les étrangères même ivres; quant aux leurs, ivres, elles les emportent dans la communauté. Sir John Lubbock plaça deux fourmis étrangères (*F. fusca*) dans un flacon et deux d'une famille du voisinage dans un autre; elles restèrent indifférentes près de celles-ci mais montèrent la garde près des premières et finirent par les mettre à mort. L'expérience fut renouvelée avec le même succès trois jours de suite. Une autre espèce (*F. rufescens*) qui pratique l'esclavage ne manifesta aucun sentiment.

Les abeilles.

Les abeilles — d'après le même auteur — auraient encore moins de soucis de leurs compagnes. Il en a vu lécher d'autres, barbouillées de miel. Il en put tuer sans que les voisines s'émeuvent. Il en tint une autre par la patte, sans que sa compagne fît le moins du monde attention à son bourdonnement désespéré. Réaumur — par contre — dit qu'il a vu une abeille, évanouie à la suite d'une immersion prolongée, être entourée par ses compagnes et léchée jusqu'à ce qu'elle fût en bonne santé.

Les araignées, leur goût pour la musique expliqué par Boys.

Chez plusieurs espèces d'araignées et de scorpions, le mâle, chétif et faible, court des dangers extrêmes en faisant sa cour à sa robuste, énorme et vorace compagne, qui le dévore parfois s'il échoue. Le courage semble être l'apanage des Octopodes. Bonnet, ayant jeté une araignée avec son sac à œufs dans le trou d'un fourmilion, la vit, bien que dépouillée par son ennemi et chassée du trou par l'observateur, revenir malgré tout à portée de son ennemi et se laisser plutôt enterrer vivante que d'abandonner son trésor.

Le goût des araignées pour la musique est connu, elles se laissent souvent pendre par un fil du plafond jusqu'au-dessus de l'instrument. Souvent elles se retirent si les sons augmentent d'intensité. Le professeur C. Reclam a vu, dans un concert à Leipzig, une araignée agir de cette façon, descendre pour les solos de violon, remonter pour l'orchestre. Rabigot, Simonius, Von Hartmann et autres ont vu des faits identiques.

M. C. V. Boys a essayé des diapasons et il a vu que l'araignée se comportait avec celui qui vibrait comme elle a l'habitude de le faire avec ses victimes, elle l'entourait de ses pattes et semblait le confondre avec le bruit de sa proie habituelle. Il a pu ainsi lui faire manger une mouche noyée dans du pétrole, l'animal quittant sa proie qu'il trouvait peu exquise sans doute, mais y revenant dès que le diapason vibrait. Elle s'approchait toujours dans la direction de celui-ci.

Le fait suivant donne raison à cet expérimentateur :

Une araignée a fait plusieurs mois la consolation d'un prisonnier. C'était un homme instruit que l'on avait privé de tout moyen d'occuper son esprit. En regardant tristement le jour par le soupirail de sa prison, il vit qu'une araignée y avait tendu sa toile dans un coin. Il entreprit de l'apprivoiser. On lui avait laissé pour toute compagnie un domestique stupide qui ne savait que jouer de la musette. Il ordonna à cet homme de jouer de la musette, et en même temps il mit une mouche sur le bord de la toile. Il recommença la même chose, tous les jours, en mettant la mouche de plus en plus loin, et l'araignée fut assez intelligente pour s'élancer de son trou au premier son de la musette et aller jusqu'au fond de la chambre et même sur les genoux du prisonnier, prendre la mouche qu'il lui tenait prête (1).

Les reptiles, les batraciens et les poissons.

Les reptiles — sauriens, crocodiliens, chéloniens et ophidiens — ont quelque émotion, ce qui semble difficile pour des êtres en apparence aussi apathiques que les caïmans (fig. 27) qui sur terre dorment ou poussent péniblement une patte au-devant de l'autre, en laissant traîner leur longue queue dans la vase, et qui ne retrouvent un peu d'activité que dans l'eau. Les ophidiens même dansent au son du fifre (1); Il y avait en 1842, dit Brehm, d'après Orliche, un étang sacré, près de Kuraschi, où cinquante crocodiles venaient à l'appel de douze fakirs.

On a connu aux Reptiles, aux Batraciens quelques amitiés.

Romanes (2) accorde aux *poissons*, qu'il étudie immédiatement après les Octopodes, toutes les émotions des fourmis, moins la sympathie qu'il n'a pu relever. Il les assimile psychologiquement à un enfant de quatre mois.

Les poissons courtisent les femelles, gardent souvent leurs œufs ; les mâles épinoches même se battent, ont peur, émigrent, aident la femelle à construire les nids, défendent leurs petits : l'épinoche à dix arêtes le fait pendant les six jours qui suivent l'éclosion. Ce dernier poisson est curieux, c'est ainsi que — venant tout examiner — il se fait prendre par les pêcheurs ; il se dirige vers les lumières allumées (Stephenson).

(1) Ch. Jeannel, *Petit-Jean*.
(2) Romanes, *Intelligence des animaux*.

Fig. 27. — Le Caïman noir.

Les oiseaux. — Le perroquet de sir William Napier.

Les oiseaux sont très sensibles et par conséquent très émotifs. L'abattement de la perruche, dite *inséparable*, qui languit après sa compagne, l'angoisse de la poule que l'on sépare de ses poussins en sont des exemples. Les marques d'affection — que nous avons déjà données parce qu'elles rentraient dans un autre ordre d'idées et celles qui trouveront leur place au chapitre suivant — entraînent avec eux des symptômes émotifs.

Le général sir William Napier avait confié, pendant son séjour en Allemagne, un perroquet gris à sa famille; lady Napier décrit ainsi les manifestations de joie triomphante de l'animal, quand il avait réussi à empêcher que son maître l'imitât :

Il arrivait parfois que les deux ou trois personnes qui se trouvaient dans l'appartement étaient trop occupées pour causer; en pareille occasion, le perroquet lançait de temps en temps des cris perçants, en manière d'interjection plus grotesques les unes que les autres. Mon grand-père s'amusait alors souvent à l'imiter, au grand encouragement de l'oiseau que cela excitait à se surpasser. Son effort suprême consistait en un cri d'une intonation étrange qui déroutait complètement son imitateur, et que suivait un « ha! ha! ha! » éclatant accompagné d'un saut périlleux autour du perchoir, de gambades d'un bout du bocage à l'autre et de toutes sortes de jeux avec un morceau de bois favori. Au milieu de ces ébats, notre plaisant répétait son fameux cri; et ses « ha! ha! ha! » mettaient ses auditeurs dans la joie par leur drôlerie.

L'orgueil et la joie de bien dire est évidente chez les oiseaux babillards, qui — à chaque phrase nouvelle qu'ils ont appris à prononcer — s'empressent de faire valoir leur talent.

Le lion et les mammifères.

Nous arrivons aux animaux supérieurs où la présence des émotions est un fait banal et bien connu.

Le cheval, l'éléphant, le chat, recherchent parfois nos caresses avec passion :

« La ménagerie du roi, dit F. Cuvier, a possédé une louve sur laquelle les caresses de la main et de la voix produisaient un effet si puissant qu'elle semblait éprouver un véritable délire, et sa joie ne s'exprimait pas avec moins de vivacité par ses cris que par ses mouvements.

« Un chacal du Sénégal était dans le même cas et un renard commun en était si fort ému, qu'on fut obligé de s'abstenir à son égard de tous témoignages de ce genre, par la crainte qu'ils n'amenassent pour lui un résultat fâcheux. »

A propos de secours demandé à l'homme par l'animal souffrant, nous avons parlé (1) d'une esclave soulageant une lionne et de la reconnaissance de celle-ci. Nous l'avons vu laissant délier l'esclave et la suivre même quelque temps avec ses lionceaux. Il y a là un cas remarquable de manifestation émotive. En effet, la lionne et ses fils suivaient « donnant, dit Raynal, toutes les marques de respect et d'une véritable douleur qu'une famille fait éclater quand elle accompagne jusqu'au vaisseau un père ou un fils chéri qui s'embarque d'un port de l'Europe pour le nouveau monde, d'où peut-être il ne reviendra jamais. »

(1) Voy. page 299.

CHAPITRE XIV

AFFECTIONS ET PASSIONS

Les affections et les passions sont la résultante de deux mobiles : l'amour et la haine. — Affections des Invertébrés. — Oiseaux, Vertébrés, cas généraux. — La mésange. — Le moineau. — Le tigre et le loup. — Le chien. — La colère et la gourmandise. — La famille. — L'amour et la jalousie. — La volonté.

Les passions sont multiples et dérivent des inclinations. Elles ont leurs expressions extérieures au moyen des émotions; celles-ci sont passives, au contraire des affections qui sont actives. Il y a mouvement vers la cause du plaisir; fuite, en présence de celle de la souffrance.

L'affection exige la réciproque, elle veut être partagée. Elle peut se porter sur des êtres dissemblables : un chien peut aimer un chat, et *vice versa* par exemple. La combativité est une affection négative si l'on veut et qui consiste à détruire l'objet de la douleur. Deux mobiles, l'*amour* et la *haine*, dominent l'animalité comme l'hominalité. Selon que l'objet de l'affection est passé ou futur, c'est le *regret* ou l'*espérance;* pour la haine, c'est le *ressentiment* ou la *crainte*.

Nous tombons — on le voit — dans les sentiers battus, par nos chapitres précédents : traits d'affection, histoires d'assistance publique, secours prêtés aux faibles, faits de vengeance, affections entre des êtres dissemblables, adoptions d'étrangers, que nous avons cités. Complétons-les par les faits suivants :

Affections des invertébrés.

Romanes cite un cas d'affection — vu au microscope — entre une acinète et une amibe. Celle-ci s'enroulait autour de la première pour saisir une jeune acinète qui allait en sortir et dont elle voulait faire sa proie avant que celle-ci eût des tentacules dont le goût lui est désagréable; aussi fallait-il saisir la proie à sa naissance, d'où enroulement affectueux autour de la mère.

Darwin raconte, d'après M. Lonsdale, cité plus haut, le fait d'un escargot revenant chercher son camarade, chétif, le lendemain d'une excursion.

Pour les fourmis, Huber et sir John Lubbock sont d'avis différents sur l'existence de l'affection que le premier admet et le second nie.

L'affection de l'araignée pour la musique et le musicien semble être un mythe, d'après les expériences de M. Boys.

Affections des vertébrés.

Baker et le docteur Ranson ont constaté le dévouement de l'épinoche à défendre ses petits. Jesse a vu un brochet mâle revenir constamment à l'endroit où avait disparu sa femelle, capturée pendant la période de reproduction. M. Arderon (1) cite le cas de deux *Acerina cernua*, d'un même aquarium et dont l'un d'eux, après séparation, dépérissait et refusait toute nourriture pour revenir à la santé après la réintégration de l'autre, trois semaines après. Jesse parle d'un même fait pour deux carpes (2).

(1) Arderon, *Transactions of the royal Society of London*, 1747.
(2) Francis Day, *Instincts et émotions des poissons*. (*Journal of the Linnean Society*.)

Le même auteur raconte l'amitié d'un alligator pour un chat. Une tortue reconnaissait son maître, même après quelques semaines de séparation, et accourait à son appel. MM. Mann et Severn ont publié l'histoire d'un gros boa constrictor, d'un python et d'autres petits serpents, qui caressaient leur maîtresse, Madame Mann.

Couch a vu une petite poule Bantam se substituer à une poule commune sur sa couvée et la mener à bien.

Romanes cite deux jars de la rivière des Cygnes qui s'étaient pris d'affection pour leur maître, l'un d'eux au point de ne vouloir le laisser promener que seul avec lui ; l'autre avait également pris sous sa protection une vieille oie, presque aveugle, qu'il guidait, et qu'il menait baigner.

Jesse raconte que les freux voyant tomber un des leurs volent autour de lui, s'informant en quelque sorte de ce qui l'empêche de les suivre. S'ils en voient un cloué en épouvantail, ils s'approchent, reconnaissent l'inutilité de leurs sympathies et s'éloignent. Ces animaux agissent ainsi, restant à peu de distance de l'arme meurtrière dont ils connaissent la portée. Le naturaliste Edwards a vu un sterne dont il avait cassé l'aile être porté par deux de ses compagnons, déposé doucement sur l'eau, repris par deux autres, et ainsi de suite, s'éloignant du chasseur qui approchait.

Clavigero (1) raconte que les Mexicains cassent l'aile d'un pélican, l'attachent à un arbre et lui font rendre ensuite le poisson, que viennent lui apporter ses camarades, émus par ses cris de douleur.

M. de Lacaze-Duthiers, membre de l'Institut (2),

(1) Clavigero, *Histoire du Mexique.*
(2) Lacaze-Duthiers, *Revue scientifique.*

raconte en parlant des perroquets — qu'avec de Blainville, il appelle les *Primates* ou les *singes des oiseaux* — que l'un d'eux, « Raymond », prouvait son affection pour un petit garçon, en manifestant sa joie par la contraction de sa pupille et modifiant volontairement la couleur de son œil; il ne souffrait pas qu'on approchât Raymond, son œil rougissait et il retenait la main de l'enfant avec sa patte, quand celui-ci le caressait.

Une oie, éloignée du jardinier qu'elle avait choisi pour objet de son amitié passionnée, languit et finit par mourir de chagrin (Buffon).

Une chèvre qui avait allaité un enfant le rejoignait le soir à la ville (Bourguin). On connaît le cheval de Jéricho sauvant son maître et mourant victime de son dévouement (1).

Un chien qui vivait avec une lionne mourut de chagrin après le décès de celle-ci (F. Cuvier).

La mésange.

Pour sacrifier à la commune habitude d'entrer dans les détails, donnons les quelques traits d'affection qui suivent.

Un nid de mésanges bleues ayant été détruit par des oiseaux de proie, un petit, échappé au massacre, était tombé au pied de l'arbre, où le recueillirent deux enfants, le frère et la sœur. La jeune fille — appelons-la Ninette — parvint à force de soins à sauver la mésange, qui fut bientôt de force à s'envoler; aussi par une belle matinée de printemps, Ninette se décida-t-elle à lui donner la liberté. L'oiseau joyeux s'enfuit

(1) Lamartine, *Voyage en Orient*.

tout d'abord au plus profond du jardin, semblant prouver que « l'ingratitude est fille du bienfait », mais au bout de quelques instants, elle revenait se percher sur l'épaule de la jeune fille. L'oiseau resté libre agit de même pendant deux ou trois ans. A la fin de la troisième année, Ninette se mourait lentement de phtisie pulmonaire et ne sortait plus de sa chambre, où la venait trouver régulièrement l'oiseau. Morte, quand les feuilles jaunissantes d'automne tombaient, il fallut pour l'ensevelir arracher de sa poitrine l'oiseau qui cherchait à s'y réchauffer encore. Arrivés au cimetière, les parents désolés ne purent cependant s'empêcher de remarquer la mésange, qui posée sur un vert cyprès par ses cris plaintifs témoignait sa douleur.

Quelques jours après le frère, venant prier sur la tombe de sa sœur, trouvait le pauvre oiseau, mort, au milieu des couronnes d'immortelles.

Le moineau.

L'insouciant moineau (fig. 28), effronté et narquois, peut lui aussi se montrer *susceptible* d'attachement.

C'était en 1835, au jardin des Plantes — qui comptait alors peu de visiteurs — que venaient tous les jours un artiste, et une frêle petite fille de cinq à six ans, accompagnés d'une jeune personne et d'une vieille dame qui semblait son aïeule. Les trois femmes s'installaient régulièrement, vers midi, sur un banc de bois, en face de la ménagerie des oiseaux carnassiers, alors abrité d'acacias, le plus charmant et le mieux favorisé à la fois par l'ombre et la chaleur. Un jour, un moineau franc pénétrait avec audace à plusieurs reprises dans la cage du vautour, pour y saisir un gros morceau de pain et les miettes; il fut remarqué par Marthe, la petite fille. Pour récompenser le butineur hardi, elle lui jeta un peu de brioche; l'oiseau, s'emparant alors du prix offert à sa vaillance, s'envola, puis revint solliciter de nouvelles munificences. Ce joli petit effronté d'oiseau, avec son gros bec, sa tête mutine, son œil brillant, sa taille fine et son beau collier de plumes noires, plaisait trop à l'enfant pour qu'elle fît attendre à l'oiseau ce qu'il semblait désirer. Aussi éparpilla-t-elle le reste de sa brioche que l'oiseau se mit paisiblement à manger. Il en fut de même tous les jours,

Fig. 28. — Le moineau friquet.

si bien que l'oiseau accourait aux pas de son amie, lui jetait des regards et des petits cris, se posait sur sa main, lui faisait mille grâces, lui tendait amoureusement sa petite tête brune et ne songeait aux gâteaux qu'après bien des tendresses affectueuses et désintéressées. Marthe rendait ces témoignages d'affection, c'était des baisers sans fin, puis les doigts mignons de son amie lissaient son joli plumage et finalement tous d'eux s'endormaient, lui Friquet dans le sein de l'enfant et elle sur les genoux de son aïeule.

Cela dura quelques années, pendant lesquelles la sœur de Marthe, puis son aïeule moururent. Un jour d'octobre, confiée aux soins d'une bonne à l'air dur et aux manières brutales, elle voulut rester au Jardin, malgré une toux sèche et fréquente qui s'échappait de sa poitrine et un vent âpre et piquant. La bonne qui désirait rentrer battit alors la jeune fille; l'artiste accourait, mais Friquet la défendait déjà en sautant au visage de la servante, qui dut s'en aller seule. La jeune fille restait insensible aux caresses de Friquet et bientôt elle tomba, pour ne plus se relever. L'artiste la porta dans la ménagerie, pour attendre le secours du médecin; l'oiseau resta obstinément à la fenêtre et ce fut quatre jours après que l'artiste, passant là par hasard, recueillit Friquet à demi mort. Aucun soin ne parvint à le réchauffer, aucune nourriture ne sut le faire manger; il jetait de temps à autre un petit cri, par lequel il répondait à l'appel de Marthe et il cessa de vivre en le répétant.

Le tigre, le lion et le loup.

Nous arrivons maintenant à des animaux peu apprivoisés généralement et chez lesquels cependant on rencontre souvent une grande affection pour leurs gardiens, pour d'autres personnes, ou même pour des animaux (chiens, chats), placés avec eux.

Les mousses du bâtiment sur lequel on amenait à Paris le *tigre* qui existait à la ménagerie en 1835 ne trouvaient rien de mieux pour dormir que de s'étendre entre les cuisses de cet animal et de se faire un traversin de son ventre. Il se promenait librement sur le

Fig. 29. — Le lion de la ménagerie du Muséum et son petit chien.

vaisseau et on ne l'attachait au pied du mât que pendant les manœuvres.

Pour le *lion*, les exemples sont on ne peut plus fréquents ; en dehors des cas des esclaves Androclès et Maldonata que nous avons cités, on pourrait les multiplier à l'infini.

Toscan (1) a raconté l'amitié touchante qui a lié pendant longtemps un lion de la ménagerie du Muséum et un jeune chien (fig. 29), et il a su donner à leur histoire un grand intérêt.

Brehm (2) cite l'ours Masco donnant l'hospitalité à un petit ramoneur (fig. 30).

Inspirons-nous de Frédéric Cuvier (3) pour le fait suivant : Il s'agit d'un loup recueilli jeune par Jean, un berger des Pyrénées, lequel avait tué la louve, mère du louveteau blessé. Son enfance se passa au cirque de Gavarnie, et sa jeunesse à Paris, où le jeune berger fut appelé par son oncle, riche fabricant de cartes à jouer, rue des Cinq-Diamants. Là, l'oncle ne voulut nullement cohabiter avec le loup et força son neveu à le vendre au Jardin des Plantes, à M. Cuvier. Le célèbre naturaliste conduisit, à sa cage, le loup accompagné du berger. Ce dernier commanda avec des sanglots à son fidèle animal d'y entrer. Pierrot — c'était le nom du loup — obéit tristement. Jean venait le voir souvent ; puis malade, il fut longtemps sans venir. Enfin, il vint un soir où les volets étaient fermés, la nuit régnait partout :

Les yeux du loup — dit M. Cuvier — ne pouvaient le servir, mais la voix de son maître chéri ne s'était pas

(1) Toscan, *L'ami de la Nature*. Paris, an VIII, p. 31 et suiv.
(2) Brehm, *les Mammifères*. Édition française par Z. Gerbe.
(3) Fréd. Cuvier, *Histoire des Mammifères*.

effacée de sa mémoire. Dès qu'il l'entend, il le reconnaît, lui répond par des cris qui annoncent des désirs impatients et aussitôt que l'obstacle qui les sépare est levé, les cris redoublent, l'animal se précipite par les deux pieds de

Fig. 30. — L'ours *Masco* et le petit ramoneur.

devant sur les épaules de celui qu'il aime si vivement, lui passe sa langue sur toutes les parties du visage et menace de ses dents ses propres gardiens, qui n'osent s'approcher et auxquels un moment auparavant il donnait des marques d'affection. Il fut nécessaire de se séparer encore. Après cet instant pénible, le loup devint triste, immobile; il refusa toute nourriture, maigrit, ses poils se hérissèrent comme ceux de tous les animaux malades : au bout de huit jours, il était méconnaissable et l'on eut longtemps la crainte de le perdre. Enfin sa santé se rétablit, ses gardiens purent de nouveau l'approcher; mais il ne souffrit plus les caresses d'aucune autre personne, et ne répondit plus que par des menaces à celles qu'il ne connaissait point.

Le loup est mort depuis, il figure à cette heure, fort proprement bourré, dans la galerie d'histoire naturelle avec une étiquette sur la planche qui le supporte : « Loup noir d'Europe. »

Le chien.

Certains chiens sont exclusifs dans leurs affections, les uns n'aiment que les soldats — effet d'éducation sans nul doute (1) — et détestent les civils, les *pékins*, sur lesquels ils se jettent et à qui ils barrent impitoyablement l'entrée de la caserne. On les rend belliqueux, on en a vu d'excessivement braves, rendre de grands services en campagne, en venant chercher du secours. On leur inspire en général la haine des ennemis en affublant un mannequin de leur uniforme et en excitant leur colère contre cet être imaginaire, colère qui se conserve dans la réalité.

D'autres animaux ont la même affection pour l'habit militaire, c'est l'oie du régiment de Büchner.

Quant au chien — la description de ce type particulier est spéciale — c'est en général un vilain roquet jaune ou roux, ou un caniche. Il a d'étroites parentés

(1) Voyez E. Alix, *l'Esprit de nos Bêtes*. Paris, 1890.

avec le chien de l'aveugle. Il est doué d'une physionomie intelligente et sympathique. Agile comme un chat, malin comme un singe, hardi comme un page,

Fig. 31. — Le Caniche.

doux comme un mouton, fier comme un cheval et fidèle comme tous les chiens de sa race, voilà son signalement. Quant à ses fonctions, il suit partout le régiment, partageant ses fatigues, son biscuit, sa soupe quand il y en a, assistant à toutes les affaires et trouvant enfin la mort sur les champs de bataille. Son origine est inconnue et on peut présumer que dès l'âge le plus tendre on l'a chassé de la maison qui l'a vu naître. C'était probablement le plus laid de la nichée et on l'a envoyé chercher fortune ailleurs. Son aptitude pour l'état militaire l'a fait se présenter plusieurs fois à la caserne où, chassé d'abord, il a fini par se faire accepter.

Le chien s'attache donc à des êtres différents de lui; en dehors de l'homme ses affections préférées sont les autres animaux domestiques.

L'abbé A. de Meissas m'a raconté le fait d'un chien ne pouvant se séparer d'un cheval, couchant avec lui à l'écurie, et le suivant toujours lorsqu'il sortait, quelle que soit la personne qui le conduisait.

Et ces sentiments spontanés sont très fréquents chez les chiens.

La colère et la gourmandise.

Avant de passer à l'étude des passions nobles — par lesquelles nous terminerons ce chapitre et ce livre — il nous faut parler des moins élevées, des *appétits,* qui ont cependant avec elles les connexions les plus étroites : *Natura non facit saltus.*

Les passions dérivant des appétits se rapportent au corps et à ses fonctions. Ce sont la colère, la gourmandise, la jalousie; ces péchés capitaux se rencontrent aussi bien chez l'animal que chez l'homme.

Comme exemples de colère, on peut citer de nombreux exemples, ainsi le coq irrité se fâche, le cheval pincé sous le ventre lève le pied pour frapper, les cerfs de Virginie luttent pour la femelle, les animaux frappent parfois les objets inanimés qui les ont atteints. Romanes a vu des épinoches changer brusquement de couleur sur toute leur longueur et s'élancer, avec des mouvements de colère et de rage, sur l'intrus qui pénétrait dans le domaine qu'elles s'étaient fixé ; en effet ces animaux s'attribuent une certaine région de l'onde, dont ils ne permettent à aucun autre animal de franchir les limites imaginaires.

La *gloutonnerie* est fréquente chez les bêtes.

Les oiseaux du cèdre — *Bombycilla carolinensis* — se bourrent, dans toute l'acception du mot.

Les bourdons — *Bombus* — s'enivrent aux fleurs de passiflore bleue — *Passiflora cœrulea.*

La chèvre a fait découvrir le café.

On a enivré des éléphants ; on a vu des rats ayant percé une barrique de vin et la buvant la nuit ; leur ivresse était évidente, car ils faisaient alors un vacarme qui les fit découvrir et prendre (Houzeau) ; les perroquets deviennent plus loquaces lorsqu'ils sont gris ; les singes boivent très bien du vin, de l'eau-de-vie.

D'autres ivresses sont encore recherchées : les rats, les chevaux, les porcs mangent avec délices les fleurs du pavot somnifère — probablement appelé ainsi parce que le plus souvent, au lieu d'endormir, il réveille, surtout s'il est donné en grandes quantités !

La famille. L'amour et la jalousie.

La famille et les liens d'affection qui en relient les membres sont très discutables, ils peuvent découler des idées de propriété, d'autorité, déjà étudiées. Nous arrivons à la passion, dans le sens ordinaire qu'on donne à ce mot et qui, d'après Toussenel, est le mobile de tout ici-bas.

Cette opinion se retrouve dans le *Problème* du

docteur Antoine Cros : « L'amour seul crée, l'amour seul peut ajouter un degré de perfection à la manifestation formelle de l'être aimé, degré de perfection réversible à l'être aimant. L'amour seul est l'énergie secrète, qui permet la manifestation et l'accroissement d'une âme, ou d'une puissance, ou d'une divinité. Le véritable roi des univers distribués en séries rythmiques, c'est l'amour éternellement glorieux, éternellement triomphant. » En parlant de la hâte de mourir de certains individus il ajoute : « Avant de te tuer, mendie, livre-toi aux travaux les plus abjects et les plus durs pour vivre, multiplie tes efforts et tes souffrances, mais ramasse ton trésor terrestre avant de partir ; aime surtout, ne serait-ce qu'une fois. »

L'amour se montre dans l'entente des oiseaux à construire leurs nids, quelquefois — comme chez les pigeons — à veiller à tour de rôle sur la couvée, à porter la pâture à la femelle — exemple de protection donnée au sexe faible ! — Watherton vit un merle battre une pie qui avait emporté sa femelle.

La *fidélité* semble en être une conséquence. Les femelles fécondées de ruminants repoussent le mâle. Blackwell vit un cygne tenir compagnie à sa femelle blessée, au risque de se faire prendre.

Bennett raconte que — dans la volière de M. Thomas Beale à Macao — un canard femelle, dont le mâle avait disparu, ne voulut pas se laisser consoler par un autre mâle, et accueillit au retour le sien avec une joie manifeste. Elle conta sans doute à ce dernier les entreprises du séducteur, qui fut tué par le mari !

L'autruche, malgré son apparence stupide, a assez de cœur pour mourir d'amour, comme le prouva le

(1) Ant. Cros, *Le problème, Nouvelles hypothèses sur la destinée des êtres,* mai 1890.

dépérissement d'un mâle du Jardin des plantes de Paris qui avait perdu sa femelle.

Jesse a vu une femelle de cygne résister, soit en le chassant, soit en fuyant à son approche, aux galanteries d'un mâle, alors qu'elle avait perdu le sien et que la période physiologique était déjà presque finie.

A propos de la mort, nous avons cité une femelle de pigeon tournant plusieurs jours autour du cadavre du mâle cloué en épouvantail. La Fontaine a d'ailleurs — dans sa charmante fable des *Deux Pigeons* — vanté la fidélité de ces volatiles.

Le docteur Franklin a connu deux perroquets: l'un devint goutteux, il fut nourri et soutenu par l'autre pendant quatre mois. Pendant l'agonie de la femelle le malheureux époux s'agitait autour d'elle, plus attentif, plus tendre que jamais, essayant de lui ouvrir le bec pour lui remettre des aliments, allant et venant d'un air agité et plein d'angoisse, poussant de temps à autre des cris plaintifs, puis gardant un silence désolé, les yeux fixés sur elle, jusqu'au moment où elle finit par rendre le dernier soupir. Dès lors il ne fit que dépérir et mourut en quelques semaines.

On rapporte (1) le cas d'un mâle de sarcelle trouvé mort près de la femelle, blessée mortellement par un chasseur.

La *jalousie*, découlant de l'amour et de l'instinct reproducteur, est évidente. Le cerf, le bélier, le taureau, le lion se battent pour la femelle. Les coléoptères à cornes se font même des blessures pour sa possession. Le saumon combat une journée dans le même but. Schneider dit avoir observé un *Labrus* mâle ne se

(1) *Revue scientifique.*

montrant jaloux que des autres mâles de son espèce et laissant approcher de sa femelle ceux d'une autre espèce. Les milans font de même, ils se battent et se cramponnent enlacés l'un à l'autre. Les rossignols agissent d'une manière analogue.

La volonté.

Les derniers exemples notamment montrent, une fois de plus, la connexion intime des sentiments les plus élevés et de ceux parfois considérés comme leurs antipodes. Ils attestent chez l'animalité le partage avec l'hominalité de toutes ses facultés, la *volonté* entre autres. Celle-ci à laquelle, à moins de nous répéter, nous ne pouvions consacrer de chapitre spécial découle des faits de raisonnement, d'affection, cités dans le cours du livre.

L'autorité et la tyrannie, la propriété, défendues parfois avec acharnement ne peuvent être attribuées qu'à des phénomènes volontaires. Depuis longtemps d'ailleurs, le doute n'est plus permis et Cuvier a dit que l'homme avait seulement à soumettre la volonté de l'animal pour le domestiquer. Cependant, parmi les animaux qui vivent à nos côtés, on peut voir qu'ils n'obéissent pas d'une façon égale même à leurs maîtres. L'homme est le plus respecté, la femme vient après, l'enfant enfin. Il y a là certainement autre chose que la crainte du châtiment, car l'enfant tyrannise généralement l'animal. « Cet âge est sans pitié. » L'animal raisonne ou semble raisonner, son obéissance ne s'accordant qu'au plus digne!

CONCLUSION

L'animal a toutes les facultés mentales de l'homme ou — ce qui revient au même, — il agit comme s'il les avait. Il a toutes les idées de l'homme et dans maintes circonstances il se comporte absolument comme celui-ci le pourrait faire.

La place zoologique n'est nullement en corrélation avec l'évolution mentale des êtres, cependant il y a — et ici la conclusion de cet ouvrage sera la même que celle de bien des auteurs — des rapports intimes mais non absolus, entre le développement organique et le développement intellectuel.

Peut-être la nature a-t-elle eu, non une évolution unique, mais une série d'évolutions parallèles? Il semble même, quant à la structure organique, en exister deux.

Les insectes sont les animaux les plus élevés dans l'ordre psychique.

Les insectes ont un cerveau, une chaîne ganglionnaire pouvant remplacer avantageusement notre colonne vertébrale, des sens excessivement développés. Pourquoi donc ne pas supposer qu'ils sont le couronnement, le *summum* de l'évolution des invertébrés? Par leur intelligence, ils le sont sûrement, dominés eux-mêmes par les Névroptères sociaux (termites) et les Hyménoptères également sociaux (abeilles et fourmis). Ce serait là l'évolution allant des infiniment petits, — des Protistes d'Hæckel — reliant les végétaux aux animaux.

Une autre évolution irait, si l'on veut, des Tuniciers, de l'Amphioxus et des Poissons aux Vertébrés et à l'Homme; en effet, il semble que là tout recommence, le système nerveux (1) ne présente plus le perfectionnement et la complexité de celui des insectes et l'intelligence est infiniment moindre. Il est vrai que les facultés mentales ne semblent pas descendre aussi bas que chez les Protozoaires par exemple, où peut-être elles ne nous apparaissent pas à cause de la faiblesse de nos moyens d'investigation à leur égard!

Admettre cette double évolution conduit à supposer l'existence d'une série d'évolutions également parallèles. La théorie de Darwin — bien que rendant compte de la suppression des types de transition — ne peut la justifier mathématiquement. Aussi a-t-on le droit — le contraire ne pouvant être prouvé davantage que l'opinion première — de croire non plus à l'évolution d'un type initial créant tous les autres, mais à l'évolution dans chaque espèce ou dans chaque genre seulement. C'est en revenir à la Création. La théorie de l'évolution est d'ailleurs grosse de difficultés d'explication — bien que séduisante de prime abord. Comment expliquer avec elle qu'un type initial — il en faut évidemment un seul, sinon c'est revenir à la série d'évolutions et à ses conséquences — ait pu créer des êtres différents de lui et subsister lui-même? Et le dilemme suivant s'impose : Ou la vie était impossible dans les conditions nouvelles et l'être mourait, se transformait, se reproduisait différemment; ou la vie était possible et il n'avait aucune

(1) Voyez Beaunis, *L'évolution du système nerveux,* 1 vol. in-16 de la Bibliothèque scientifique contemporaine.

raison de revêtir une forme totalement différente, ou encore s'il en avait, il en doit avoir encore de nos jours et nous devrions — la longévité animale n'ayant pas dû changer pour les mêmes raisons — saisir *de visu* et *de tactu* les modifications. Il faudrait encore indiquer la nature et la cause de ces modifications. Comme nous le laissons entrevoir dans notre préface et le disons dans notre introduction, les théories scientifiques sont des moyens mnémotechniques, pas autre chose; elles ne sont ni démontrées, ni démontrables, dans le sens rigoureux et absolu du mot. L'affirmer serait une présomption absurde, qui voudrait faire croire que la science humaine est universelle et telle n'est pas certainement son opinion — ses travaux continus et incessants le prouvent. La vraie science est plus modeste et a raison. Une théorie aide la mémoire et permet le groupement des faits.

Notre ouvrage n'a pas eu d'autre prétention, il a montré, nous le croyons du moins, que les animaux étaient, non nos égaux, loin de là, mais des êtres présentant en germe toutes nos facultés.

Les chercheurs et les esprits curieux de la nature retiendront ainsi plus facilement, par l'association des idées, les traits d'intelligence, de sagacité, d'affection, constituant l'*être moral contenu en l'animal*.

Les natures fières ou brutales en deviendront peut-être plus modestes et plus douces? Elles traiteront mieux nos fidèles compagnons et nos fidèles serviteurs; ils s'en feront des amis et auront tout à gagner au rendement de la machine animale, qui deviendra plus dévouée et qui est analogue physiologiquement à la machine humaine, quoique inférieure, là encore.

Dirigeons donc tous nos efforts vers la *perfectibilite* — dans tous les sens — de l'animal!

TABLE DES MATIÈRES

CHAPITRE III. — Les facultés intuitives.

CHAPITRE IV. — Les facultés de conception.

CHAPITRE V. — La mimique expressive.

CHAPITRE VI. — Le peur et ses manifestations.

CHAPITRE VII. — La mort et le sommeil.

CHAPITRE VIII. — Le sommeil provoqué.

CHAPITRE IX. — La prévision et la notion du temps.

CHAPITRE X. — L'eau, le feu et les dérivés.

CHAPITRE XI. — Les habitations et les industries.

CHAPITRE XII. — La sensibilité.

CHAPITRE XIII. — Les émotions.

CHAPITRE XIV. — Les affections et les passions.

FIN DE LA TABLE DES MATIÈRES.

TABLE DES AUTEURS

Brehm, Darwin, Romanes, U. Van Ende, répétés très souvent, n'ont pas d'indication spéciale.

FIN DE LA TABLE DES AUTEURS.

6250-90. — CORBEIL. Imprimerie CRÉTÉ.

www.ingramcontent.com/pod-product-compliance
Ingram Content Group UK Ltd.
Pitfield, Milton Keynes, MK11 3LW, UK
UKHW020304230726
13925UKWH00001B/217